高等职业教育系列教材

校企联合开发 | 引入行业案例 | 重构教学内容 | 理论与实践融合

自然语言及语音处理项目式教程

主　编 | 关志广　王　玲　区映映
副主编 | 黄　洋　韦润福　赵美华
参　编 | 高伟锋　龙　妍　谢　锋　付志鸿　李旻璐

机械工业出版社
CHINA MACHINE PRESS

本书内容涵盖自然语言处理、语音信号处理这两项人机交互领域的重要技术,以项目式教学的方式,帮助读者快速掌握相关知识和提高项目开发的能力。本书共7个项目:项目1重点介绍自然语言处理和语音信号处理技术相关背景、开发环境和项目开发流程的基本知识,对搭建项目开发环境进行项目实战;项目2~4重点介绍自然语言处理技术中词法分析、句法分析、文本向量化、文本分类和聚类的基本知识,对中文命名实体识别、基于机器学习的文本分类、基于深度学习的文本情感分析进行项目实战;项目5~7重点介绍语音信号处理技术中数字音频预处理、特征提取、语音识别和语音合成的基本知识,对语音数据特征提取、语音和环境音识别、语音合成进行项目实战。在每个项目中,读者可以通过实例模块巩固理论知识,并在项目实战模块中提升综合应用能力。

本书可以作为高等职业院校人工智能相关专业课程的教材,也可作为职业技能等级证书的教学和培训用书,还可作为自然语言处理开发人员的参考用书。

本书配有微课视频、电子课件、源代码等数字化教学资源。微课视频扫码即可观看,教学资源包可登录机械工业出版社教育服务网(www.cmpedu.com)免费注册,审核通过后下载,或联系编辑索取(微信:13261377872,电话:010-88379739)。

图书在版编目(CIP)数据

自然语言及语音处理项目式教程/关志广,王玲,区映映主编. -- 北京:机械工业出版社,2025.1.
(高等职业教育系列教材). --ISBN 978-7-111-77438-9

Ⅰ. TP391

中国国家版本馆 CIP 数据核字第 2025EN6005 号

机械工业出版社(北京市百万庄大街22号　邮政编码100037)
策划编辑:李培培　　　　　责任编辑:李培培　马　超
责任校对:贾海霞　陈　越　责任印制:常天培
河北虎彩印刷有限公司印刷
2025年6月第1版第1次印刷
184mm×260mm・14.75 印张・362 千字
标准书号:ISBN 978-7-111-77438-9
定价:65.00元

电话服务　　　　　　　　　网络服务
客服电话:010-88361066　　机　工　官　网:www.cmpbook.com
　　　　　010-88379833　　机　工　官　博:weibo.com/cmp1952
　　　　　010-68326294　　金　书　网:www.golden-book.com
封底无防伪标均为盗版　　机工教育服务网:www.cmpedu.com

Preface 前 言

习近平总书记指出："整合科技创新资源，引领发展战略性新兴产业和未来产业，加快形成新质生产力。"这一重要论述，为我们打造经济发展新引擎和构建国家竞争新优势指明了方向。人工智能是新质生产力的重要驱动力，加快发展新一代人工智能对于抓住数字经济时代机遇、加快形成新质生产力具有重要意义。

当前，自然语言处理技术与语音信号处理技术是实现人工智能理解人类意图并与人类进行交互的重要途径。随着以 DeepSeek 和 ChatGPT 为代表的生成式人工智能技术与自然语言的深度融合，我们正在逐渐迈向计算机完全"理解"人类语言的终极目标，这些进展将会促进人工智能赋能千行百业，不断形成新质生产力。

本书围绕自然语言处理、语音信号处理这两项人机交互领域的重要技术，以实际应用为导向，从知识点的探讨到具体任务案例和项目实战，引导读者运用所学知识解决实际问题。这种将理论与实战相结合的"边学边实战"的项目式教程，旨在帮助读者快速掌握基础知识和提高项目开发的能力，为加强数字技术人才队伍建设、推动数字经济快速发展发挥支持作用。

本书共 7 个项目，各项目主要内容如下。

项目 1 搭建自然语言及语音信号处理开发环境。主要介绍自然语言处理技术和语音信号处理技术的发展历程、研究内容、应用场景以及常见的开发环境工具，并提供搭建项目开发环境的实战项目。

项目 2 进行中文命名实体识别。主要介绍自然语言处理的词法分析，包括中文分词、词性标注、关键词提取、命名实体识别等技术和方法，并提供基于 CRF 模型的中文命名实体识别实战项目。

项目 3 实现机器学习的新闻内容分类。主要介绍句法分析、文本向量化、文本分类与聚类等机器学习相关技术，包括常用算法和实例应用，并提供基于 SVM 模型的新闻文本分类实战项目。

项目 4 实现深度学习的酒店评价情感分析。主要介绍卷积神经网络、循环神经网络、Transformer 模型等深度学习技术在自然语言处理方面的应用，并提供基于 LSTM 网络的文本情感分析实战项目。

项目 5 提取语音数据的 MFCC 特征。主要介绍音频的时频表示、数字化处理以及语音数据预处理的方法和步骤，并提供语音 MFCC 特征提取的实战项目。

项目 6 实现单句语音和复杂环境音识别。主要介绍语音识别和环境音识别的基本概念与算法，包括高斯混合模型、隐马尔可夫模型（HMM）和深度学习模型，并提供基于机器学习 HMM 模型的 0~9 数字语音识别实战项目、基于深度学习 PANNs 模型的复杂环境音识别实战项目。

项目 7 实现新闻文本语音播报。主要介绍语音合成的基本原理和算法，包括规则基础方法和深度学习方法，并提供基于 FastSpeech2 和 Parallel WaveGAN 模型的新闻文本语音播报实战项目。

本书是广西教育科学"十四五"规划 2023 年度专项课题《新工科背景下人工智能类专业专创融合实践教学研究》（2023ZJY1841）的研究成果，全面贯彻党的二十大报告提出的"实施科教兴国战略，强化现代化建设人才支撑"精神，对接"'1+X'证书制度试点工作"和"全国专业技术人员新职业培训"，体现高等职业教育和"三教改革"精神，落实立德树人根本任务。

本书由南宁职业技术大学关志广、王玲、区映映担任主编，黄洋、韦润福、赵美华担任副主编，高伟锋、龙妍、谢锋、付志鸿、李旻璐也参与了教材内容的编写。虽然在本书编写中，编者严谨专注、力臻完美，但是相关研究领域的发展日新月异，加之编者水平有限，疏漏差误抑或不免，敬请广大读者指正。

编　者

目 录 Contents

前言

项目1 搭建自然语言及语音信号处理开发环境 ... 1

- 1.1 项目导入 ... 1
- 1.2 知识链接 ... 2
  - 1.2.1 自然语言处理技术 ... 2
  - 1.2.2 语音信号处理技术 ... 8
- 1.3 项目实战 ... 13
  - 1.3.1 部署 Python 开发环境 ... 13
  - 1.3.2 安装 PyTorch 框架 ... 21
  - 1.3.3 安装 PaddlePaddle 框架 ... 25
  - 1.3.4 验证开发环境 ... 26
- 1.4 项目小结 ... 28
- 1.5 知识拓展 ... 29
- 1.6 习题 ... 29

项目2 进行中文命名实体识别 ... 31

- 2.1 项目导入 ... 31
- 2.2 知识链接 ... 31
  - 2.2.1 语料库 ... 32
  - 2.2.2 中文分词 ... 37
  - 2.2.3 词性标注 ... 46
  - 2.2.4 关键词提取 ... 48
  - 2.2.5 命名实体识别 ... 55
- 2.3 项目实战 ... 60
  - 2.3.1 定义 CorpusProcess 类 ... 61
  - 2.3.2 定义 CRF_NER 类 ... 74
  - 2.3.3 模型训练与评估 ... 76
  - 2.3.4 模型预测 ... 76
- 2.4 项目小结 ... 77
- 2.5 知识拓展 ... 77
- 2.6 习题 ... 77

项目3 实现机器学习的新闻内容分类 ... 80

- 3.1 项目导入 ... 80
- 3.2 知识链接 ... 81
  - 3.2.1 句法分析 ... 81
  - 3.2.2 文本向量化 ... 83
  - 3.2.3 文本分类与聚类 ... 89
- 3.3 项目实战 ... 105
  - 3.3.1 准备数据集 ... 106
  - 3.3.2 模型训练 ... 118
  - 3.3.3 模型评估 ... 119
  - 3.3.4 模型预测 ... 121
- 3.4 项目小结 ... 121
- 3.5 知识拓展 ... 121
- 3.6 习题 ... 122

项目 4　实现深度学习的酒店评价情感分析 …… 124

- 4.1　项目导入 ………………… 124
- 4.2　知识链接 ………………… 124
  - 4.2.1　深度学习简介 ………… 125
  - 4.2.2　卷积神经网络 ………… 125
  - 4.2.3　循环神经网络 ………… 126
  - 4.2.4　Transformer 模型 …… 132
  - 4.2.5　深度学习框架 ………… 134
- 4.3　项目实战 ………………… 134
  - 4.3.1　读取语料数据集 ……… 135
  - 4.3.2　语料预处理和特征提取 … 135
  - 4.3.3　模型定义 …………… 137
  - 4.3.4　模型训练 …………… 138
  - 4.3.5　模型评估 …………… 141
  - 4.3.6　模型测试 …………… 143
- 4.4　项目小结 ………………… 145
- 4.5　知识拓展 ………………… 145
- 4.6　习题 ……………………… 146

项目 5　提取语音数据的 MFCC 特征 ………… 148

- 5.1　项目导入 ………………… 148
- 5.2　知识链接 ………………… 148
  - 5.2.1　语音的物理基础 ……… 148
  - 5.2.2　语音信号的表征 ……… 149
  - 5.2.3　语音信号的数字化 …… 151
  - 5.2.4　语音信号的预处理 …… 153
  - 5.2.5　语音信号的时域分析 … 155
  - 5.2.6　语音信号的频域分析 … 157
  - 5.2.7　语音信号的倒谱分析 … 159
- 5.3　项目实战 ………………… 163
  - 5.3.1　语音文件读取 ………… 163
  - 5.3.2　语音信号预处理 ……… 165
  - 5.3.3　MFCC 特征提取 ……… 173
- 5.4　项目小结 ………………… 175
- 5.5　知识拓展 ………………… 176
- 5.6　习题 ……………………… 177

项目 6　实现单句语音和复杂环境音识别 … 179

- 6.1　项目导入 ………………… 179
- 6.2　知识链接 ………………… 180
  - 6.2.1　语音识别简介 ………… 180
  - 6.2.2　环境音识别简介 ……… 181
  - 6.2.3　语音和环境音识别算法 … 181
- 6.3　项目实战 ………………… 184
  - 6.3.1　单句语音识别 ………… 184
  - 6.3.2　复杂环境音识别 ……… 190
- 6.4　项目小结 ………………… 201
- 6.5　知识拓展 ………………… 201
- 6.6　习题 ……………………… 202

项目 7　实现新闻文本语音播报 ……………… 204

- 7.1　项目导入 ………………… 204
- 7.2　知识链接 ………………… 204
  - 7.2.1　语音合成简介 ………… 205
  - 7.2.2　语音合成算法 ………… 205
- 7.3　项目实战 ………………… 211
  - 7.3.1　数据及模型准备 ……… 212
  - 7.3.2　数据预处理 …………… 213
  - 7.3.3　构建声学模型 ………… 216
  - 7.3.4　声码器合成语音 ……… 218
  - 7.3.5　结果评价 …………… 220

7.4 项目小结 …………………………… 220
7.5 知识拓展 …………………………… 220
7.6 习题 ………………………………… 221

附录 …………………………………………………………………… 222

附录 A　PKU 词性标注集 …………… 222
附录 B　CTB 词性标注集 …………… 223
附录 C　SDC 依存关系标注集 ……… 225

参考文献 ………………………………………………………………… 227

项目 1　搭建自然语言及语音信号处理开发环境

1.1　项目导入

自然语言处理与语音信号处理是实现人工智能理解人类意图并与人类进行交互的两种重要技术。前者关注如何将自然语言转化为计算机可以理解的形式,后者关注如何处理和生成人类语音。虽然两者的研究方向不同,但自然语言处理技术可以利用语音信号处理相关技术对人类语音进行转换,使得计算机理解其中含义;语音信号处理技术则可以利用自然语言处理相关技术对识别到的文本进行处理并做出智能反馈,如图 1-1 所示。在人机交互(智能语音)过程中,这两项技术彼此相互依赖,为人们带来了更加智能、高效的语音交互体验,有着非常重要的研究意义。

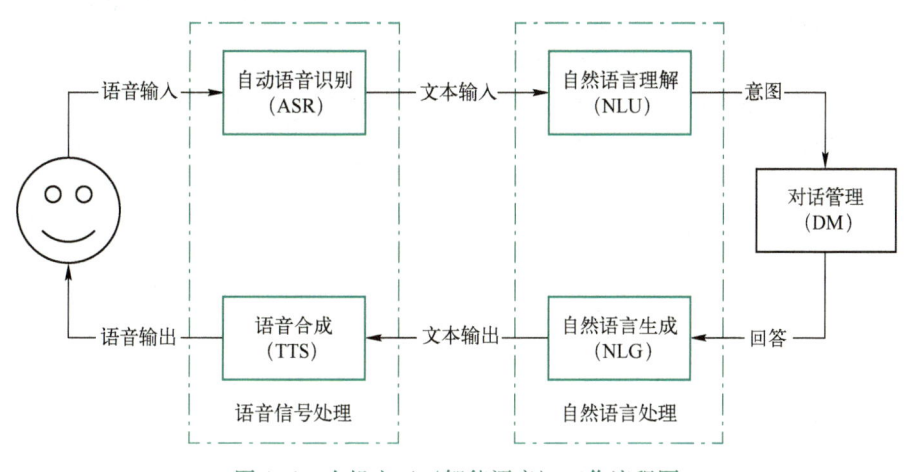

图 1-1　人机交互(智能语音)工作流程图

本项目将首先介绍自然语言处理和语音信号处理的基本概念、发展历程、研究内容、应用场景、开发环境和项目开发流程的基本知识;然后通过项目实战介绍如何部署 Python 开发环境、如何安装 PyTorch 和 PaddlePaddle 框架,以及如何验证开发环境的正确性,为后续学习奠定基础。

知识目标

- 了解自然语言处理和语音信号处理的基本概念、发展历程、研究内容与应用场景。
- 熟悉常见的自然语言处理和语音信号处理工具。

- 熟悉自然语言处理和语音信号处理项目的开发流程。

能力目标

能够搭建并验证自然语言处理和语音信号处理开发环境。

素质目标

培养良好的自学能力和解决问题的能力，能够独立查找文档和资料以解决开发环境搭建过程中遇到的问题。

1.2 知识链接

本节主要针对"搭建自然语言及语音信号处理开发环境"项目所需的基础知识进行介绍。

1.2.1 自然语言处理技术

自然语言（Natural Language）是指汉语、俄语、英语等随着人类社会的发展演化而来的语言，有别于人工语言（如计算机编程语言等），它是人类交流的主要工具。

自然语言处理（Natural Language Processing，NLP）是一门以人类社会的语言信息（如文本和语音）为主要研究对象，利用计算机技术来分析、处理、理解和生成人类语言，融合了计算机科学、人工智能、语言学、数学等内容的交叉学科，其最终目标是突破人类与计算机的交流瓶颈，提升人机沟通的速度和效率。

NLP 是最近热门的 DeepSeek 和 ChatGPT（Chat Generative Pre-trained Transformer）等众多人工智能产品的核心技术，被誉为"人工智能领域皇冠上的明珠"。NLP 是计算机科学与人工智能交叉领域的一个重要发展方向，如图 1-2 所示。

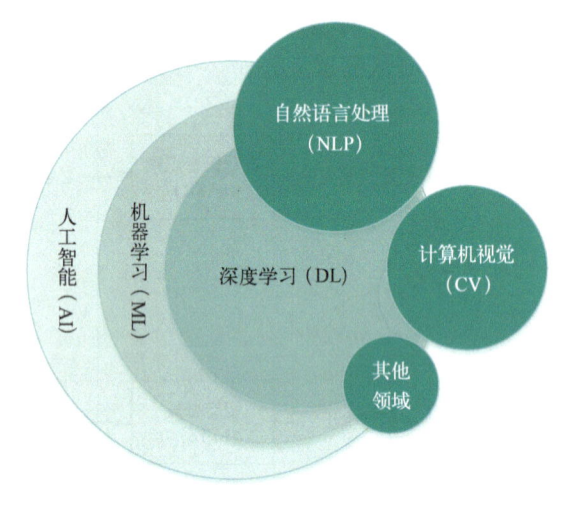

图 1-2 NLP 在人工智能领域的地位

NLP 的两大核心任务如下。

（1）自然语言理解

自然语言理解（Natural Language Understanding，NLU）研究的是计算机如何理解自然语言文本中包含的意义，将识别出来的文本信息转换成机器可以理解的语义表示。

（2）自然语言生成

自然语言生成（Natural Language Generation，NLG）研究的是计算机如何生成自然语言文本表达给定的意图、思想等，生成需要回复给用户的自然语言文本。

NLP 的三个层面分析技术如下。

（1）词法分析

词法分析（Lexical Analysis）也叫词处理，是对输入文本进行单词级别的处理。这个过程包括分词、词性标注和命名实体识别等。分词是将输入文本分割成一个个单独的单词或短语，在此基础上才能进行后续的相关分析；词性标注是对每个单词赋予其对应的词性，如名词、动词、形容词等。一般来说，相同词性的词在句法中具有相似的位置，承担着类似的角色；命名实体识别是对文本中的人名、地名、机构团体名称等进行识别，分析出文本中具有特定意义的实体。

在词法分析阶段，一些关键术语包括：正/逆向最大匹配法、双向最大匹配法、正则表达式、隐马尔可夫模型、条件随机场模型、维特比算法等，这些算法是实现高效词法分析的关键。

（2）句法分析

句法分析（Syntactic Analysis）是对单词组成的句子进行语法和结构上的分析。这个过程包括词组结构、句法结构和语义结构分析。词组结构分析是将单词组合成短语的过程；句法结构分析是将短语组合成句子的过程；语义结构分析是对句子的深层语义关系进行分析。语义分析通常以句法分析的输出结果作为输入，以便获得更多指示信息。

在句法分析阶段，一些关键术语包括：转移网络、递归神经网络、概率分布上下文无关语法等，这些算法是实现准确句法分析和语义理解的关键。

（3）语义分析

语义分析（Semantic Analysis）是对句子进行语义级别的处理。这个过程包括关系抽取和情感分析等，最终目的是理解句子表达的真实语义。关系抽取是在文本中的实体之间建立关联；情感分析是对文本中的情感倾向进行分析。

在语义分析阶段，一些关键术语包括：语义角色标注、基于逻辑表达的语义分析、关系抽取算法、情感分析算法等，这些算法是实现准确语义理解和情感分析的关键。

1. 发展历程

自然语言处理的出现可以追溯到20世纪30年代，一般认为它先后经历了20世纪60年代之前的"萌芽期"、20世纪60年代~21世纪之前的"发展期"和21世纪的"繁荣期"三个发展阶段，如图1-3所示。

（1）萌芽期

20世纪60年代之前，是NLP的概念提出和基础研究时期。艾伦·麦席森·图灵（Alan Mathison Turing）在1936年首次提出了"图灵机"的概念，为NLP奠定了技术基础。20世纪40年代到50年代，美国的两位学者开展了NLP领域的重要研究工作：其中一位是克劳德·艾尔伍德·香农（Claude Elwood Shannon），他把离散马尔可夫过程的概率模型应用于语言自动机；另一位是艾弗拉姆·诺姆·乔姆斯基（Avram Noam Chomsky），他在1956年提出了上下文无关语法，并将它运用到NLP中。他们的工作直接引起了基于规则和基于概率这两种不同的NLP技术的产生。1952年，美国贝尔（Bell）实验室开始探索语音识别系统，这是NLP发展

图1-3 NLP发展历程

历程中一座重要的里程碑。

（2）发展期

进入20世纪60年代，NLP开启了算法蓬勃发展时期。此时，人们开始发现NLP中基于规则的方法无法很好地处理语言的灵活性和多变性问题，主流方法开始向基于统计的机器学习方法转变。采用基于统计的方法，IBM公司将当时的语音识别率从70%提升到90%，同时语音识别的规模从几百单词上升到几万单词，这样语音识别就有了从实验室走向实际应用的可能。但是，基于统计的方法对语料库的依赖性很强，传统的算法都是在非常高维和稀疏的特征向量上进行训练的，计算机并不擅长处理高维稀疏的向量。20世纪90年代中期，两件事促进了NLP研究的复苏与发展：一件是计算机的运行速度和存储量大幅度增加，为NLP改善了物质基础，使得语音和语言处理的商品化开发成为可能；另一件是1994年Internet商业化和同期网络技术的发展，使得基于自然语言的信息检索和信息抽取的需求变得更加突出。

（3）繁荣期

21世纪之后，NLP进入了规模化创新阶段。2006年，以杰弗里·辛顿（Geoffrey Hinton）为首的几位科学家历经近20年的努力，提出了神经网络深度学习算法，将原始数据通过一些非线性的模型转变成更高层次、更加抽象表达的特征学习方法，一定程度上解决了人类处理"抽象概念"这个亘古难题，使神经网络的能力大大提高。深度学习在机器翻译、问答系统等多个自然语言处理任务中均取得了不错的成果，相关技术也被成功应用于商业化平台中。在这个时期，各种数学算法和计算模型变得越来越重要，新兴的机器学习、神经网络和深度学习等技术，都在不断地消除人与机器之间交流的障碍。

2. 研究内容和应用场景

自然语言处理研究包括很多分支，如机器翻译、问答系统、文本分类、信息抽取、文本摘要等。

（1）机器翻译

机器翻译（Machine Translation）旨在将一种自然语言的文本自动翻译成另一种自然语言的文本，可以消除不同语言之间的交流障碍。机器翻译技术被广泛应用于翻译服务、国际贸易、文化交流、科学研究、语言学习等场景。

例如，翻译软件可以利用机器翻译技术在不同语言之间对文字、语音和图像内容进行快速自动翻译，实现跨语言交流，为用户提供便捷和准确的翻译服务，提高用户的体验水平和交流效率。

（2）问答系统

问答系统（Question-and-Answer System）旨在理解自然语言问题并给出准确答案。智能问答技术可以理解用户提出的自然语言问题，并根据问题内容在大规模数据源中自动地寻找最佳答案。智能问答系统被广泛应用于智能客服、智能助手、搜索引擎等场景。

例如，智能客服机器人可以对用户提出的问题进行快速理解和分析，并自动给出准确的答案和解决方案，为用户提供了快速便捷的服务，提高了用户的满意度。

（3）文本分类

文本分类（Text Categorization）旨在将文本数据自动划分到预定义类别中。文本分类技术可以找到文本特征和文本类别之间的关系模型，利用这种学习得到的关系模型对新的文本进行类别判断。文本分类技术被广泛应用于商品分类、新闻分类、垃圾邮件过滤等场景。

例如，电商平台中有成千上万不同种类的商品，需要快速准确地将它们分到正确的类别中，以便客户检索。传统的方法是人工手动标注分类，这种方法工作量巨大且难以满足高质量和实时性的需求。文本分类技术可以自动学习和识别商品的特征（如商品名称、描述、图片等信息），并根据特征将不同商品分类到相应的类别（如服装、家具、电子产品等）中，提高了商品搜索的效率和准确性。

（4）信息抽取

信息抽取（Information Extraction）旨在从非结构化文本中自动地提取结构化信息，如日期、时间、地点、事件等。信息抽取技术可以帮助人们快速准确地从大量的非结构化数据中获取有用信息。信息抽取技术被广泛应用于金融分析、搜索引擎、商业情报、新闻媒体、医疗诊断等场景。

例如，金融数据服务平台可以利用信息抽取技术从海量的金融数据中抽取出有用的信息（如公司财务指标、行业动态、政策解读等），并将其组织成结构化的数据形式，方便金融从业者进行数据分析和决策，提高金融数据处理的效率和准确性。

（5）文本摘要

文本摘要（Text Summarization）旨在从长篇文本数据中自动地提取关键信息，生成一段简洁、准确的摘要内容。文本摘要技术可以帮助人们快速获取信息，节省时间和人力成本。文本摘要技术被广泛应用于新闻媒体、网络搜索、商业情报、金融分析、科学研究等场景。

例如，新闻聚合类 App 利用文本摘要技术对海量的新闻内容进行处理和分析，自动抽取出新闻的核心内容和关键信息并生成简洁明了的摘要。同时，通过文本摘要技术，新闻聚合类 App 可以实现个性化推荐和快速阅读，从而提高用户的体验水平和满意度。

3. 开发环境工具

工欲善其事，必先利其器。项目的开发工作是复杂的，了解和使用一些正确的开发工具可以大幅提高开发效率。实现自然语言及语音信号处理的计算机编程语言多种多样，包括 C、Java、R 和 Python 等，本书选用的是 Python 语言。

Python 是一种相对易学易用的编程语言，具有丰富的库资源。这些库提供了一系列常用的自然语言和语音信号处理工具，能够使开发人员专注于项目中真正重要的工作，而非从"造轮子"开始，这就为开发者提供了便利和支持，加快了项目实现。

下面介绍 Python 开发环境中常见的自然语言处理工具，包括 NLTK、jieba、spaCy、Gensim、HanLP 和 TorchText。

（1）NLTK

NLTK（Natural Language Toolkit，自然语言处理工具包）是一个公认好用的处理自然语言（支持多种语言，主要用于英文）的多功能开源 Python 库。NLTK 提供了丰富的语料库，包含很多用于处理文本数据的模型和算法，支持如分词、去停用词、词性标注、命名实体识别、句法分析、文本分类和语义推理等任务。同时，NLTK 的文档和教程比较详细，有助于用户快速入门和使用。

（2）jieba

jieba 是一款流行的基于 Python 的中文分词库，在 GitHub 上受欢迎程度非常高。jieba 库提供了简单易用的分词功能，支持四种分词模式：精确模式、全模式、搜索引擎模式、

paddle 模式，并且支持繁体分词以及自定义词典。jieba 库还有 C++、Java 等十几种编程语言的版本，从 PC 端到移动端都可以支持。用"结巴"命名一个中文分词库，不仅生动形象，还带有程序员式的幽默。

（3）spaCy

spaCy 是一个高效且功能强大的 NLP 库，支持多种语言，可以完成分词、命名实体识别、词性标注、依存句法分析等任务。spaCy 的处理速度较快，性能和准确率表现也都较好，因此在实际中得到了广泛的应用，可用于生产环境。

（4）Gensim

Gensim 是一个用于处理文本数据的 Python 库，它可以帮助用户完成主题建模、相似度计算、词向量构建、文本聚类等任务。Gensim 的主要功能是构建词向量，即通过 Word2Vec 等模型，Gensim 可以将文本中的词转换成高维向量，从而使得文本可以进行计算和比较。例如，一个预先训练好的 Word2Vec 可以识别"北京"和"中国"的关系，即北京是中国的首都。识别这种语义关系的能力对发掘数据潜在意义和背景起到帮助作用。同时，Gensim 还支持多种语言和多种数据格式（如纯文本、XML 等格式）。

（5）HanLP

HanLP（Han Language Processing）是一个面向生产环境的多语种自然语言处理工具包，它基于 PyTorch 和 TensorFlow 2.x 双引擎，采用了最前沿的 NLP 技术（如 CRF 算法和深度学习等）。它支持包括中文、英语、日语、俄语、法语、德语在内的 104 种语言上的 10 种联合任务，包括分词、词性标注、命名实体识别、依存句法分析、成分语法分析、语义依存分析，以及指代消解、语义文本相似度、文本风格转换等，具有高度的可定制性和灵活性。

（6）TorchText

TorchText 是基于 PyTorch 的自然语言处理工具包，它提供了多种数据集处理方法和文本数据预处理功能，可以轻松地对文本数据进行预处理、标记化、词汇表构建等。TorchText 可以实现数据的自动化加载、数据的处理和训练数据集的构建，也可以通过使用其内置的词向量和词表构建词嵌入。

4. 项目开发流程

一个基本的自然语言处理项目开发流程由语料获取、语料预处理、文本向量化、模型构建、模型训练和模型评估六部分组成。图 1-4 为一个中文自然语言处理项目开发流程。在实际项目中，可以根据具体项目的需求和复杂度进行优化调整和扩展。

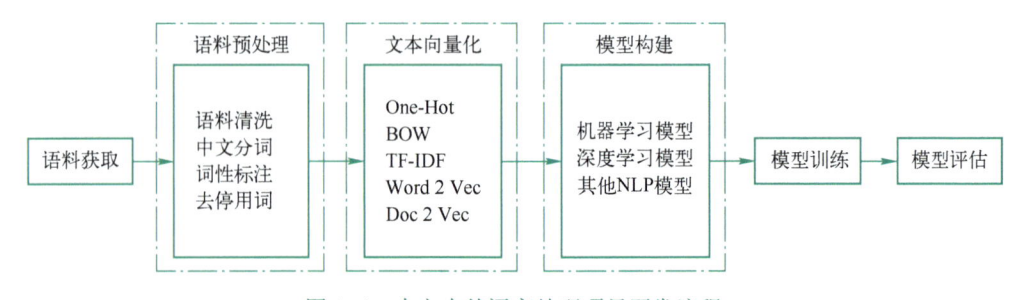

图 1-4 中文自然语言处理项目开发流程

(1) 语料获取

语料是 NLP 研究的基础，用来进行模型训练。通常用一个文本集作为语料库（Corpus），语料可以通过已有数据、公开数据集、网络爬虫或购买等方式获取。

(2) 语料预处理

在获取语料并建立语料库后，还需要对语料进行预处理，将含噪声、无序、非结构化的自然语言文本转化为结构化文本。

基本的中文语料预处理步骤如下。

1) 语料清洗。大多数情况下，获取到的文本数据存在很多无用的部分，如爬取的一些 HTML 代码、CSS 标签和标点符号等，这些无用信息都需要分步骤去除。少量的非文本内容可以直接用 Python 的正则表达式删除，复杂的非文本内容可以通过 Python 的 Beautiful Soup 库去除。

2) 中文分词。将连续的自然语言文本切分成具备语义合理性和完整性的词汇序列。中文自然语言处理流程与英文相比存在一些特殊性，主要表现在文本预处理环节。首先，中文文本不像英文那样用空格将单词隔开，因此不能像英文那样直接用简单的空格和标点符号完成分词，一般需要用分词算法完成分词。其次，中文的编码不是 UTF-8，而是 Unicode，在预处理的时候需要处理编码问题。常用的中文分词工具有很多，如 jieba、HanLP、THULAC、NLPIR、LTP 等。

3) 词性标注。词性标注是对句子中的成分做简单分析，区分出名词、动词、形容词等词性。对于句法分析、信息抽取的任务，经过词性标注后的文本会带来很大的便利性。常用的词性标注有基于规则、统计以及深度学习的方法，像 HanLP、jieba 等工具都有这个功能。

4) 去停用词。停用词是在文本处理中需要被过滤掉的一些常见词汇。停用词通常对文本分析并无多大意义。中文文本中存在大量的虚词、代词或者没有特定含义的动词、名词，都可以作为停用词去掉。

(3) 文本向量化

文本数据经过预处理除去数据中非文本部分、中文分词和去停用词后，仍无法直接将文本用于任务计算和模型训练，需要通过某些处理手段将文本量化为特征向量。一般可以调用一些模型算法来对文本进行向量化处理，常用的模型算法有独热表示（One-Hot）、词袋模型（BOW）、词频-逆文档频率（TF-IDF）表示、单词-向量模型（Word2Vec）和文档-向量模型（Doc2Vec）等。

(4) 模型构建

在文本向量化后，可根据文本分析的需求选择合适的模型。过于复杂的模型往往不是最优的选择，因为模型的复杂度与模型训练时间正相关，模型复杂度越高，模型训练时间往往也越长，而结果的精度可能与简单的模型相差无几。在自然语言处理中，使用的模型主要包括机器学习和深度学习两种。常用的机器学习模型有 KNN、SVM、Naive Bayes、决策树、K-Means 等；常用的深度学习模型有 RNN、CNN、LSTM 网络、Seq2Seq 模型、fastText、TextCNN 等。

(5) 模型训练

在构建模型完成后，需要进行模型训练，其中包括模型微调等。训练时，可先使用小批量数据进行试验，观察训练的效果。模型训练过程中要关注两个问题：一是在训练集上表现很好，但在测试集上表现很差的过拟合问题；二是模型不能很好地拟合数据的欠拟合问题。

通常情况下，模型的训练往往不是一蹴而就的，要想达到理想的精度与效果，还需要进行模型调优迭代。模型调优往往是一个复杂、冗长且枯燥的过程，需要多次对模型的参数做出修正。调优的时候需要权衡模型的精度与泛化性，在提高模型精度的同时还需要避免过拟合。

（6）模型评估

在模型训练完成后，还需要对模型的效果进行评估。模型的评估指标主要有准确率（Accuracy）、精确率（Precision）、召回率（Recall）、F1 值（F1-Score）、ROC 曲线、AUC 曲线等。在实际的项目中，不同的业务场景对模型的性能有不同的要求，关注的评估指标往往也不同，不能刻板地唯指标论。

在模型评估中，通常会使用分类报告（Classification Report）和混淆矩阵（Confusion Matrix）。

分类报告的作用如下。

- 评估模型性能。提供精确率、召回率、F1 值和支持数（support）等关键指标，全面评估分类模型的性能。
- 了解模型的偏好。通过精确率和召回率，可以了解模型在不同类别上的偏好。例如，高精确率但低召回率表示模型对该类别非常谨慎，只在非常有把握时才做出正类预测。
- 识别不平衡问题。加权平均（weighted avg）和宏平均（macro avg）可以帮助识别数据集不平衡问题，确保模型在各个类别上都有良好的表现。
- 比较不同模型。可以用来比较不同分类器或同一分类器的不同参数设置的性能，选择最优模型。

混淆矩阵的作用如下。

- 细粒度错误分析。显示模型在每个类别上的预测情况，包括正确分类和错误分类的样本数，帮助识别哪些类别容易被混淆。
- 计算多种指标。通过混淆矩阵可以直接计算精确率、召回率、F1 值、准确率等指标。
- 诊断模型问题。识别模型在特定类别上的弱点。例如，如果某个类别的假阳性或假阴性较多，则可以进一步分析原因并改进模型。
- 调优模型。可以针对模型的弱点进行特定调整，如通过调整决策阈值或使用更多数据进行再训练。

1.2.2 语音信号处理技术

把具有语音信号处理能力的机器和设备纳入人的语音交互对象，赋予机器人以生物式的语言识别功能是人类与机器人交流信息的一种最自然、方便的手段。作为人机语言通信的关键技术，语音信号处理技术可使人机交互像人与人交流那样自然友好，因此它受到了广泛的关注，这种自然和谐的交互技术成为人机交互领域未来的发展趋势。

语音信号处理是研究用数字信号处理技术对语音信号进行处理的一门学科，它以语音学与数字信号处理技术为基础，和心理学、生理学、语言学、计算机科学、通信与信息科学、模式识别、人工智能等学科联系紧密，是涉及面很广的交叉学科。语音信号处理技术的发展依赖上述这些学科的发展，而语音信号处理技术的进步也会促进这些学科的进步。

语音信号处理的目的主要有两个：一是要通过处理（如语音信号预处理、数字化、特征提取等）得到一些反映语音信号重要特征的语音参数，以便高效地传输或存储语音信号信息；二是要通过处理的某种运算达到某种用途的要求，如语音合成、语音识别等。

语音信号处理在日常生活中有着广泛的应用，包括手机通话、语音助手（如小爱同学）、自动语音识别系统（如搜狗语音输入）、助听器等。它不仅提升了人机交互的效率，还提高了听力障碍者的生活质量。

语音信号处理的总体流程如图 1-5 所示。

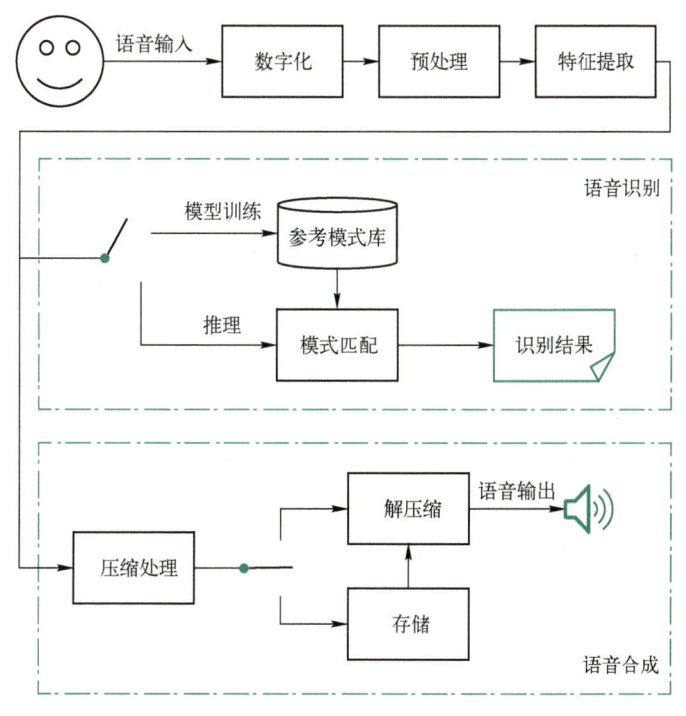

图 1-5 语音信号处理的总体流程

1. 发展历程

语音信号处理作为一个重要的研究领域，有着很长的研究历史，一般认为其先后经历了 20 世纪 30~70 年代的"萌芽期"、20 世纪 80 年代~21 世纪之前的"发展期"和 21 世纪以来的"繁荣期"三个发展阶段，如图 1-6 所示。

（1）萌芽期

1939 年，贝尔（Bell）实验室的物理研究学家 H. 达德利（Homer Dudley）发明了声码器，奠定了语音产生模型的基础，在语音信号处理领域有着划时代的意义。1952 年，贝尔实验室开始探索语音识别系统，首次研制成功能识别 10 个英语数字发音的实验装置。1956 年，RCA 实验室的奥尔森（Olson）和贝拉（Belar）等人采用 8 个带通滤波器组提

图 1-6 语音信号处理的发展历程

取频谱参数作为语音的特征，研制成功一台简单的语音打字机。20世纪60年代，语音合成的研究稳步推进，形成了一系列数字信号处理方法和技术，如数字滤波器、快速傅里叶变换（FFT）等。随着电子计算机的发展，语音信号处理逐渐转变为以软件为主的处理。人们对语音识别难度的认识得到了加深，出现了短暂的发展瓶颈。20世纪70年代，人工智能技术开始被引入到语音识别中，此时向量化技术不仅在语音识别、语音编码和说话人识别等方面发挥了重要作用，而且很快推广到其他许多领域。

（2）发展期

20世纪80年代，语音信号处理技术取得了突破性进展。隐马尔可夫模型（HMM）和人工神经网络（ANN）的出现，使得基于神经网络的语音识别系统性能明显改善。20世纪90年代，语音信号处理在实用化方面取得了许多实质性的研究进展。语音识别逐渐由实验室走向实用化，讲者自适应、听觉模型、快速搜索识别算法以及进一步的语言模型的研究等课题备受关注；在语音合成方面，多个语种的语音合成都已在这个时期达到了商品化程度。

（3）繁荣期

进入21世纪，基于深度学习理论的语音识别研究得到了全面突破，加之自然语言处理和语音信号处理技术的结合，语音识别和语音合成的准确率与效果得到了显著提高。2006年，加拿大多伦多大学的辛顿（Hinton）等人提出了深度置信网络（Deep Belief Network，DBN）模型，有效解决了深度学习网络优化中存在的过拟合和梯度消失问题。同时，以通用图形处理单元（Graphics Processing Unit，GPU）为代表的硬件技术的迅猛发展，有力支撑了深度学习理论与方法的高效实现。此外，人们开始研究基于语音的情感分析、说话人识别等新的应用领域，推动了语音信号处理技术的不断发展和创新。越来越多的智能语音产品进入人们的生活中，比如智能音箱、智能会议终端、智能耳机、智能助听器等目前都处于行业研究的前沿水平。

2. 研究内容和应用场景

语音信号处理的研究内容主要包括声学前端处理的语音增强，以及声学后端处理的语音识别、声纹识别和语音合成等。

（1）语音增强

语音增强也称为语音去噪，一般是指对含有人声的音频进行降噪处理，去除环境噪声或其他干扰信号。语音增强技术能够提高语音信号的质量和清晰度，常见的语音增强方法包括使用数字滤波器或频率域滤波器来增强语音信号的频谱特征；调整语音信号的动态范围，使得弱声音更加清晰，同时避免强声音的失真或饱和；通过时域处理方法（如时间窗口分析、时域增强算法等）来改善语音信号的时域特性等。语音增强技术为提升语音通信质量、提高语音识别准确性、改善语音合成效果等提供了有效的解决方案。

例如，语音增强技术应用于语音助手和智能音箱，有助于在嘈杂环境下更好地理解用户指令和提供服务；在录音和广播领域，语音增强技术可以减少环境噪声、风吹声等对语音的干扰，使录音或广播的内容可理解性更强。

（2）语音识别

语音识别，也称为自动语音识别（ASR），是指将语音信号转换为文字或语义信息的过程。语音识别技术的系统框架包括三个部分：一是声学特征提取，常用的特征包括梅尔频率倒谱系数（MFCC）、线性预测编码（LPC）等，用于表示语音的频谱和时域特征；二是声学模型，主要有基于统计的模型 HMM（隐马尔可夫模型）、动态时间规整（DTW）；三是语言模型与语言处理，广义上的语言模型包括由识别语音命令组成的语法网络和由统计方法组成的语言模型，语言处理能够分析语法、语义。语音识别技术被广泛应用于语音控制、语音搜索、语音翻译等领域。

例如，语音识别和机器翻译技术结合，可以实现语音到语音的实时翻译，方便跨语言交流；在车载系统应用方面，采用语音识别技术可以实现语音导航、语音控制车内设备等功能。

（3）声纹识别

声纹识别是一种基于个体发声时喉部和声道的形态、结构、运动等特征的独特性与稳定性，分析个体的语音特征进行身份认证或验证的技术。声纹识别技术的主要任务是判断发声者身份，它的实现过程相比语音识别更为简单。声纹识别技术虽然具有独特性和稳定性，但也存在一些挑战，如环境噪声、语音变化、欺诈攻击等问题，需要综合考虑各种因素来进行系统设计和优化，以提高声纹识别系统的可靠性和安全性。声纹识别技术被广泛应用于身份认证和验证、电话客服、安防监控等领域。

例如，声纹识别可以用于个人身份的认证或验证，如手机解锁、银行账户验证、门禁系统等场景；在电话客服系统中，通过识别声音自动验证客户身份，提升客户服务效率；在安防领域中，声纹识别可用于监控系统，识别可疑声音并进行预警或报警处理；在车辆驾驶员识别中，声纹识别确保只有授权的驾驶员才能启动车辆。

（4）语音合成

语音合成，也称为文本到语音转换（TTS），是一种将文字或其他符号信息转换为语音信号的技术，它可以用于生成自然流畅的语音，以便计算机更好地与人类进行交互。语音合成引擎是语音合成技术的核心，它通过算法和模型将文本转换为语音信号，常见的方法包括基于规则的合成、基于统计模型的合成以及基于深度学习的合成。语音合成技术广泛应用于有声读物、语音导航、语音提示系统等。

例如，读书软件采用语音合成技术可以打开听书模式，自动朗读图书内容；在车载导航系统中，语音合成用于提供语音导航提示，让驾驶者无须转移驾驶视线就能方便地获知路线信息。

3. 开发环境工具

下面介绍 Python 开发环境中常见的语音信号处理工具，包括 Wave、librosa、Torchaudio 和 PaddleSpeech。

（1）Wave

Wave 是 Python 标准库中的一部分，是一种基本的音频处理工具。Wave 支持许多不同的音频格式，如 WAV、AIFF 和 MP3 等。Wave 提供了读取和写入 WAV 文件的功能，并允许用户对音频信号进行基本操作，如采样率转换、截断、归一化等。Wave 的优点是易于使用，不需要安装额外的库，适合初学者入门。

（2）librosa

librosa 是一个开源的 Python 库，专门用于音频信号的处理。librosa 提供了一系列功能，如读取、处理、可视化音频文件，以及实现一些音频特征的提取和转换，如梅尔频率倒谱系数、光谱质心等。它可以用于许多不同的音频应用中，如音乐信息检索、语音识别等。librosa 支持多种音频格式，如 WAV、MP3、FLAC 等。librosa 是深度学习中音频处理的重要工具，可用于语音识别、情感识别等任务。

（3）Torchaudio

Torchaudio 是 PyTorch 的一个扩展库，用于音频和语音信号处理。Torchaudio 提供了一系列音频处理函数，如音频读取、变换、增强、转换等函数，以及支持多种音频格式的解码器。Torchaudio 与 PyTorch 紧密集成，可以直接处理音频数据，方便深度学习中的音频分类、语音识别等任务。

（4）PaddleSpeech

PaddleSpeech 是飞桨（PaddlePaddle）开发的一个扩展库，专门用于语音信号处理和语音识别。它提供了一些预训练模型，如 DeepSpeech2、Transformer-Transducer 等，以及音频处理函数，如音频读取函数 read_wav、音频特征提取函数 transform、语音增强函数 SpecAugment 等。PaddleSpeech 支持多种任务，如语音识别、语音合成等。

选择哪个语音信号处理工具，需要根据具体需求来决定。Wave 适用于基本的音频文件读写操作，librosa 适用于音频特征提取和音频分析，Torchaudio 和 PaddleSpeech 则适用于与深度学习框架结合进行语音信号处理和语音识别等任务。

4. 项目开发流程

一个基本的语音信号处理项目开发流程由音频加载、数据预处理、特征提取、模型构建、模型训练、模型评估六部分组成，如图 1-7 所示。在实际项目中，可以根据具体项目的需求和复杂度进行优化调整和扩展。

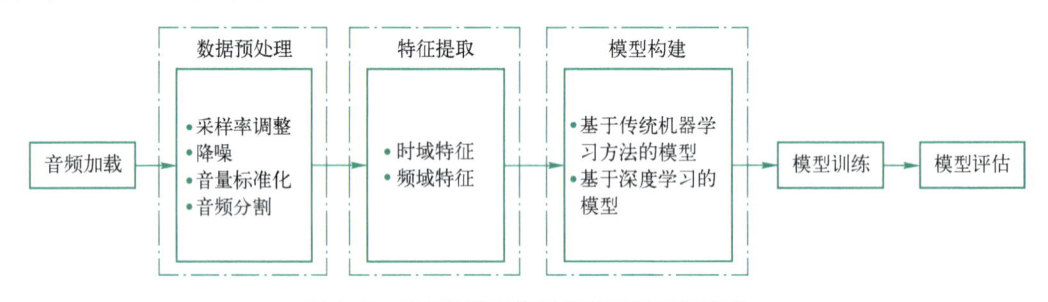

图 1-7 基本的语音信号处理项目开发流程

（1）音频加载

项目的开始，将需要处理的音频文件加载到程序中，以便后续处理。音频文件通常是以 WAV、MP3 等音频格式保存的，可以使用相应的库或工具来读取相应格式的音频文件。

（2）数据预处理

在加载音频数据之后，还需要对音频数据进行预处理，提高语音信号的质量，为特征提取和语音识别阶段提供更好的输入数据。

基本的音频数据预处理步骤如下。

1）采样率调整。采样率调整将音频信号的采样率调整为合适的值，以适应后续处理的需要或统一不同来源的音频数据的采样率。

2）降噪。降噪可以去除音频信号中的背景噪声，以提高音频的质量和可理解性。

3）音量标准化。将音频数据进行幅度归一化，确保不同来源的音频数据音量范围统一。

4）音频分割。音频分割将长时音频信号分割成多个短时帧，以便后续处理和分析。通常使用短时傅里叶变换（STFT）等方法进行分帧，每个帧通常包含 20~40 ms 的音频数据。

（3）特征提取

特征提取旨在将音频数据转化为数值特征，以便后续的建模和分析。常用的语音特征包括短时能量、过零率、MFCC、LPC 等。MFCC 是一种常用的语音特征表示方法，它能够有效地捕捉语音信号的频谱特征。

（4）模型构建

模型构建是指根据任务需求选择合适的模型，定义模型的结构（输入层、隐藏层、输出层等）和超参数。在语音信号处理中，常用的模型包括基于传统机器学习方法的模型（如支持向量机、决策树等）和基于深度学习的模型（如 CNN、RNN、LSTM 网络等）。模型的选择需要根据任务的具体需求和数据情况来确定。

（5）模型训练

在模型构建之后，需要使用标注好的语音数据对模型进行训练。训练数据通常被分为训练集、验证集和测试集。训练集用于训练模型参数，验证集用于调整模型参数和选择最佳模型，测试集用于评估模型的性能。

（6）模型评估

模型评估是指对训练好的模型进行性能评估。评估指标包括准确率、精确率、召回率等。在语音信号处理中，还需要使用一些特定的评估指标来评估模型的性能，如语音识别任务中的识别率、语音合成任务中的自然度和流畅度等。根据评估结果，可以对模型进行优化和改进。

1.3 项目实战

开发环境可为研究人员和开发者提供一个研究或开发平台，他们能够在一个清晰、可控的环境中进行研究或项目开发工作，尝试和实践各种自然语言处理与语音信号处理算法、模型和技术。

本节针对搭建自然语言及语音信号处理开发环境开展项目实战。在 Python 开发环境中，安装所需的库和工具并熟悉这些工具的基本使用方法，并且完成环境的验证。

搭建项目开发环境的基本流程主要包括：部署 Python 开发环境、安装 PyTorch 框架和安装 PaddlePaddle 框架，以及验证开发环境。

1.3.1 部署 Python 开发环境

为了在自然语言处理和语音信号处理项目开发过程中高效管理虚拟环境，解决多版本 Python 切换以及各种版本库和工具包管理的问题，本书推荐使用 Anaconda 软件托管 Python 开发环境。

1. 安装 Anaconda

可以通过国内镜像源——清华大学开源软件镜像站（mirrors.tuna.tsinghua.edu.cn）或

Anaconda 官方网站下载 Anaconda 历史版本（本项目以运行于 Windows 操作系统的 2020.07 版本为例）。清华大学开源软件镜像站页面如图 1-8 所示。

图 1-8　清华大学开源软件镜像站

在镜像列表中，找到"anaconda"选项，并单击进入，如图 1-9 所示。

图 1-9　找到"anaconda"并单击进入

在/anaconda/列表中，单击"archive/"进入 Anaconda 历史版本页面，如图 1-10 所示。

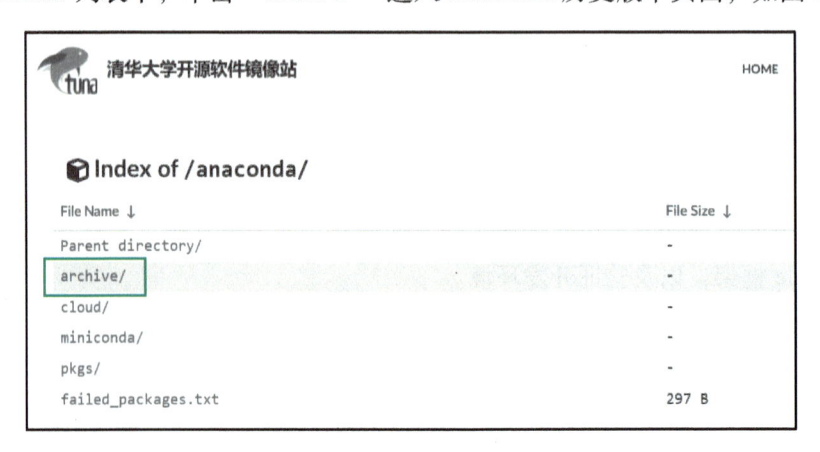

图 1-10　查看 Anaconda 历史版本

在/anaconda/archive/列表中，找到并单击"Anaconda3-2020.07-Windows-x86_64.exe"项目即可进行下载，如图 1-11 所示。

```
Anaconda3-2020.07-Linux-ppc64le.sh          290.4 MiB
Anaconda3-2020.07-Linux-x86_64.sh           550.1 MiB
Anaconda3-2020.07-MacOSX-x86_64.pkg         462.3 MiB
Anaconda3-2020.07-MacOSX-x86_64.sh          454.1 MiB
Anaconda3-2020.07-Windows-x86.exe           397.3 MiB
Anaconda3-2020.07-Windows-x86_64.exe        467.5 MiB
```

图 1-11 选择对应版本下载

在 Anaconda 安装包下载完成后，双击已下载的安装包开始安装。在 Windows 环境下，Anaconda 的安装比较简单，建议按照默认选项进行安装。在设置完安装路径后，来到如图 1-12 所示的界面。第一个选项表示 Anaconda 自动添加环境变量，建议勾选；第二个选项表示 Anaconda 使用的 Python 版本为 3.8，也建议勾选。然后单击"Install"按钮即可进行安装。

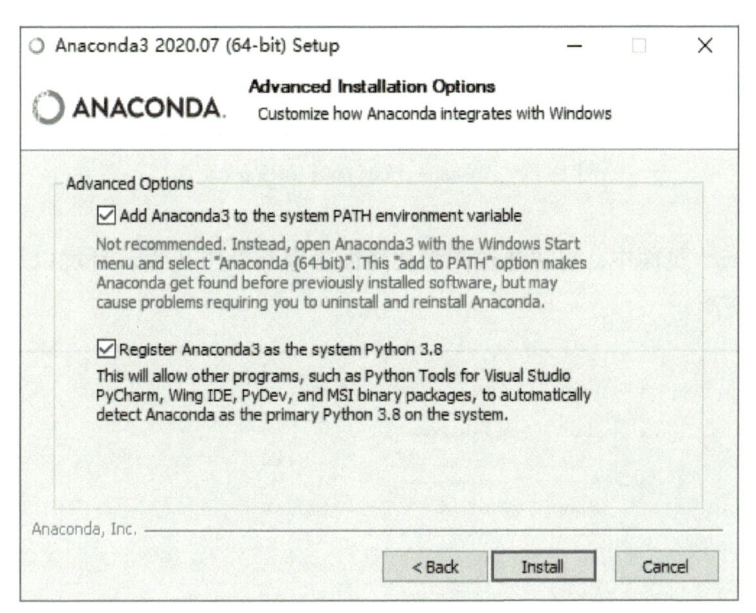

图 1-12 环境配置选项

2. 使用 Anaconda

在 Anaconda 安装完成后，在开始菜单栏中会出现 Anaconda Navigator、Anaconda Prompt、Jupyter Notebook 等应用程序，如图 1-13 所示。

（1）使用 Anaconda Navigator

Anaconda Navigator 是 Anaconda 发行包中包含的桌面图形界面，可以在不使用命令的情况下方便地启动应用程序，同时管理 conda 包、环境和频道等。

单击 Anaconda Navigator 后会启动其 Home 页面，如图 1-14 所示。页面中会出现 Jupyter Notebook、PyCharm 等应用，此时直接单击相应的图标即可启动程序。

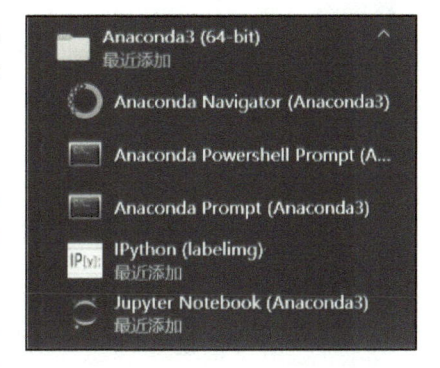

图 1-13 Anaconda 相关应用程序

图 1-14　Anaconda Navigator 的 Home 页面

在 Environments 页面中，可以通过图形化界面管理和操作 Python 环境以及相关的库和工具，如图 1-15 所示。

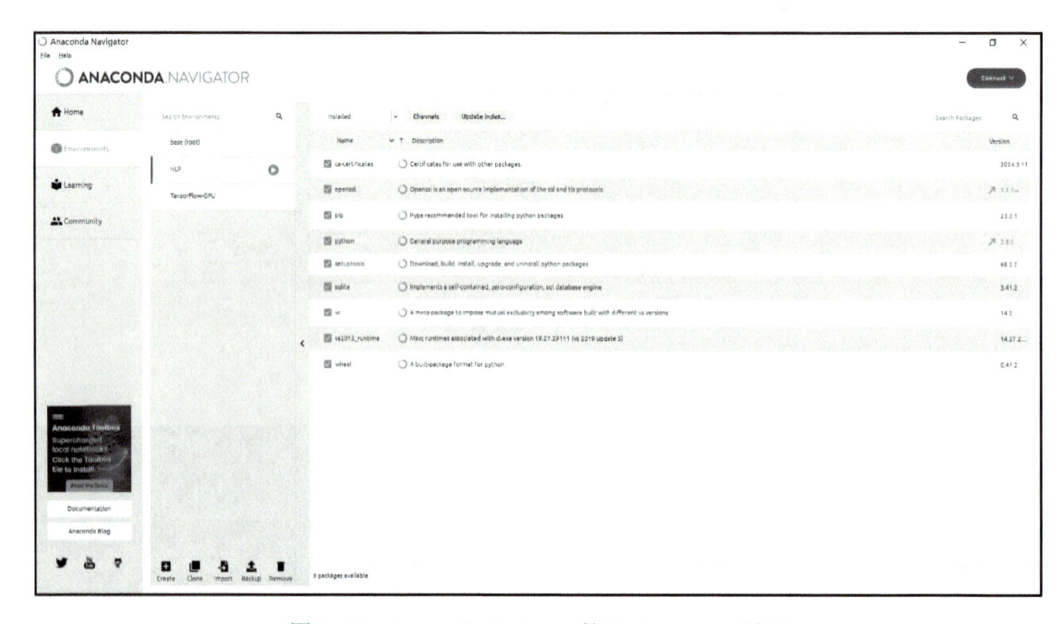

图 1-15　Anaconda Navigator 的 Environments 页面

（2）使用 Anaconda Prompt

Anaconda Prompt 是 Anaconda 发行版中提供的一个命令行工具。可以在开始菜单栏中单击相应的图标进入 Anaconda Prompt，通过命令行管理和操作 Python 环境以及相关的库和工具。

1）管理和操作虚拟环境。

创建虚拟环境。使用"conda create"命令创建一个名为"NLP"的虚拟环境，并且指定 Python 版本为 3.8.0。

```
conda create -n NLP python==3.8.0
```

切换虚拟环境。使用"conda activate"命令切换至名为"NLP"的虚拟环境。

```
conda activate NLP
```

退出虚拟环境。使用"conda deactivate"命令退出当前的虚拟环境，回到初始环境。

```
conda deactivate
```

删除虚拟环境。使用"conda remove"命令删除创建的"NLP"环境。

```
conda remove --name NLP --all
```

2）安装相关的库和工具。

Anaconda 自带大量的标准库，对于一些没有的库，可以使用"pip install"命令并指定包名进行安装。

例如，在 Anaconda Prompt 中安装 NLTK 库的命令如下。

```
pip install nltk
```

对于自然语言及语音信号处理项目开发过程中常用的库，建议现在就在 Python 虚拟环境中安装，以便后续任务使用。

① 自然语言处理常用库，见表 1-1。

表 1-1　自然语言处理常用库

库　名	简　介	安装命令
NLTK	自然语言处理库，提供文本处理功能，包括分词、词性标注、命名实体识别、语法分析等	pip install nltk
jieba	用于对中文文本进行分词处理，支持基于词典和机器学习的分词方法	pip install jieba
sklearn-crfsuite	基于条件随机场（CRF）的序列标注库，用于命名实体识别、词性标注等序列标注任务	pip install sklearn-crfsuite
pandas	数据分析库，提供高效数据结构与操作功能，用于数据清洗、转换、分析和可视化等任务	pip install pandas
Gensim	文本建模和主题建模库，提供词向量模型和文档相似度计算等功能，用于语义分析等任务	pip install gensim
PyPDF2	用于处理 PDF 文件的库，可以用于提取文本内容、合并分割 PDF 文件等操作	pip install PyPDF2
NumPy	数值计算库，提供了多维数组对象和各种数学函数，用于科学计算、数据处理等任务	pip install numpy
hanlp_restful	HanLP 的 RESTful（云端）接口，提供了中文分词、命名实体识别、依存句法分析等功能	pip install hanlp_restful

（续）

库　名	简　介	安装命令
scikit-learn	机器学习库，包含了各种机器学习算法和工具，用于分类、回归、聚类、降维等任务	pip install scikit-learn
Matplotlib	用于绘制数据可视化图表的库，支持各种绘图类型，如折线图、散点图、柱状图等	pip install matplotlib
snowNLP	中文文本情感分析库，用于判断文本情感倾向（正面、负面、中性等）	pip install snownlp
Beautiful Soup（bs4）	用于解析 HTML 和 XML 文档的库，使数据提取和操作更加方便，常用于网络爬虫的任务	pip install bs4
openpyxl	读取和写入 Excel 文件的库，常用于数据导入导出、数据分析和报告生成等任务	pip install openpyxl
Imageio	用于图像输入输出的库，支持读取和保存多种图像格式，用于图像处理和计算机视觉任务	pip install imageio
WordCloud	词云生成库，用于根据文本中词语的频率生成词云图，可视化文本数据中的关键词信息	pip install wordcloud

在使用"pip install"命令安装表 1-1 列出的库后，执行命令"pip list"可以查看所有已经安装的库（包括 Anaconda 自带的标准库），输出结果如图 1-16 所示。

```
pip list
```

图 1-16　查看所有已经安装的库

需要注意的是，在安装 NLTK 库之后，若出现"Successfully build nltk"，则说明 NLTK 库安装完成，但此时还不能使用足够多的功能，需要进行 NLTK 数据包的装载，步骤如下。

打开 Jupyter Notebook，新建一个 Notebook 文件并在其中编写代码，如代码清单 1-1 所示。

代码清单 1-1　导入 NLTK 数据包

```
import nltk
nltk.data.find(".")
```

运行代码清单 1-1，输出部分结果如下，可以查看到 NLTK 数据包（nltk_data）默认存放的路径。

```
Searched in：
 - 'C:\\Users\\xxx\\nltk_data'
 - 'D:\\ProgramData\\Anaconda3\\envs\\NLP\\nltk_data'
 - 'D:\\ProgramData\\Anaconda3\\envs\\NLP\\share\\nltk_data'
 - 'D:\\ProgramData\\Anaconda3\\envs\\NLP\\lib\\nltk_data'
 - 'C:\\Users\\xxx\\AppData\\Roaming\\nltk_data'
   - 'C:\\nltk_data'
   - 'D:\\nltk_data'
```

将在互联网上下载的 NLTK 数据包（本书配套资源已包含）解压缩并放置在运行代码清单 1-1 后列出的任意一个路径下。随后，编写代码检查 NLTK 数据包是否安装成功，如代码清单 1-2 所示。

代码清单 1-2　检查 NLTK 数据包是否安装成功

```
from nltk.book import *
```

运行代码清单 1-2，输出结果如下，则表示 NLTK 数据包安装成功。

```
*** Introductory Examples for the NLTK Book ***
Loading text1, ..., text9 and sent1, ..., sent9
Type the name of the text or sentence to view it.
Type：'texts()' or 'sents()' to list the materials.
text1：Moby Dick by Herman Melville 1851
text2：Sense and Sensibility by Jane Austen 1811
text3：The Book of Genesis
text4：Inaugural Address Corpus
text5：Chat Corpus
text6：Monty Python and the Holy Grail
text7：Wall Street Journal
text8：Personals Corpus
text9：The Man Who Was Thursday by G．K．Chesterton 1908
```

此时，运行结果显示的是 NLTK 库中"Book"数据包的示例文本，其中的"text1"中文名为《白鲸》。

② 语音信号处理常用库，见表 1-2。

安装语音信号处理常用库

表 1-2　语音信号处理常用库

库　名	简　介	安装命令
librosa	用于音频分析和处理的库，提供了音频加载、特征提取、时频转换、节拍检测等功能，适用于音乐信息检索、音频分类、音频特征学习等任务	pip install librosa
python_speech_features	用于语音信号处理的库，提供了常用的语音特征提取方法，如 MFCC（梅尔频率倒谱系数）、过零率、能量等，适用于语音识别、情感分析等任务	pip install python_speech_features

（续）

库　　名	简　　介	安装命令
sciPy	科学计算库，提供了更高级的数学、科学和工程计算功能，包括数值积分、优化、插值、统计函数等，适用于科学计算和数据分析	pip install scipy
hmmlearn	用于隐马尔可夫模型（HMM）的库，提供了 HMM 的训练、解码等功能，适用于语音识别、手势识别、时间序列分析等任务	pip install hmmlearn
pyttsx4	用于文本到语音合成的库，可以将文字转换为语音输出，适用于语音助手、语音提示等应用场景	pip install pyttsx4
pathlib2	pathlib 模块的扩展版本，提供了更便捷的路径操作功能，适用于文件系统操作和路径处理	pip install pathlib2
soundfile	用于音频文件读写的库，支持多种音频格式（如 WAV、FLAC、MP3 等），提供了高效的音频文件处理接口，适用于音频数据处理和分析	pip install soundfile
yacs	用于管理配置的轻量级库，通过简单的 YAML 文件或 Python 字典对象来定义或管理配置参数，使得配置管理更加简洁和结构化，适用于深度学习和机器学习项目	pip install yacs

同样地，使用"pip install"命令安装表 1-2 中的库后，执行命令"pip list"可以查看所有已经安装的库（包括 Anaconda 自带的标准库）。

3. 集成开发工具

Python 语言的集成开发工具（IDE）有两种，一种是 Python 专用的 Jupyter Notebook 解释工具，该工具通过浏览器打开，可实时执行 Python 任务，并将结果直接展示在代码下面；另一种是通用编程工具，如 Visual Studio Code、PyCharm 等。本书将以 Jupyter Notebook 为 IDE 进行代码及运行结果的展示。

Jupyter Notebook 将基于控制台的程序执行方式转换为交互式的程序执行方式，是一种基于 Web 的交互式代码编辑器，适用于全过程开发，包括开发、书写文档、执行代码以及执行结果等。它的受众群体是数据科学领域相关（机器学习、数据分析等）的人员。

可以在 Anaconda Prompt 中输入"jupyter notebook"来启动 Jupyter Notebook，也可以在 Anaconda Navigator 中启动。无论何种启动方式，请注意是否已经切换到所需的虚拟环境中。

打开 Jupyter Notebook 后，单击右上方的"New"下拉菜单，选择"Python 3"选项，便可创建新笔记，如图 1-17 所示。

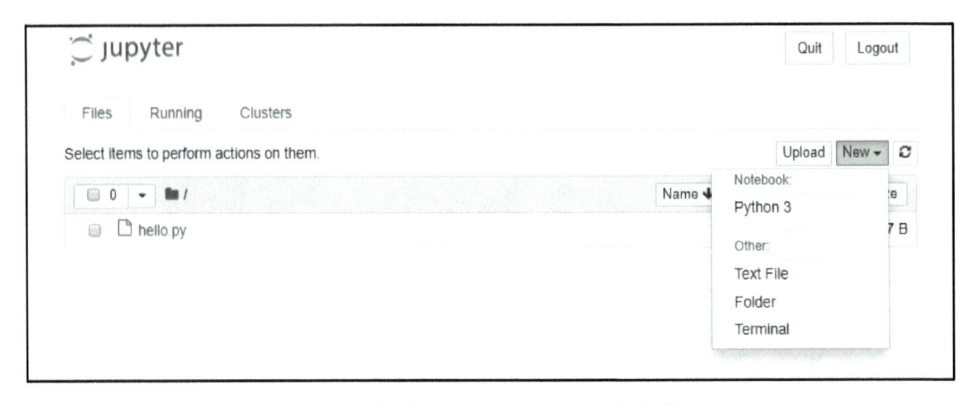

图 1-17　创建 Jupyter Notebook 中的新笔记

此时，可以在单元框（cell）中编辑 Python 代码。在代码编辑完成之后，按组合快捷键〈Shift+Enter〉或者页面上方的▶按钮执行 cell 中的命令，程序运行的结果会在 cell 的下方呈现，如图 1-18 所示。单击保存按钮，可将代码文件默认存储为".ipynb"的格式。

图 1-18　运行 Jupyter Notebook 中的 Python 代码

1.3.2　安装 PyTorch 框架

PyTorch 是基于 Python 的开源机器学习框架，可以提供强大的 GPU 加速计算能力和灵活的深度学习模型构建方法。PyTorch 广泛应用于图像识别、自然语言处理、语音识别等领域。

PyTorch 分为 GPU 和 CPU 两个版本，如果设备中没有 NVIDIA GPU，请安装 CPU 版本的 PyTorch，即忽略安装 NVIDIA 图形驱动程序、CUDA、cuDNN。

安装 GPU 版本的 PyTorch 的步骤如下。

1. 安装 NVIDIA 图形驱动程序

进入 NVIDIA 官网（www.nvidia.cn）的"驱动程序"页面，选择对应的显卡型号并下载显卡驱动安装包。运行显卡驱动安装程序，在"安装选项"中选择"精简"，如图 1-19 所示，单击"下一步"按钮即可开始安装。

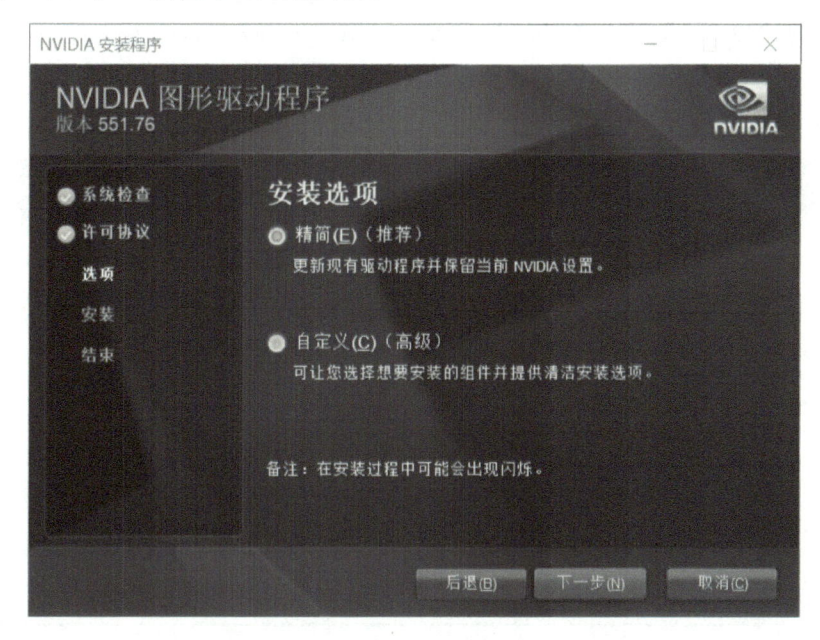

图 1-19　安装 NVIDIA 图形驱动程序

2. 查看支持的 CUDA 最高版本

在 NVIDIA 驱动程序安装完成后，可在 CMD 中执行如下命令，查看当前系统 CUDA（Compute Unified Device Architecture，计算统一设备体系结构）最高支持版本。

```
nvidia-smi
```

例如，在"CUDA Version"处显示的是当前系统 CUDA 最高支持版本为 12.4（即安装 12.4 及以下版本的 CUDA 都是支持的），如图 1-20 所示。

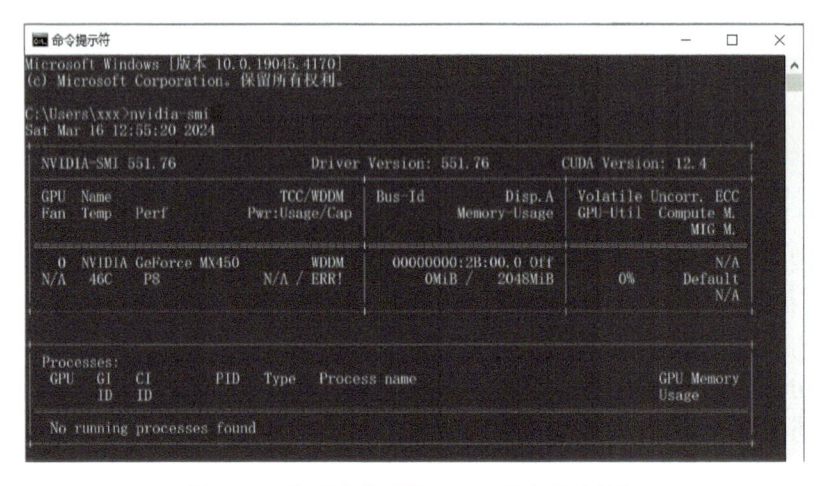

图 1-20　查看当前系统 CUDA 最高支持版本

3. 安装 CUDA

CUDA 工具包（CUDA Toolkit）是 NVIDIA 提供的用于支持 GPU 加速计算的工具包，它提供了一些 CUDA 库和工具，用于编写 CUDA 程序和优化 CUDA 应用的性能。可前往 NVIDIA 官网的"CUDA Toolkit Archive"页面（developer.nvidia.com/cuda-toolkit-archive）下载对应版本的 CUDA Toolkit。例如，单击"CUDA Toolkit 12.1.0"即可选择 12.1.0 版本下载，如图 1-21 所示。

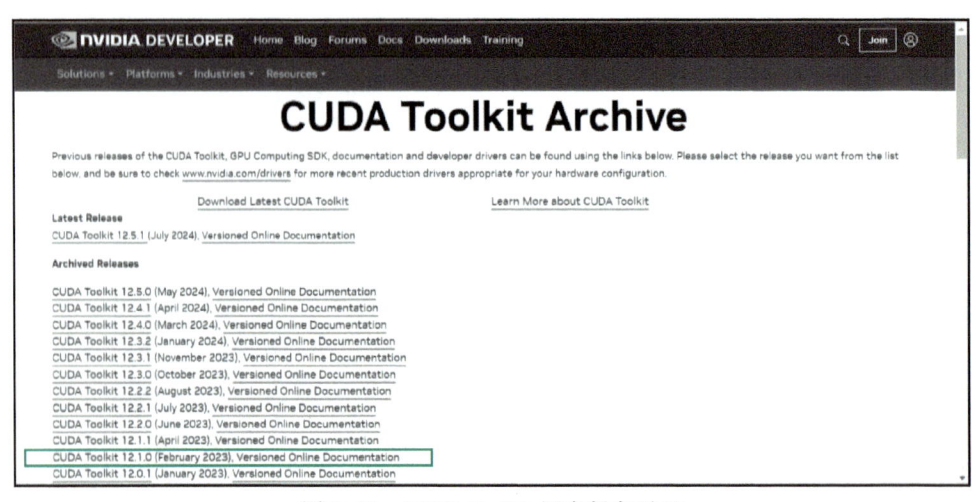

图 1-21　CUDA Toolkit 历史版本页面

在下载页面中根据操作系统的情况进行选择后,单击"Download"按钮下载 CUDA Toolkit 安装包,如图 1-22 所示。

图 1-22　下载 CUDA Toolkit 安装包

在 NVIDIA CUDA 安装程序的"安装选项"中选择"精简",如图 1-23 所示,单击"下一步"按钮即可开始安装。

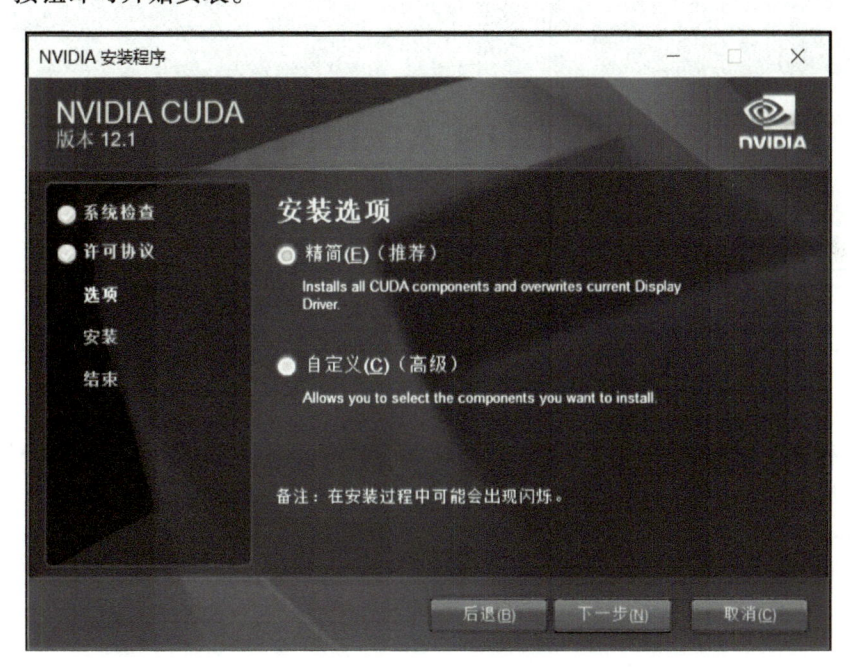

图 1-23　安装 CUDA

在 CUDA 安装完成后,可在 CMD 中执行下列命令分别查看安装的 CUDA 版本号和 CUDA 设置的环境变量地址,如图 1-24 所示。

```
nvcc -V
set cuda
```

图 1-24　验证 CUDA 是否安装成功

若图 1-24 中信息均能正常显示，则说明 CUDA 已经安装成功。

4. 安装 cuDNN

cuDNN（CUDA Deep Neural Network）是 NVIDIA 提供的深度神经网络库，它针对 GPU 进行了优化，可以提升 CUDA 加速器上深度神经网络的训练和推理速度。需要注意的是，cuDNN 需要具备支持的 GPU 和相应的深度学习框架（如 TensorFlow、PyTorch 等），并且对于没有使用深度学习的开发者来说它并不是必须安装的软件。

可前往 NVIDIA 官网的"cuDNN Archive"页面（developer.nvidia.com/rdp/cudnn-archive）找到对应版本的 cuDNN。例如，单击"Download cuDNN v8.9.7（December 5th, 2023），for CUDA 12.x"选择 8.9.7 版本，如图 1-25 所示。

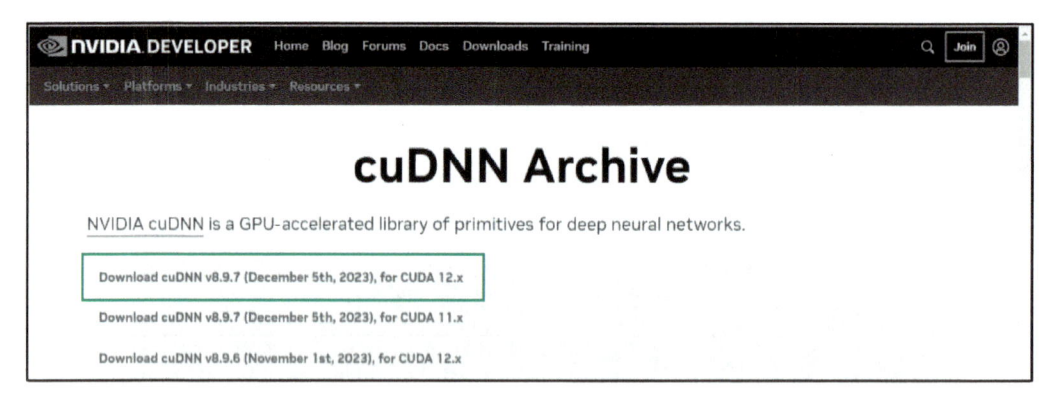

图 1-25　cuDNN 历史版本页面

随后，在展开的页面中单击"Local Installer for Windows（Zip）"下载 cuDNN 压缩包，如图 1-26 所示。

图 1-26　下载 cuDNN 压缩包

cuDNN 压缩包下载完成后解压缩，将全部文件覆盖放置于 CUDA 的安装目录（默认为 C：\Program Files \ NVIDIA GPU Computing Toolkit \ CUDA \ 版本号 \ ）。

5. 安装 PyTorch

在安装完 CUDA 和 cuDNN 后，可以进行 PyTorch 的安装。进入 PyTorch 官网的历史版本下载界面（pytorch. org/get-started/previous-versions），找到与 CUDA 版本匹配的 PyTorch 安装命令，如图 1-27 所示。

图 1-27　PyTorch 的安装命令

例如，打开"Anaconda Prompt"并执行以下命令，即可成功安装 2.2.0 版本的 PyTorch。

> conda install pytorch==2.2.0 torchvision==0.17.0 torchaudio==2.2.0 pytorch-cuda=12.1 -c pytorch -c nvidia

torchvision 和 torchaudio 是 PyTorch 的两个官方扩展库。torchvision 提供了计算机视觉相关的功能，如图像预处理、数据加载、模型定义和训练等；torchaudio 则提供了音频处理相关的功能，如音频加载、处理、变换和可视化等。torchvision 和 torchaudio 可以帮助开发人员更加便捷地使用 PyTorch 执行图像和声音处理相关的任务。同时，它们也提供了一些预训练模型和数据集，可以用于快速构建和训练自己的模型。

1.3.3　安装 PaddlePaddle 框架

在 PaddlePaddle 官网（www.paddlepaddle.org.cn）的"快速安装"栏目下，找到 PaddlePaddle 的安装命令，如图 1-28 所示。此处选择 Windows 操作系统、pip 安装方法、CPU 计算平台，表示计划安装的是没有 GPU 加速的 Windows 版本的 PaddlePaddle。

打开"Anaconda Prompt"并执行 PaddlePaddle 的安装命令，即可成功安装选定版本的 PaddlePaddle。

图 1-28　PaddlePaddle 官网快速安装页面

```
python -m pip install paddlepaddle==2.6.0 -i https://pypi.tuna.tsinghua.edu.cn/simple
```

在成功安装 PaddlePaddle 深度学习框架后，可以进行 PaddleAudio 和 PaddleSpeech 库的安装。这两个库都是基于 PaddlePaddle 深度学习框架开发的语音处理库。

打开"Anaconda Prompt"并分别执行以下命令，安装 PaddleSpeech 1.0.1 和 PaddleAudio 1.0.1。

```
pip install paddlespeech==1.0.1
pip install paddleaudio==1.0.1
```

1.3.4　验证开发环境

打开 Jupyter Notebook 运行相关代码，检查自然语言及语音处理项目开发环境中的库和工具是否能够正常使用。

1. 验证 NLTK 库

使用 NLTK 库中的 word_tokenize 方法对英文文本 "I love natural language processing!"进行分词，对分词结果去停用词后，使用 pos_tag 方法进行词性标注，以此检查 NLTK 库环境是否配置成功。运行代码如代码清单 1-3 所示。

代码清单 1-3　使用 NLTK 库的工具

```
# 导入 NLTK 库
import nltk
```

```
# 构造文本语句
text1 ="I love natural language processing!"
tokens = nltk.word_tokenize(text1)        # 英文分词
print("分词结果是:",tokens)
# 从 NLTK 库中获取英文停用词集
stop_words = set(nltk.corpus.stopwords.words('english'))
# 对分词结果去停用词
filtered_tokens = [token for token in tokens if token.lower() not in stop_words]
print("去停用词结果是:",filtered_tokens)
# 进行词性标注
pos_tags = nltk.pos_tag(filtered_tokens)
print("词性标注结果是:",pos_tags)
```

运行代码清单1-3,输出测试结果如下,成功输出英文分词结果、去停用词结果和词性标注结果。

```
分词结果是:['I', 'love', 'natural', 'language', 'processing', '!']
去停用词结果是:['love', 'natural', 'language', 'processing', '!']
词性标注结果是:[('love', 'VB'), ('natural', 'JJ'), ('language', 'NN'), ('processing', 'NN'), ('!', '.')]
```

2. 验证 jieba 库

使用 jieba 库中的 lcut 方法对中文文本"我喜欢自然语言处理!"进行分词,以此检查 jieba 库环境配置是否成功。运行代码如代码清单1-4所示。

代码清单1-4　使用 jieba 库的工具

```
# 导入 jieba 库
import jieba

# 构造文本语句
text2 = "我喜欢自然语言处理!"
jieba.lcut(text2)        # 中文分词
```

运行代码清单1-4,输出测试结果如下,成功输出中文分词结果。

```
['我', '喜欢', '自然语言', '处理', '!']
```

3. 验证 PyTorch 库

PyTorch 是 Torch 在 Python 上的衍生,在 Python 环境中需要使用"import torch"命令来导入 PyTorch 库。使用 PyTorch 库中的 rand 方法生成一个随机矩阵,以此检查 PyTorch 库环境配置是否成功。同时,使用 cuda.is_available 方法检测 GPU 硬件以及 CUDA 是否可用。运行代码如代码清单1-5所示。

代码清单1-5　使用 PyTorch 库的工具

```
# 导入 PyTorch 库
import torch
```

```
x=torch.rand(6,3)              # 生成6行3列的随机矩阵
print(x)
torch.cuda.is_available()      # 检测 CUDA 和 GPU 硬件
```

运行代码清单1-5，输出测试结果如下，成功输出随机矩阵结果，"True"表示 PyTorch 可以使用 GPU 硬件。

```
tensor([[0.4031, 0.9035, 0.9398],
        [0.0331, 0.4116, 0.1927],
        [0.0401, 0.2275, 0.8863],
        [0.6183, 0.9416, 0.1339],
        [0.7357, 0.5826, 0.3613],
        [0.9515, 0.6266, 0.2584]])
True
```

4. 验证 PaddleAudio 库

使用 PaddleAudio 库中的 load 方法加载名为"NLP.wav"的音频文件，并将加载的音频文件时间序列数据存储在 audio 变量中，采样率数值存储在 sr 变量中，以此检查 PaddleAudio 库环境配置是否成功。运行代码如代码清单1-6所示。

代码清单1-6　加载音频文件

```
# 导入 PaddleAudio 库
import paddleaudio as pa

audio, sr = pa.load('../data/NLP.wav')
print(f'采样率：{sr}')
print(f'音频形状：{audio.shape}')
```

运行代码清单1-6，输出测试结果如下，得到音频文件的采样率为 44100 Hz 和音频数据的形状为[2, 828634]，表明环境配置成功。

```
采样率：44100
音频形状：[2, 828634]
```

从音频数据的形状可知，音频的声道数为2（双通道立体声），基于给定采样率得到的样本数为828634，音频时长为 828634/44100≈18.8 s。关于采样率相关的知识，将在本书的项目5中进一步介绍。

1.4　项目小结

本项目是学习自然语言处理技术和语音信号处理技术的第一步，通过基础知识的学习，了解两种技术的基本概念、发展历程、研究内容、应用场景、开发环境工具、项目开发流程，并且在项目实战中掌握项目开发环境搭建和配置的方法，为后续的学习奠定基础。

在开发环境搭建的过程中，由于具体的软硬件情况不一样，难免会遇到各种报错现象，

读者可以根据报错的提示信息查找相关文档和资料，以便快速解决开发环境搭建和配置过程中遇到的问题。

1.5 知识拓展

在深度学习领域，可以设计和训练适用于多模态数据的深度学习模型，如多模态神经网络（Multimodal Neural Networks）。这些模型可以同时处理文本、语音、图像等多种数据，提供更丰富的信息输入和更智能的输出，使得系统对于人类语言的处理和交互更加灵活与智能化。

情感分析与文本/语音结合：结合文本和语音的情感分析，可以更准确地识别说话者的情感状态。例如，结合语音信号的语调、语速等特征和文本内容进行情感分析，可以更全面地理解说话者的情感倾向。

图像与文本/语音结合：图像与文本或语音的结合可以用于识别图片中的场景和对象，并将其转换为自然语言或语音输出。这种结合可以应用于自然场景的识别、辅助盲人识别物体等领域。

音频与文本/图像的联合处理：将音频信号与文本或图像数据联合处理，可以用于音乐识别、环境声音分析、音频故障诊断等领域。例如，通过分析音频信号和图像信息，可以对音乐进行自动分类或推荐。

语音识别与文本生成：结合语音识别技术和文本生成技术，可以实现语音输入、文本输出的功能，也可以反过来实现文本输入、语音输出的功能。这对智能助手、语音交互系统等有重要的应用价值。

1.6 习题

一、选择题

1. 自然语言处理（NLP）和语音信号处理技术的主要目的是（　　）。
   A. 提高计算机运行速度　　　　　　　　B. 实现计算机与人类的自然交互
   C. 优化数据存储方式　　　　　　　　　D. 增强计算机图形处理能力
2. NLP 的两大核心任务包括（　　）。
   A. 自然语言生成和语音合成　　　　　　B. 自然语言理解和自然语言生成
   C. 语音识别和语音合成　　　　　　　　D. 语音理解和语音生成
3. 以下哪项不属于自然语言处理的研究内容和应用场景？（　　）
   A. 机器翻译　　　　　　　　　　　　　B. 文本分类
   C. 图像识别　　　　　　　　　　　　　D. 信息抽取
4. 下列哪个 Python 库不适用于自然语言处理？（　　）
   A. NLTK　　　　　　　　　　　　　　B. jieba
   C. TensorFlow　　　　　　　　　　　　D. OpenCV
5. 在自然语言处理项目开发流程中，哪一个步骤会将文本转化为计算机可处理的特征向量？（　　）

A. 语料获取 B. 语料预处理
C. 文本向量化 D. 模型构建

6. 自然语言处理的发展历程最早可以追溯到 20 世纪（　　）。
   A. 30 年代 B. 50 年代
   C. 70 年代 D. 90 年代

7. 在自然语言处理的发展历程中，以下哪位学者提出了上下文无关语法？（　　）
   A. 艾伦·图灵 B. 克劳德·香农
   C. 艾弗拉姆·乔姆斯基 D. 杰弗里·辛顿

8. 【多选】NLP 中的词法分析包括哪些任务？（　　）
   A. 分词 B. 词性标注
   C. 命名实体识别 D. 语义角色标注

9. 【多选】语音信号处理的主要目的是（　　）。
   A. 高效传输或存储语音信号信息 B. 自然语言理解
   C. 达到某种用途的要求（如语音识别、语音合成） D. 文本摘要

二、简答题

1. 自然语言处理与语音信号处理技术的关系是什么？
2. 自然语言处理的三个核心任务是什么？
3. 语音信号处理的核心目标有哪些？

项目 2　进行中文命名实体识别

2.1　项目导入

词法分析是指将自然语言文本（如英语、中文等）分割成基本的语言单位，并对它们进行识别和分类的过程，一般包括分词、词性标注、关键词提取和命名实体识别等。词法分析是自然语言处理问题的基础，可以将文本数据形式转化成计算机可以理解的形式，会对后续的分析任务产生很大的影响。

本项目将重点介绍语料库构建与应用的方法，以及词法分析中的一些子任务，包括分词、词性标注、关键词提取和命名实体识别的基本知识。通过实例的练习，读者可以掌握一些基本的文本处理方法，完成相关的序列标注任务。在项目实战中，使用 jieba 库实现对文本内容的命名实体识别。

知识目标

- 了解词法分析的基本概念和作用，包括分词、词性标注、关键词提取和命名实体识别等子任务。
- 掌握语料库构建与应用的方法，理解如何准备适用于词法分析的语料数据。
- 学习使用自然语言处理工具和库，如 jieba 库，实现词法分析任务。

能力目标

- 能够独立执行词法分析任务，包括分词、词性标注、关键词提取和命名实体识别等。
- 具备处理文本数据的能力，能够将自然语言文本转化为计算机可理解的形式。
- 能够使用工具和库进行文本处理与分析，如利用 jieba 库进行中文分词和命名实体识别。

素质目标

- 提高逻辑思维能力和问题解决能力，通过分析和处理文本数据解决实际问题。
- 增强团队合作意识，通过项目实践和经验分享，共同提升技术水平和成果输出能力。

2.2　知识链接

本节主要针对进行中文命名实体识别项目实战所需的基本知识进行介绍。

2.2.1 语料库

语料库是经过科学取样和加工的大规模电子文本库，而不仅是原始语料的集合，它是有结构的，标注了语法、语义、语音等语言信息的语料集合。

语料库广泛应用在语言学、社会科学、计算机科学等领域。通过语料库的收集和分析，语言学家可以发现和描述各种语言现象，例如，研究某个词汇的用法、某种语言结构的变化趋势等。在 NLP 领域，语料库还被用来训练各种模型算法，让计算机更好地理解和处理自然语言，提高自然语言处理的效率和精度。

语料库是自然语言处理任务中必不可少的资源，国内外很多研究机构都致力于各种语料库的建设。语料库的研究正朝着不断扩大库容量、深化加工和不断拓展新的领域等方向推进。

构建语料库需要遵循一定的原则和方法，可以根据应用需求和语料库的使用目的而有所不同，但通常包括以下几个方面。

- 代表性。语料库应该尽可能地代表目标语言或领域的多样性，这意味着它涵盖各种不同的主题、语言风格、地区性语言等。这样的语料库能够满足不同应用的需求，并减少偏见或歧视性。
- 高质量。语料库中的文本应该是高质量的，即没有拼写错误、语法错误或不合适的内容。这可以通过对数据进行清洗、标注等来实现。
- 有规模。语料库的规模也很重要，一般来说，越大越好，因为更多的数据通常意味着更好的泛化性能和覆盖范围。
- 维护更新。语料库应该定期维护更新，及时反映语言的变化和新兴的话题。这有助于保持模型的性能和适用性。
- 版权和隐私。在构建语料库时，必须遵守版权法和其他相关法律法规。最好使用可公开获取的、免版税的文本数据，或者获取授权以使用受版权保护的内容。同时，要注意隐私问题，确保语料库中的文本不包含个人或机构团体的敏感信息，进行适当的匿名化处理。

1. 语料库的分类

语料库可以根据不同的标准进行划分，常见的分类方式如图 2-1 所示。

（1）按结构划分

平衡结构语料库与自然随机结构语料库是按照语料库中文本的结构，即组织方式和分布情况进行的分类。

平衡结构语料库按照特定的标准确保不同类别或类型的文本数量是平衡的。例如，历史上第一个机读语料库——布朗语料库就是平衡结构语料库的一个典型代表，它的语料按 3 层分类，严格设计了每一类语料所占的比例。

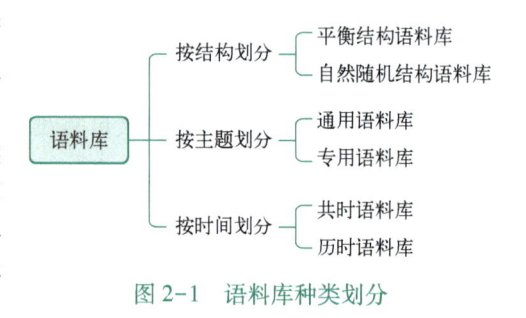

图 2-1 语料库种类划分

自然随机结构语料库是根据语言数据在现实生活中的自然分布情况组织的，没有特意调整文本数量使其平衡。例如，《圣经》语料库、狄更斯著作语料库、英国著名作家语料库、北京大学开发的《人民日报》语料库等。

（2）按主题划分

通用语料库与专用语料库是按照语料库所涵盖的主题或领域范围进行的分类。

通用语料库涵盖了广泛的主题和领域，适用于一般性研究和应用。例如，可以包含多种主题和领域的文本数据，如新闻报道、网络论坛帖子、小说、科技文献等，也可以包含各种形式的文本，包括书面文本、口语文本、图像注释等。

专用语料库针对特定的领域或行业，包含了特定领域或行业内的相关文本数据，如新闻语料库、科技语料库、中小学语料库、北京口语语料库等，并且可能被设计用于特定的任务或研究，如机器翻译、情感分析、信息提取等。

（3）按时间划分

共时语料库与历时语料库是按照时间维度进行的分类。

共时语料库是按照同一时间点或同一时间段内收集的语料组织的。这种语料库反映了在特定时间段内语言的使用情况，可以用来研究当下的语言现象和趋势。例如，中文地区汉语共时语料库（Linguistic Variation in Chinese Speech Communities，LiVac），采用共时性视窗模式，剖析来自中文地区有代表性的定量中文媒体语料，是一个典型的共时语料库。

历时语料库是按照不同时间点或时间段内收集的语料组织的。这种语料库可以用来研究语言随时间的变化和发展情况。例如，国家现代汉语语料库收录的是1919年至今的现代汉语的代表性语料，是一个典型的历时语料库。

2. NLTK 的使用

NLTK 提供了各种工具和函数，可以用于文本处理、语料库管理、词性标注、命名实体识别、情感分析、机器翻译等自然语言处理任务。常用于语料库分析的函数及其功能见表 2-1。

表 2-1 常用于语料库分析的函数及其功能

函 数 名 称	功 能 描 述
nltk. FreqDist	统计文本中单词的出现频率
nltk. collocations. BigramAssocMeasures	计算文本中的双词搭配
nltk. collocations. TrigramAssocMeasures	计算文本中的三词搭配
nltk. Text	创建一个文本对象，便于进行文本分析
text. concordance	查找某个单词在文本中的出现情况，并返回上下文
text. similar	查找与某个单词出现上下文相似的单词
text. common_contexts	查找两个单词出现上下文的共同点
text. dispersion_plot	绘制文本中某些单词的分布情况
text. plot	绘制文本中单词的频率分布图
text. generate	随机生成一个以指定单词开头的文本

NLTK 常用的模块及其功能和描述见表 2-2。

表 2-2　NLTK 常用的模块及其功能和描述

模　　块	功　　能	描　　述
nltk.corpus	获取语料库	语料库和词典的标准化切口
nltk.tokenize、nltk.stem	字符串处理	分词、分句和提取主干
nltk.tag	词性标注	HMM、N-gram、backoff
nltk.classify、nltk.cluster	分类、聚类	朴素贝叶斯、决策树、K-Means
nltk.chunk	分块	正则表达式、命名实体、N-gram
nltk.metrics	指标评测	准确率、召回率和协议系数
nltk.probability	概率与评估	频率分布

在 NLTK 中，较为重要的模块是 nltk.corpus，因为语料库是自然语言处理中必不可少的资源，它包含了大量的文本数据，可以用于训练模型、评估算法和研究自然语言的规律。nltk.corpus 模块提供了大量的语料库和词典，语料库和词典的标准化切口可以方便其他模块调用，同时也方便扩展和更新。

3. 实例：读取与分析语料库

读取与分析语料库是自然语言处理中的基本任务，涉及从语料库中提取有用信息并做进一步分析。该任务通常作为中文分词、词性标注、中文命名实体识别、提取文本关键词等高级任务的预处理步骤。

（1）读取文学名著语料库

本实例使用中国四大名著《西游记》《三国演义》《红楼梦》《水浒传》构建文学名著语料库。读取本地文学名著语料库并将其文件列表输出，如代码清单 2-1 所示。

代码清单 2-1　读取本地文学名著语料库

```
import nltk
from nltk.book import *
from nltk.corpus import PlaintextCorpusReader

# 本地文学名著语料文件存放位置
corpus_root = '../data/case01/'
# 加载本地文学名著语料库
wordlists = PlaintextCorpusReader(root=corpus_root, fileids='.*', encoding=None)
# 获取语料库中的文件列表
file_list = wordlists.fileids()
print('文件列表为:', file_list)
```

在代码清单 2-1 中，使用 nltk.corpus 中的 PlaintextCorpusReader 方法加载本地文学名著语料库，并使用 fileids 方法返回语料库的文件标识符中的文本标识列表。PlaintextCorpusReader 方法的参数说明见表 2-3。

表2-3 PlaintextCorpusReader方法的参数说明

参 数 名 称	参 数 说 明
root	接受字符串类型的数据，表示语料库所在的根目录路径
fileids	接受字符串类型的数据，表示用于匹配包含在语料库中的文件的文件名，可以使用正则表达式进行模式匹配
encoding	接受字符串类型的数据，表示语料库文件的编码方式。默认为'utf-8'

运行代码清单2-1，输出文件列表如下，表明本地文学名著语料库中包含了4个文本文件，分别是三国演义.txt、水浒传.txt、红楼梦.txt和西游记.txt。

```
文件列表为：['三国演义.txt', '水浒传.txt', '红楼梦.txt', '西游记.txt']
```

此外，还可以通过在线获取的方式，加载文学名著语料库，如代码清单2-2所示。

代码清单2-2 在线获取文学名著语料库

```python
import requests

urls = {
    "红楼梦":"https://www.gutenberg.org/cache/epub/24264/pg24264.txt",
    "西游记":"https://www.gutenberg.org/cache/epub/23962/pg23962.txt",
    "水浒传":"https://www.gutenberg.org/cache/epub/23863/pg23863.txt",
    "三国演义":"https://www.gutenberg.org/cache/epub/23950/pg23950.txt"
}

novels = {}

for title, url in urls.items():
    response = requests.get(url)
    response.encoding = 'utf-8'
    text = response.text
    novels[title] = text
    print(f"{title}已经成功加载到内存中。")
```

运行代码清单2-2，在线加载获得四大名著的语料库，过程结果如下。

```
红楼梦已经成功加载到内存中。
西游记已经成功加载到内存中。
水浒传已经成功加载到内存中。
三国演义已经成功加载到内存中。
```

构建完成语料库之后，可以进行读取语料库、查询词频并查看部分文本、统计高频词频、查询词频在指定区间内的词量等相应操作。

(2) 分析文学名著语料库

以文学名著语料库中的《西游记》文本为例进行分析。

1) 读取语料库。

导入《西游记》语料，在不重复词的条件下统计该语料中总用词量和每个词的平均出现次数，如代码清单2-3所示。

代码清单2-3　统计总用词量和每个词的平均出现次数

```
with open('../data/case01/西游记.txt','r',encoding='utf-8') as f:    # 打开文本
    fiction = f.read()                                              # 读取文本
# 统计并输出总用词量
print("总用词量:", len(set(fiction)))
# 统计并输出每个词的平均出现次数
print("每个词的平均出现次数:", len(fiction)/len(set(fiction)))
```

运行代码清单2-3，得到的总用词量和每个词的平均出现次数如下。

```
总用词量：4536
每个词的平均出现次数：171.36926807760142
```

由代码清单2-3的运行结果可以看出，《西游记》语料总共使用了4536个词，每个词平均出现约171次。

2）查询词频。

使用count方法分别统计查询《西游记》文本中"唐僧""孙悟空""白龙马"词语的出现次数，如代码清单2-4所示。

代码清单2-4　查询词频

```
print("词语"唐僧"的出现次数为:", fiction.count('唐僧'))
print("词语"孙悟空"的出现次数为:", fiction.count('孙悟空'))
print("词语"白龙马"的出现次数为:", fiction.count('白龙马'))
```

运行代码清单2-4，输出的"唐僧""孙悟空""白龙马"的出现次数如下。

```
词语"唐僧"的出现次数为：971
词语"孙悟空"的出现次数为：115
词语"白龙马"的出现次数为：5
```

查看《西游记》部分文本，如代码清单2-5所示。

代码清单2-5　查看语料文本的部分内容

```
print("部分文本内容:", fiction[15168:15378])    # 查看《西游记》部分文本
```

运行代码清单2-5，输出《西游记》部分文本如下。

```
部分文本内容：
好猴王，念声咒语，驾阵狂风，云头落下。叫：「孩儿们睁眼。」众猴脚躧实地
，认得是家乡，个个欢喜，都奔洞门旧路。那在洞众猴，都一齐簇拥同入，分班
序齿，礼拜猴王。安排酒果，接风贺喜，启问降魔救子之事。悟空备细言了一遍
，众猴称扬不尽道：「大王去到那方，不意学得这般手段。」悟空又道：「我当
年别汝等，随波逐流，飘过东洋大海，到西牛贺洲地界，径至南赡部洲，学成人
像，着此衣，穿此履，摆摆摇摇，云游了八九年余，更不曾有道。
```

3）统计词频。

使用NLTK库中的FreqDist方法可以获取每个在文本中出现的标识符的频率分布，并使

用 most_common 方法输出前 30 个高频词及其词频，如代码清单 2-6 所示。

代码清单 2-6　输出高频词及其词频

```
# 统计《西游记》文本的词频
fdist = FreqDist(fiction)
# 输出前 30 个高频词
print("输出前 30 个高频词及其词频为：", fdist.most_common(30))
```

运行代码清单 2-6，输出的前 30 个高频词如下。

```
输出前 30 个高频词及其词频为：[('，', 54188), ('\n', 27499), ('。', 26875), ('\u3000', 13306),
('：', 12399), ('道', 11079), ('「', 10767), ('」', 10761), ('不', 8874), ('一', 7977), ('了', 7743),
('那', 7496), ('我', 7224), ('是', 6481), ('来', 5995), ('他', 5753), ('个', 5701), ('行', 5627),
('你', 5514), ('的', 5413), ('者', 4983), ('？', 4613), ('有', 4486), ('、', 4359), ('大', 4229),
('得', 3843), ('这', 3802), ('上', 3722), ('去', 3701), ('见', 3424)]
```

可以看出，一些标点符号的词频很高，如果想去除这类标识符的干扰，那么通常可以使用正则表达式进行匹配后删除。

4）查询词频在指定区间内的词量。

查询词频在指定区间内的词量，如代码清单 2-7 所示。

代码清单 2-7　查询词频在指定区间内的词量

```
from collections import Counter

W = Counter(fiction)
# 查询词频在 0~99 的词量
print("词频在 0~99 的词量为：", len([w for w in W.values() if w < 100]))
# 查询词频在 101~999 的词量
print("词频在 101~999 的词量为：", len([w for w in W.values() if w > 100 and w < 1000]))
# 查询词频在 1001~4999 的词量
print("词频在 1001~4999 的词量为：", len([w for w in W.values() if w > 1000 and w < 5000]))
# 查询词频在 5000 以上的词量
print("词频在 5000 以上的词量为：", len([w for w in W.values() if w > 5000]))
```

运行代码清单 2-7，输出的词频在指定区间内的词数量如下。

```
词频在 0~99 的词量为：3591
词频在 101~999 的词量为：810
词频在 1001~4999 的词量为：114
词频在 5000 以上的词量为：20
```

2.2.2　中文分词

中文分词是指将汉字序列按照一定规范逐个切分为词序列的过程。一种中文分词的结果如图 2-2 所示。在英文中，单词之间以空格为自然分隔符，分词自然地以空格为分隔符进行切分，而中文分词则需要依靠一定技术和方法寻找类似英文中空格作用的分隔符，分词的准确度会直接影响之后的词性标注、句法分析、语义分析的质量。中文分词可以由基于规则的分词、基于统计的分词等方法实现。

图 2-2 中文分词示例

1. 中文分词的方法

（1）基于规则的分词

基于规则的分词是一种通过设立词典并不断维护以确保分词准确性的分词技术。这种分词技术主要依赖于匹配式的方法，即在分词时在词典中寻找相应的匹配项，如果找到匹配项，则进行切分，否则不进行切分。

基于规则的分词主要有正向最大匹配法、逆向最大匹配法和双向最大匹配法。

1）正向最大匹配法。

正向最大匹配法（Maximum Match method，MM）的基本过程：从待分词文本左侧开始，取长度与词典中最长词的字符个数相符的字符串作为匹配字段，在词典中查找其是否存在。如果在词典中找到了该匹配字段，则视为匹配成功，将该匹配字段作为一个分词结果移出待分词文本；如果匹配失败，则将该匹配字段最后一个字符去掉，重复与词典的匹配，直到匹配成功或匹配字段的长度缩短至 1 为止。在匹配字段长度缩短至 1 仍然无法匹配的情况下，可以将长度缩减前待匹配字段的第一个字符去掉后作为新的匹配字段，继续重复匹配过程。重复以上步骤，直到待分词文本被完全扫描为止。

以文本"研究生命的起源"为例，词典为：{研究，研究生，生命，命，的，起源}，其中最长词的字符个数为 3。正向最大匹配法分词示例见表 2-4。

表 2-4 正向最大匹配法分词示例

分词过程	待分词文本	分词结果
将待分词文本前 3 个字符作为匹配字段，匹配成功	研究生命的起源	研究生
将待分词文本前 3 个字符作为匹配字段，匹配失败	命的起源	研究生
删去匹配字段最后 1 个字符，匹配失败	命的起源	研究生
删去匹配字段最后 1 个字符，匹配成功	命的起源	研究生/命
将待分词文本前 3 个字符作为匹配字段，匹配失败	的起源	研究生/命
删去匹配字段最后 1 个字符，匹配失败	的起源	研究生/命
删去匹配字段最后 1 个字符，匹配成功	的起源	研究生/命/的
将待分词文本剩余字符作为匹配字段，匹配成功	起源	研究生/命/的/起源
分词文本被完全扫描，得到最终分词结果		研究生/命/的/起源

从上述示例的分词结果来看，这种分词方法的效果并不好。

2）逆向最大匹配法。

逆向最大匹配法（Reverse Maximum Match method，RMM）的基本过程：从待分词文本右侧开始，取长度与词典中最长词的字符个数相符的字符串作为匹配字段，在词典中查找其是否存在。如果在词典中找到了该匹配字段，则视为匹配成功，将该匹配字段作为一个分词结果移出待分词文本；如果匹配失败，则将该匹配字段第一个字符去掉，重复与词典的匹配，直到匹配成功或匹配字段的长度缩短至 1 为止。在匹配字段长度缩短至 1 仍然无法匹配的情况下，可以将长度缩减前待匹配字段的最后一个字符去掉后作为新的匹配字段，继续重复匹配过程。重复以上步骤，直到待分词文本被完全扫描为止。

以文本"研究生命的起源"为例，词典为：{研究，研究生，生命，命，的，起源}，其中最长词的字符个数为 3。逆向最大匹配法分词示例见表 2-5。

表 2-5 逆向最大匹配法分词示例

分 词 过 程	待分词文本	分 词 结 果
将待分词文本后 3 个字符作为匹配字段，匹配失败	研究生命 的起源	
删去匹配字段第 1 个字符，匹配成功	研究生命的 起源	起源
将待分词文本后 3 个字符作为匹配字段，匹配失败	研究 生命的	起源
删去匹配字段第 1 个字符，匹配失败	研究生 命的	起源
删去匹配字段第 1 个字符，匹配成功	研究生命 的	的/起源
将待分词文本后 3 个字符作为匹配字段，匹配失败	研 究生命	的/起源
删去匹配字段第 1 个字符，匹配成功	研究 生命	生命/的/起源
将待分词文本剩余字符作为匹配字段，匹配成功	研究	研究/生命/的/起源
分词文本被完全扫描，得到最终分词结果		研究/生命/的/起源

从上述示例的分词结果来看，RMM 法分词的效果比 MM 法好。除了词典的影响因素以外，还由于中文语法的偏正结构较多，从后往前匹配，可以适当提高分词效果。

3）双向最大匹配法。

双向最大匹配法（Bi-direction Maximum Matching method，BMM）的基本过程：将 MM 法与 RMM 法的分词结果进行比较，如果分词结果词数不同，则选取分词结果中词数较少的作为最终分词结果；如果分词结果词数相同且分词结果一致，则认为没有歧义，可任意返回一个作为最终分词结果；如果分词结果词数相同，但分词结果不一致，则将单个汉字最少的作为最终分词结果。

仍以文本"研究生命的起源"为例，MM 法的分词结果是"研究生/命/的/起源"，分词结果为 4 个词语，其中单个汉字为 2 个；RMM 法的分词结果是"研究/生命/的/起源"，分词结果为 4 个词语，其中单个汉字为 1 个。因此，BMM 法的分词结果取的是 RMM 法的分词结果，即"研究/生命/的/起源"。

双向最大匹配法在一定程度上解决了单一匹配方法可能产生的歧义问题，提高了分词的准确率。然而，基于规则的分词方法仍然依赖于预先构建的词典，对歧义和未登录词的处理效果往往不是很好，因此通常需要结合别的分词方法一起使用。此外，词典的大小会影响分词的准确率和运行效率，词典过大可能会降低运行速度，而词典过小则可能影响分词的准确率。

（2）基于统计的分词

基于统计的分词方法使用通过语料库训练出的语言模型代替词典，能有效地解决中文分词遇到的歧义和未登录词问题。它的基本思想是中文语句中相连的字出现的次数越多，作为词组使用的概率越高，依此分词的准确率越高。

统计语言模型是描述自然语言内在规律的数学模型，其原理为判断一个句子在文本中出现的概率，是用于计算一个语句序列出现概率的概率模型。

实现基于统计的分词方法通常需要两个步骤：建立统计语言模型；运用模型划分语句，计算被划分语句的概率，选取最大概率的划分方式进行分词。

常见的基于统计的分词方法包括 N 元语言模型、隐马尔可夫模型等。

1）N 元语言模型。

语言模型（Language Model，LM）也称统计语言模型，是描述自然语言概率分布的模型。利用语言模型，可以计算一个词序列或一句话的概率，也可以在给定上文的条件下对接下来可能出现的词进行概率分布的估计。

设 S 为一个自然语言句子，它由词序列 $\omega_1,\omega_2,\cdots,\omega_n$ 构成，S 出现的概率记为 $P(S)$。显然，句子中每个词的出现均与之前所有的词相关，利用条件概率公式得到式（2-1）的统计语言模型。

$$P(S) = P(\omega_1,\omega_2,\cdots,\omega_n) = P(\omega_1)P(\omega_2|\omega_1)\cdots P(\omega_n|\omega_1,\omega_2,\cdots,\omega_{n-1})$$
$$= \prod_{i=1}^{n} P(\omega_i|\omega_1,\omega_2,\cdots,\omega_{i-1}) \tag{2-1}$$

由此可知，语言模型的基本任务是在给定词序列 $\omega_1,\omega_2,\cdots,\omega_{n-1}$ 的条件下，对下一时刻 n 可能出现的词 ω_n 的条件概率 $P(\omega_n|\omega_1,\omega_2,\cdots,\omega_{n-1})$ 进行估计。一般地，称词序列 $\omega_1,\omega_2,\cdots,\omega_{n-1}$ 是词 ω_n 在 N 元语言模型中的历史。例如，对于历史"今天早上我吃了"，估计得到下一个词为"包子"的概率，即 $P(包子|今天早上我吃了)$。

然而，随着句子长度的增加（n 增大），$P(\omega_n|\omega_1,\omega_2,\cdots,\omega_{n-1})$ 的计算量会增大。同时，在 N 元语言模型中，$\omega_n|\omega_1,\omega_2,\cdots,\omega_{n-1}$ 出现的次数会越来越少，甚至从未出现过，此时的 $P(\omega_n|\omega_1,\omega_2,\cdots,\omega_{n-1})$ 可能为 0，概率估计失去了意义。

为了解决上述问题，对式（2-1）做马尔可夫假设，即假设 ω_i 出现的概率只与前面的 $n-1$ 个词 $\omega_{i-n+1},\cdots,\omega_{i-2},\omega_{i-1}$ 相关。当 $n=N$ 时，对应的语言模型称为 N 元语言模型（N-gram），此时的 $P(S)$ 可表示为式（2-2）。

$$P(S) = \prod_{i=1}^{n} P(\omega_i|\omega_{i-N+1},\cdots,\omega_{i-2},\omega_{i-1}) \tag{2-2}$$

特别地，当 $N=1$ 时，ω_i 出现的概率与前面的词无关，此时的模型称为一元语言模型（Unigram Model），$P(S)$ 可表示为式（2-3）。

$$P(S) = P(\omega_1,\omega_2,\cdots,\omega_i) = P(\omega_1)P(\omega_2)\cdots P(\omega_i) \tag{2-3}$$

当 $N=2$ 时，ω_i 出现的概率只与其前 1 个词 ω_{i-1} 相关，此时的模型称为二元语言模型（Bigram Model），$P(S)$ 可表示为式（2-4）。

$$P(S) = P(\omega_1,\omega_2,\cdots,\omega_i) = P(\omega_1)P(\omega_2|\omega_1)\cdots P(\omega_i|\omega_{i-1}) \tag{2-4}$$

当 $N=3$ 时，ω_i 出现的概率只与其前两个词 ω_{i-1} 和 ω_{i-2} 相关，此时的模型称为三元语言模型（Trigram Model），$P(S)$ 可表示为式（2-5）。

$$P(S) = P(\omega_1, \omega_2, \cdots, \omega_i) = P(\omega_1)P(\omega_2|\omega_1)\cdots P(\omega_i|\omega_{i-2}, \omega_{i-1}) \qquad (2\text{-}5)$$

从式（2-2）可知，N-gram 模型的参数就是条件概率 $P(\omega_i|\omega_{i-N+1}, \cdots, \omega_{i-2}, \omega_{i-1})$，其表达式见式（2-6）。

$$P(\omega_i|\omega_{i-N+1}, \cdots, \omega_{i-2}, \omega_{i-1}) = \frac{P(\omega_{i-N+1}, \cdots, \omega_{i-1}, \omega_i)}{P(\omega_{i-N+1}, \cdots, \omega_{i-2}, \omega_{i-1})} \qquad (2\text{-}6)$$

模型的参数估计也称为模型的训练，一般采用最大似然估计（Maximum Likelihood Estimation，MLE）的方法对模型参数进行估计，见式（2-7）。

$$P_{\text{MLE}}(\omega_i|\omega_{i-N+1}, \cdots, \omega_{i-2}, \omega_{i-1}) = \frac{c(\omega_{i-N+1}, \cdots, \omega_{i-1}, \omega_i)}{c(\omega_{i-N+1}, \cdots, \omega_{i-2}, \omega_{i-1})} \qquad (2\text{-}7)$$

式（2-7）中的 $c(\omega_{i-N+1}, \cdots, \omega_{i-1}, \omega_i)$ 和 $c(\omega_{i-N+1}, \cdots, \omega_{i-2}, \omega_{i-1})$ 分别表示词语序列 $\omega_{i-N+1}, \cdots, \omega_{i-1}, \omega_i$ 与 $\omega_{i-N+1}, \cdots, \omega_{i-2}, \omega_{i-1}$ 在语料库中出现的次数，次数越多，参数估计的结果越可信。

例如，假设某一语句序列为 $S=\{今天，早上，我，吃了，包子\}$，估计这一语句在当前语料库中出现的概率。以二元语言模型为例，需要检索语料库中的每一个词，以及其和相邻词同时出现的概率。假设语料库中总词数为 6832，每个词出现的次数如图 2-3 所示。

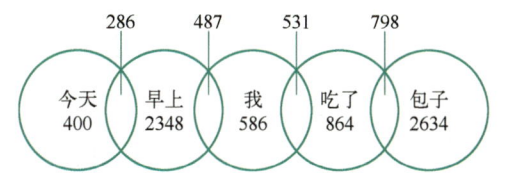

图 2-3　词语出现的次数

语句序列 S 在当前语料库中出现的概率的计算过程见式（2-8）。

$$\begin{aligned}P(S) &= P(今天，早上，我，吃了，包子) \\ &= P(今天)P(早上|今天)P(我|早上)P(吃了|我)P(包子|吃了) \\ &= \frac{400}{6832} \times \frac{286}{400} \times \frac{487}{2348} \times \frac{531}{586} \times \frac{798}{864} \approx 0.0073\end{aligned} \qquad (2\text{-}8)$$

得到语句序列 S 基于当前语料库出现的概率约为 0.0073。

基于 N-gram 模型的分词方法又称为全切分路径选择方法，其基本思想是：计算语句序列所有划分方式的句子概率，找出概率最大的划分方式，其结果即 N-gram 模型的分词结果。语句序列所有可能的切分可以表示为一个有向无环图，如图 2-4 所示。这里的"有向"是指全部路径都始于第一个字、止于最后一个字，"无环"是指节点之间不构成闭环。每一个可能的切分词语作为图中的一个节点。有向图中任何一个从起点到终点的路径构成一个句子的词语切分，路径数目随句子长度的增长而呈指数增长。

需要注意的是，N-gram 模型随着 N 的增大，模型的复杂度也会增加，并且可能会出现数据稀疏而导致的零概率问题。

2）隐马尔可夫模型。

马尔可夫过程是一类重要的随机过程，由俄国数学家 A. A. 马尔可夫于 1907 年提出。它描述了一种特性，即系统的未来状态仅与系统的当前状态有关，而与过去的历史状态无关。这种无记忆性或马尔可夫性质是马尔可夫过程的核心定义。

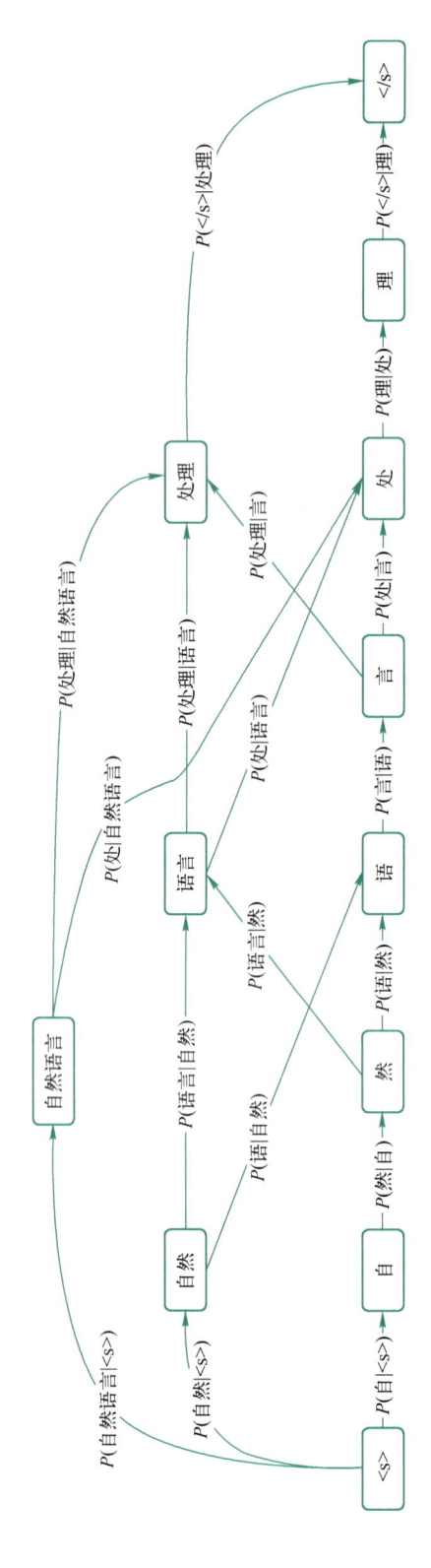

图 2-4 基于二元语言模型的有向无环图

马尔可夫过程包括多种变体，其中马尔可夫链是最简单的形式，它用一组随时间变化的随机变量来模拟系统的状态。在马尔可夫链中，未来的状态只依赖于当前状态，而不依赖于过去的状态，这一特性称为马尔可夫性质。

隐马尔可夫模型（Hidden Markov Model，HMM）是一种统计模型，它用来描述一个含有隐含未知参数的马尔可夫过程。隐马尔可夫模型是一种马尔可夫链，它随机生成的状态序列 I 是不可观测的，每个状态再随机生成一个观测值，由此产生观测序列 O，形成了双重随机过程的关系。序列的每一个位置也可以看作一个时刻。

隐马尔可夫模型的形式化定义如下。

假设长度为 T 的状态序列 $I=\{i_1,i_2,\cdots,i_T\}$，与之对应的观测序列 $O=\{o_1,o_2,\cdots,o_T\}$；所有可能的状态的集合 $Q=\{q_1,q_2,\cdots,q_N\}$，所有可能的观测值的集合 $V=\{v_1,v_2,\cdots,v_M\}$，其中，N 是可能的状态数，M 是可能的观测值数。

此时，隐马尔可夫模型的结构如图 2-5 所示。

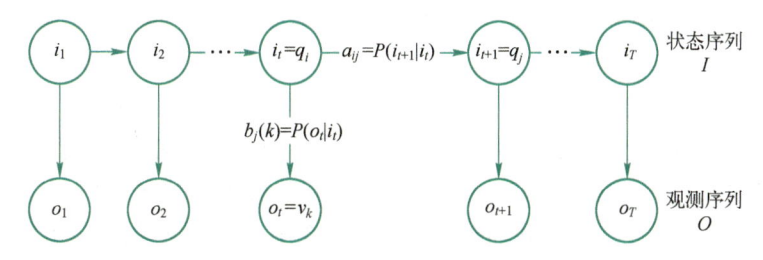

图 2-5 隐马尔可夫模型的结构

一个隐马尔可夫模型 λ 可由**状态转移概率矩阵 A**、**观测概率矩阵 B**、**初始状态概率向量 π** 三个要素确定，记为一个三元组 $\lambda=(A,B,\pi)$。

① 状态转移概率矩阵 A。

状态转移概率矩阵 $A=[a_{ij}]_{N\times N}$，其中 $1\leq i,j\leq N$。$a_{ij}=P(i_{t+1}=q_j|i_t=q_i)$ 满足 $\sum_{j=1}^{N}a_{ij}=1$，表示在 t 时刻处于状态 q_i 的条件下，在 $t+1$ 时刻转移到状态 q_j 的概率。

② 观测概率矩阵 B。

观测概率矩阵 $B=[b_j(k)]_{N\times M}$，其中 $1\leq k\leq M,1\leq j\leq N$。$b_j(k)=P(o_t=v_k|i_t=q_i)$ 满足 $\sum_{k=1}^{M}b_j(k)=1$，表示在 t 时刻处于状态 q_i 的条件下生成观测值 v_k 的概率，又称为符号发射概率。

③ 初始状态概率向量 π。

初始状态概率向量 $\pi=(\pi_1,\cdots,\pi_i)$，其中 $1\leq i\leq N$。$\pi_i=P(i_1=q_i)$ 满足 $\sum_{i=1}^{N}\pi_i=1$，表示在 $t=1$ 时刻处于状态 q_i 的概率。

π 和 A 确定了隐藏的马尔可夫链，生成不可观测的状态序列；B 确定了如何从状态生成观测值，与状态序列综合确定了如何产生观测序列。可能的状态数 N 和可能的观测值数 M 是根据实际问题人为设定的，矩阵 A 和矩阵 B 则是通过样本学习得到的。

由定义可知，隐马尔可夫模型进行了以下两个基本假设。

① 齐次马尔可夫性假设，即假设隐马尔可夫链在任意时刻 t 的状态只依赖于其前一时刻 $t-1$ 的状态，与其他时刻的状态及观测值无关，满足式（2-9）。

$$P(i_t|i_1,o_1,\cdots,i_{t-1},o_{t-1})= P(i_t|i_{t-1}) \tag{2-9}$$

② 观测独立性假设，即假设任意时刻 t 的观测值 o_t 只依赖于该时刻的马尔可夫链的状态 i_t，与其他观测值及状态无关，满足式（2-10）。

$$P(o_t|i_1,o_1,\cdots,i_{t-1},o_{t-1},i_t,i_{t+1},o_{t+1},\cdots,i_T,o_T)= P(o_t|i_t) \tag{2-10}$$

隐马尔可夫模型有以下 3 个基本问题。

① 概率计算问题。给定模型 $\lambda=(A,B,\pi)$ 和观测序列 $O=\{o_1,o_2,\cdots,o_T\}$，计算在模型 λ 下观测序列 O 出现的概率 $P(O|\lambda)$，通常可通过前向算法解决。

② 学习问题，又称参数估计问题。已知观测序列 $O=\{o_1,o_2,\cdots,o_T\}$，求解模型 $\lambda=(A,B,\pi)$ 参数，使得在该模型下观测序列概率 $P(O|\lambda)$ 最大，通常可通过后向算法解决。

③ 预测问题，又称解码问题。给定模型 $\lambda=(A,B,\pi)$ 和观测序列 $O=\{o_1,o_2,\cdots,o_T\}$，计算最有可能的状态序列 $I=\{i_1,i_2,\cdots,i_T\}$，通常可通过维特比算法解决。

维特比算法（Viterbi algorithm）是一种动态规划算法，用于求解最有可能产生观测序列的状态序列，即用动态规划求概率最大路径，以解决隐马尔可夫模型的预测问题。

动态规划原理假设最优路径为 $\{i_1^*,i_2^*,\cdots,i_T^*\}$，如果最优路径在时刻 t 通过节点 i_t^*，那么从节点 i_t^* 到终节点 i_T^* 的子路径 $\{i_t^*,\cdots,i_T^*\}$ 必定是最优的。依此原理，维特比算法就是从 $t=1$ 时刻开始，递推地计算在时刻 t 状态为 i 的各条路径的最大概率，直至得到时刻 $t=T$ 状态为 i 的各条路径的最大概率。时刻 $t=T$ 的最大概率即最优路径的概率 p^*，最优路径的终节点 i_T^* 也同时得到。之后，为了找出最优路径的各个节点，从终节点 i_T^* 开始，由后向前逐步求得节点 $\{i_{T-1}^*,\cdots,i_1^*\}$，得到最优路径 $I^*=\{i_1^*,i_2^*,\cdots,i_T^*\}$。

中文分词问题可以使用隐马尔可夫模型，通过维特比算法计算得到最有可能的状态序列，即最合理的分词标注序列，从而将中文分词问题转化为序列标注问题。

例如，使用隐马尔可夫模型对文本序列"研究生命的起源"进行分词，具体步骤如下。

① 确定观测序列和状态序列。观测序列是输入的句子"研究生命的起源"，状态序列是对观测序列中的分词结果进行标注的序列。分词标注通常使用 4 个状态 B、M、E、S，分别表示一个词的开头、中间、结尾和单字成词。

② 训练隐马尔可夫模型参数 (A,B,π)。使用分词标注好的语料库进行模型参数的训练。

③ 维特比算法寻优。使用维特比算法在给定观测序列的情况下，找出最可能的状态序列。维特比算法是一种动态规划算法，能够高效地求解最优路径。

④ 根据状态序列进行分词。根据维特比算法得到的状态序列，将句子分割为若干个词。如果得到的最可能状态序列为"BEBESBE"，那么相应的分词结果为"研究/生命/的/起源"。

2. 中文分词工具

要完成中文分词等任务，离不开中文分词工具，如 jieba、HanLP、SnowNLP、THULAC 等。大多数中文分词工具都是开源、免费的，并且许多工具都已经发展成为相当全面的、能够完成除分词以外的其他自然语言处理任务的工具。本节将重点介绍 jieba 分词工具。

jieba 库是一个开源的中文分词工具，具有高效、准确、简单易用等特点。它支持多种分词模式，包括全模式、精确模式和搜索引擎模式，并且可以自定义词典，实现对中文文本的分词、词性标注、关键词提取等功能。由于 jieba 库具有优异的性能和丰富的功能，因此它在中文文本处理领域被广泛应用于文本挖掘、信息检索、自然语言处理等任务中。

jieba 库的部分函数及其功能和描述见表 2-6。

表 2-6　jieba 库的部分函数及其功能和描述

函　数	功　能	描　述
jieba.cut	分词	对文本进行分词，将字符串分割成单词序列
jieba.cut_for_search	搜索引擎分词	对文本进行分词，适用于搜索引擎构建倒排索引的分词，粒度较细
jieba.add_word	添加新词	向分词词典中添加新词，参数为新词和词频
jieba.load_userdict	加载自定义词典	加载用户自定义分词词典，增加分词的准确性
jieba.get_FREQ	获取词语的词频	返回某个词语的词频，可以用于分析词语的重要性

jieba 库支持全模式、精确模式和搜索引擎模式 3 种分词模式。在使用 jieba 库进行分词时，用户可以根据具体需求选择适合的分词模式。

- 全模式可以将文本中所有可能的词语都进行分词。
- 精确模式适用于对文本进行精准切分。
- 搜索引擎模式则更倾向于对长词进行切分，适合搜索引擎等场景下的应用。

3. 实例：中文文本分词

以文本"南宁职业技术大学是由南宁市人民政府举办的一所全日制综合性本科层次职业院校"为例，使用上述 3 种分词模式进行中文分词，如代码清单 2-8 所示。

代码清单 2-8　使用 3 种分词模式进行中文分词

```
import jieba
# 构造文本
text = '南宁职业技术大学是由南宁市人民政府举办的一所全日制综合性本科层次职业院校'
# 精确模式分词
seg_list = jieba.cut(sentence=text, cut_all=False, HMM=True)
print('精确模式：\n', '/ '.join(seg_list))
# 全模式分词
seg_list = jieba.cut(sentence=text, cut_all=True, HMM=True)
print('全模式：\n', '/ '.join(seg_list))
# 搜索引擎模式分词
seg_list = jieba.cut_for_search(sentence=text, HMM=True)
print('搜索引擎模式：\n', '/ '.join(seg_list))
```

在代码清单 2-8 中，使用了 jieba 库中的 cut 函数和 cut_for_search 函数进行中文分词。cut 函数的参数说明见表 2-7。cut_for_search 函数没有 cut_all 参数，其余参数与 cut 函数相同。

表 2-7　cut 函数的参数及其说明

参数名称	参数说明
sentence	接受字符串类型的数据，指定需要进行分词的文本字符串
cut_all	接受布尔类型的数据，表示是否使用全模式分词，True 代表使用"全模式"，False 代表使用"精确模式"
HMM	表示是否使用隐马尔可夫模型进行新词发现

运行代码清单 2-8，得到的分词结果如下。

> 精确模式：
> 南宁/ 职业/ 技术/ 大学/ 是/ 由/ 南宁市/ 人民政府/ 举办/ 的/ 一所/ 全日制/ 综合性/ 本科/ 层次/ 职业院校
> 全模式：
> 南宁/ 职业/ 技术/ 大学/ 是/ 由/ 南宁/ 南宁市/ 人民/ 人民政府/ 民政/ 政府/ 举办/ 的/ 一所/ 全日/ 全日制/ 综合/ 综合性/ 合性/ 本科/ 层次/ 职业/ 职业院校/ 院校
> 搜索引擎模式：
> 南宁/ 职业/ 技术/ 大学/ 是/ 由/ 南宁/ 南宁市/ 人民/ 民政/ 政府/ 人民政府/ 举办/ 的/ 一所/ 全日/ 全日制/ 综合/ 合性/ 综合性/ 本科/ 层次/ 职业/ 院校/ 职业院校

全模式和搜索引擎模式会输出所有可能的分词结果，精确模式仅输出一种分词结果。除了一些适合全模式和搜索引擎模式的场合以外，一般情况下会较多地使用精确模式。

2.2.3　词性标注

词性（Part-Of-Speech，POS）标注就是根据句子中的上下文信息对句子中的成分做简单分析，区分出名词、动词、形容词等词性。一种词性标注的结果如图 2-6 所示。词性标注准确与否会直接影响自然语言处理系统中后续的句法分析、语义分析。词性标注主要有基于规则和基于统计两种方法。

图 2-6　词性标注示例

1. 词性标注的方法

（1）基于规则的标注方法

基于规则的标注方法是出现较早的一种词性标注方法，该方法需要获取能够表达一定的上下文关系及其相关语境的规则库。获取一个好的规则库是比较困难的，主要的获取方式是人工编制包含繁杂的语法或语义信息的词典和规则系统，这比较费时费力，并且难以保证规则的准确性。

（2）基于统计的标注方法

基于统计的标注方法于 20 世纪 70 年代末~80 年代初开始得到应用。该方法主要通过概率统计的方法进行自动词性标注。基于统计的标注方法又分为基于最大熵的词性标注方法、基于统计最大概率输出的词性标注方法和基于 HMM 的词性标注方法。基于统计的标注方法能够抑制小概率事件的发生，但会受到长距离搭配上下文的限制，有时基于规则的标注方法更容易实现。

2. 词性标注工具

前文提到的 jieba 库，除了可以完成分词任务以外，还可以通过调用 posseg. cut 函数完成词性标注任务。jieba 词性标注是一种基于规则与基于统计相结合的词性标注方法，具有效率高、处理能力强等特点。

现代汉语中的词可分为实词和虚词，实词有名词、动词、形容词、代词、数词、量词，虚词有副词、介词、连词、助词、拟声词、叹词，实词加虚词共有 12 种词性。通常应通过一些简单字母编码对词性进行标注，如动词、名词、形容词分别用"v""n""adj"表示。常用的中文的词性标注规范是 PKU（北大）词性标注集（参见附录 A）。

jieba 库实现词性标注的流程，如图 2-7 所示。

对于汉字，jieba 会基于前缀词典构建有向无环图，计算最大概率路径，并在前缀字典中查找所分词的词性。如果没有找到对应的词性，那么将其标注为"x"，表示未知词性。如果在标注过程中遇到未知词性的汉字，且该词为未登录词，那么 jieba 会通过 HMM 模型进行词性标注。

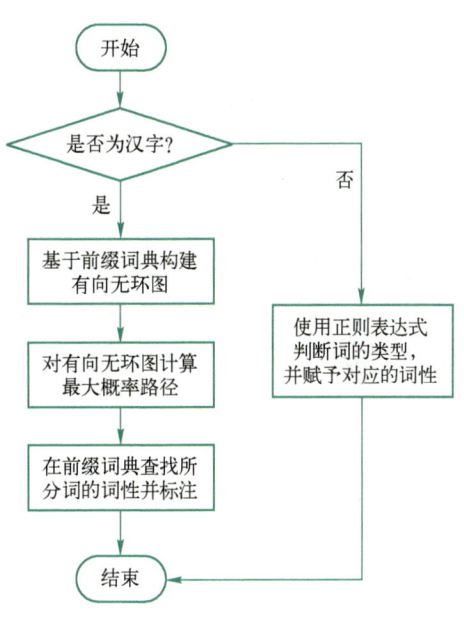

图 2-7 jieba 库实现词性标注流程

对于非汉字，jieba 使用正则表达式判断词的类型，并赋予对应的词性。其中，"m"表示数字，"eng"表示英文词，"x"表示未知词性。

总的来说，jieba 的词性标注功能基于 jieba 分词，通过前缀词典和 HMM 模型对汉字进行词性标注，对非汉字通过正则表达式进行词性标注，从而实现中文文本的分词和词性标注。

3. 实例：文本词性标注

jieba 库不仅支持分词任务，还可以处理词性标注任务，jieba. posseg 便是一个词性标注模块。以"职业教育大有可为"为

文本词性标注实例

例，使用 jieba 库进行词性标注，如代码清单 2-9 所示。

代码清单 2-9　使用 jieba 库进行词性标注

```
import jieba.posseg as pseg

sentence ='职业教育大有可为'
words = pseg.cut(sentence)
print("词性标注结果为：")
for word, flag in words:
    print(word + " - " + flag)
```

运行代码清单 2-9，词性标注结果如下。

```
词性标注结果为：
职业 - n
教育 - vn
大有可为 - i
```

可以看出，词性标注结果的每个词后面都附加了一个词性标签（如"n"表示名词，"vn"表示动名词，"i"表示成语等），这有助于理解每个词在句子中的语法作用。jieba 库默认模式下的标注规范是 PKU（北大）词性标注集。

2.2.4　关键词提取

关键词提取是指从文本中自动识别并提取出具有代表性和重要性的词语或短语。一种关键词提取的结果如图 2-8 所示。这些关键词通常能够概括文本的主题和内容，对于理解文本、文本摘要生成、信息检索等任务具有重要意义。关键词提取技术主要应用于新闻阅读、广告推荐、历史文化研究、论文索引等领域。

初识关键词提取

图 2-8　关键词提取示例

1. 关键词提取算法

有监督的文本关键词提取算法人工成本较高，出于成本考虑，现有的文本关键词提取主要采用无监督关键词提取。无监督的文本关键词提取算法不需要人工标注的语料，利用某些方法发现文本中比较重要的词作为关键词，进行关键词提取。

无监督关键词提取算法分为基于特征统计的算法、基于词图模型的算法和基于主题模型的算法，具体包括 TF-IDF 算法、TextRank 算法、LSA 模型、PLSA 模型和 LDA 模型，如图 2-9 所示。此时，模型不需要使用带有标记的训练数据，而是依赖文本本身的特征进行关键词提取。

```
                    ┌─ 基于特征统计 ── TF-IDF算法
                    │
无监督关键词提取算法 ─┼─ 基于词图模型 ── TextRank算法
                    │
                    │                ┌─ LSA模型
                    └─ 基于主题模型 ─┼─ PLSA模型
                                     └─ LDA模型
```

图 2-9 无监督关键词提取算法

（1）基于特征统计的算法

基于特征统计的算法利用文档中词语的统计信息来抽取关键词，如 TF-IDF 算法。

TF-IDF 算法是基于统计的算法，拥有简单且迅速的优点。该算法的主要思想是词语的重要性随着它在文档中出现次数的增加而上升，并随着它在语料库中出现频率的升高而下降。

TF-IDF 算法由词频和逆文档频率两部分组成。

词频（Term Frequency，TF）是统计一个词在一篇文档中出现频次的统计量。一个词在一篇文档中出现的频次越高，其对文档的表达能力越强。式（2-11）是词频的计算公式。

$$\text{TF} = \frac{n_{i,j}}{\sum_k n_{k,j}} \tag{2-11}$$

式中：$n_{i,j}$ 表示词 t_i 在文档 j 中出现的频次，$\sum_k n_{k,j}$ 表示文档 j 的总词数。

逆文档频率（Inverse Document Frequency，IDF）是统计一个词出现在文档集中文档频次的统计量。一个词在文档集中越少地出现在文档中，说明这个词对文档的区分能力越强。式（2-12）是逆文档频率的计算公式。

$$\text{IDF} = \log \frac{|D|}{|\{j : t_i \in d_j\}| + 1} \tag{2-12}$$

式中，$|D|$ 表示文档集中的总文档数，$|\{j : t_i \in d_j\}|$ 表示文档集中文档 d_j 出现词 t_i 的文档个数，分母上加 1 是为了避免文档集中没有出现词 t_i，导致分母为 0 的情况。

TF-IDF 值为 TF 值与 IDF 值的乘积。

（2）基于词图模型的算法

基于词图模型的算法首先构建文档的语言网络图，然后对语言进行网络图分析，寻找图中具有重要作用的词或短语作为关键词，如 TextRank 算法。

TextRank 算法是一种基于图的文本排序算法,它可以用于自动摘要和提取关键词。与 TF-IDF 算法相比,TextRank 算法不需要依靠现有的文档集提取关键词,只需要利用局部词汇之间的关系对后续关键词进行排序,随后从文本中提取词或句子,实现提取关键词和自动摘要。TextRank 算法的基本思想来自 Google 的 PageRank 算法。

(3) 基于主题模型的算法

基于主题模型的算法利用主题模型中关于主题分布的性质进行关键词提取,自动分析每个文档,统计文档内的词语,根据统计的信息判断当前文档含有哪些主题,以及每个主题所占的比例,如 LSA 模型、PLSA 模型、LDA 模型等。

1) LSA(隐语义分析)模型通过奇异值分解(SVD)将词语-文档矩阵分解为低维空间,发现潜在的主题。

2) PLSA(概率隐语义分析)模型通过引入隐变量(主题)来表示文档和词语之间的关联关系,使用 EM 算法进行参数估计。PLSA 模型是 LSA 模型的概率扩展。

3) LDA(隐狄利克雷分配)模型通过生成模型来发现文档中的潜在主题,并通过主题分布来选择关键词。它在 PLSA 模型的基础上引入狄利克雷分布作为先验分布,改进了主题分布的稀疏性和模型泛化能力。LDA 模型是最广泛使用的主题模型之一,适用于大多数文本分析任务。

2. 实例:文本关键词提取

本实例基于 TF-IDF 算法,从《人民日报》刊发的一篇文章中提取出关键词。

关键词提取流程主要包括读取待提取关键词文本、文本预处理、算法实现和使用两种算法提取关键词 4 个步骤,如图 2-10 所示。

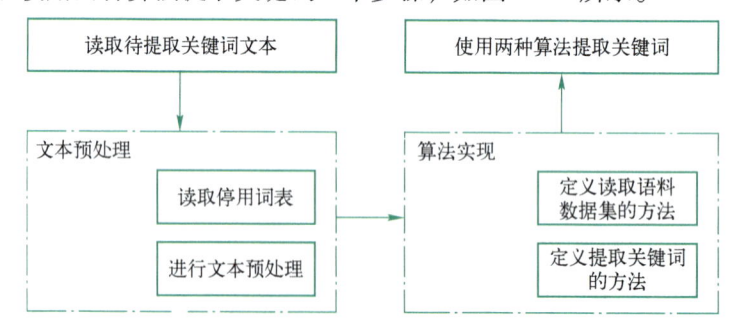

图 2-10 提取文本关键词具体步骤

(1) 读取待提取关键词文本

待提取关键词文本"text.txt"存储于项目的 data/case04 文件目录中。通过定义 read_txt_file 方法读取该文本内容并展示,如代码清单 2-10 所示。

代码清单 2-10 读取待提取关键词文本

```python
# 定义读取文章内容方法
def read_txt_file(file_path = '../data/case04/text.txt'):
    with open(file_path, 'r', encoding='utf-8') as f:
        text = f.read()
```

```
    return text

# 读取并展示文章内容
text = read_txt_file()
print(text)
```

运行代码清单 2-10，得到的文本内容如下。

2024 国际基础科学大会在京开幕
　　本报北京 7 月 14 日电（记者吴月）7 月 14 日，2024 国际基础科学大会在北京开幕。会议主题为"聚焦基础科学，引领人类未来"，重点围绕数学、理论物理、理论计算机与信息科学领域展开学术研讨和交流。
　　据介绍，2024 国际基础科学大会为期两周，吸引 800 余名国内外学者参加，将举办 500 余场大会报告、专题学术会议以及卫星会议。会议期间，专场沙龙、基础科学与人工智能论坛等活动将相继展开，为广大青年学者、学生以及科学爱好者们提供互动成长的平台。

（2）文本预处理

读取待提取关键词的文本后，需要对其进行预处理。文本预处理包括中文分词、去干扰词（仅保留名词、去停用词等）。

1）读取停用词表。

停用词表"stop_words.txt"存储于项目的 data/case04 文件目录中。通过定义 get_stopword_list 方法按行读取文件中的停用词并去除文本中的换行符，最终返回停用词表并展示，如代码清单 2-11 所示。

代码清单 2-11　读取停用词表

```
# 定义停用词表加载方法
def get_stopword_list():
    # 按行读取文件中的停用词并去除文本中的换行符
    stop_word_path = '../data/case04/stop_words.txt'
    stopword_list = [sw.replace('\n', '') for sw in open(stop_word_path, encoding='utf-8').readlines()]
    return stopword_list

# 读取并展示停用词表
stopword = get_stopword_list()
print(stopword)
```

运行代码清单 2-11，得到停用词表，输出的部分内容如下。

['"', ':', '。', ',', ',', '、', '! ', '?', ':', ';', '`', '、', ',', '·', '…', '的', '了', 'the', 'a', 'an', 'that', 'those', 'this', 'that', '$', '0', '1', '2', '3', '4', '5', '6', '7', '8', '9', '? ', '_', '"', '"', '、', '。', '《', '》', '一', '一些', '一何', '一切', '一则', '一方面', '一旦', '一来', '一样', '一般', '一转眼', '万一', '上', '上下', '下', '不', '不仅', '不但', '不光', '不单', '不只', '不外乎', '不如', '不妨', '不尽', '不尽然', '不得', '不怕', '不惟', '不成', '不拘', '不料', '不是', '不比', '不然', '不特', '不独', '不管', '不至于', '不若', '不论', '不过', '不问', '与', '与其', '与其说', '与否', '与此同时', '且', '且不说', '且说', '两者', '个', '个别', '临', '为', '为了', '为什么', '…', 'to', 'can', 'could', 'dare', 'do', 'did', 'does', 'may', 'might', 'would', 'should', 'must', 'will', 'ought', 'shall', 'need', 'is', 'a', 'am', 'are', 'about', 'according', 'after', 'against', 'all', 'almost', 'also', 'although', 'among', 'an', 'and', 'another', 'any', 'anything', 'approximately', 'as', …, '', '\t', ':', '/', '(', '>', ')', '<', '!']

可以看出，该停用词表主要包括了中英文的停用词及相关标点符号等。
2）进行文本预处理。

在文本预处理的过程中，首先使用 jieba.posseg 模块的 cut 方法对待提取关键词的文本进行词性标注的分词；然后对分词结果进行去干扰词，包括过滤掉名词以外的其他词性、去停用词，以及确保词的长度大于1。

自定义 pre_process 方法用于对文本进行处理。文本预处理后的结果存放在 filter_list 变量中，它是一个包含多个字符串的列表，如代码清单 2-12 所示。

代码清单 2-12 文本预处理

```
import jieba.posseg

# 定义文本预处理方法，进行分词、去干扰词（仅保留名词、去停用词等）
def pre_process(text):
    original_list = []                  # 原始分词列表
    filter_list = []                    # 预处理后的词列表

    # 使用 jieba 词性标注对文本进行分词
    seg_list = jieba.posseg.cut(text)

    for word, flag in seg_list:         # 遍历分析结果中的每一个词及其词性
        original_list.append(word)      # 将分词结果添加到原始分词列表
        # 去干扰词，只保留词性标注为名词的词语
        if flag.startswith('n') is False:
            continue
        # 去停用词，如果当前词不在停用词列表中且长度大于1，则添加到预处理后的词列表中
        if not word in stopword and len(word) > 1:
            filter_list.append(word)
    # 返回原始分词列表和处理后的词列表
    return original_list, filter_list

# 调用 pre_process 方法预处理文本
original_list, filter_list = pre_process(text)
print("原始分词列表：\n", original_list)
print("预处理后的词列表：\n", filter_list)
```

运行代码清单 2-12，得到使用 jieba 词性标注对文本进行分词后的原始分词列表，以及经过文本预处理后的词列表，如下所示。

```
原始分词列表：
['2024', '国际', '基础科学', '大会', '在京开幕', '\n', '本报', '北京', '7', '月', '14', '日电', '(', '记者', '吴月', ')', '7', '月', '14', '日', '，', '2024', '国际', '基础科学', '大会', '在', '北京', '开幕', '。', '会议主题', '为', '"', '聚焦', '基础科学', '，', '引领', '人类', '未来', '"', '，', '重点', '围绕', '数学', '、', '理论物理', '、', '理论', '计算机', '与', '信息科学', '领域', '展开', '学术', '研讨', '和', '交流', '。', '\n', '据介绍', '，', '2024', '国际', '基础科学', '大会', '为期', '两周', '，', '吸引', '800', '余名', '国内外', '学者', '参加', '，', '将', '举办', '500', '余场', '大会', '报告', '、', '专题', '学术会议', '以及', '卫星', '会议', '。', '会议', '期间', '，', '专场', '沙龙', '、', '基础科学', '与', '人工智能', '论坛', '等', '活
```

项目 2　进行中文命名实体识别

动', '将', '相继', '展开', ',', '为', '广大青年', '学者', '、', '学生', '以及', '科学', '爱好者', '们', '提供', '互动', '成长', '的', '平台', '。']
预处理后的词列表：
['国际', '大会', '在京开幕', '北京', '记者', '吴月', '国际', '大会', '北京', '会议主题', '人类', '重点', '数学', '理论物理', '理论', '计算机', '信息科学', '领域', '学术', '交流', '据介绍', '国际', '大会', '学者', '余场', '大会', '报告', '专题', '学术会议', '卫星', '会议', '会议', '专场', '沙龙', '人工智能', '论坛', '广大青年', '学者', '学生', '科学', '爱好者', '平台']

(3) 算法实现

1) 定义读取语料数据集的方法。

TF-IDF 算法基于一个已知的数据集对关键词进行提取，因此需要加载语料数据集。语料数据集 "corpus.txt" 存储于项目的 data/case04 文件目录中。本数据集采用新浪新闻 8 个领域（体育、娱乐、彩票、房产、教育、游戏、科技、股票）的约 800 条新闻数据作为案例的数据集，通过定义 load_corpus 方法调用前面定义的文本预处理方法，将语料数据集变成一个不含干扰词的词语列表，如代码清单 2-13 所示。

代码清单 2-13　定义读取语料数据集的方法

```
# 定义语料数据集加载方法，对语料数据集进行预处理
def load_corpus(corpus_path='../data/case04/corpus.txt'):
    doc_list = []
    for line in open(corpus_path, 'r', encoding='utf8'):
        content = line.strip()
        original_list, filter_list = pre_process(content)
        doc_list.append(filter_list)
    return doc_list
```

2) 定义提取关键词的方法。

首先定义 TF-IDF 算法提取关键词的方法，分别计算待提取关键词文本中每个词的 TF 值和 IDF 值，将二者相乘得到 TF-IDF 值，将 TF-IDF 值排名前 10 个词作为文本的关键词；然后定义 TextRank 算法提取关键词的方法，使用 jieba 库的 analyse.textrank 模块，分析输出得分排名前 10 个词，并将它们作为文本的关键词。

定义两种提取关键词的方法，如代码清单 2-14 所示。

代码清单 2-14　定义提取关键词的方法

```
# 定义 TF-IDF 算法提取关键词的方法
def tf_idf(filter_list):
    # 统计 TF 值，即每个词在文本中出现的频率
    tf_dict = {}
    for word in filter_list:
        if word not in tf_dict:
            tf_dict[word] = 1
        else:
            tf_dict[word] += 1
    for word in tf_dict:
```

```python
        tf_dict[word] = tf_dict[word] / len(text)    # 计算每个词的频率, 即出现次数除以总词数

    # 统计IDF值, 即每个词在所有文本中出现的频率倒数的对数
    idf_dict = {}
    document = load_corpus()    # 通过load_corpus方法获取所有文本, 每个文本都是一个单词列表
    doc_total = len(document)    # 计算文本总数
    for doc in document:
        for word in set(doc):
            if word not in idf_dict:
                idf_dict[word] = 1
            else:
                idf_dict[word] += 1
    for word in idf_dict:
        idf_dict[word] = math.log(doc_total / (idf_dict[word] + 1))        # 计算每个词的IDF值

    # 计算TF-IDF值, 即每个词的TF值乘以其IDF值
    tf_idf_dict = {}
    for word in filter_list:
        if word not in idf_dict:
            idf_dict[word] = 0 # 若一个词在所有文本中都没有出现过, 则其IDF值为0
        tf_idf_dict[word] = tf_dict[word] * idf_dict[word]

    # 提取前10个关键词, 并输出结果
    keyword_num = 10
    for key, value in sorted(tf_idf_dict.items(),
                             key=operator.itemgetter(1),
                             reverse=True)[:keyword_num]:
        print(key + '/', end='')

# 定义TextRank算法提取关键词的方法
def textrank_extract(text, keyword_num=10):
    textrank = analyse.textrank
    # allowPOS指定允许的词性, 这里选择名词(n)
    keywords = textrank(text, keyword_num, allowPOS=('n'))
    # 输出抽取出的关键词
    for keyword in keywords:
        print(keyword + "/", end='')
```

(4) 使用两种算法提取关键词

分别调用tf_idf方法和textrank_extract方法, 对待提取关键词文本进行基于TF-IDF算法和TextRank算法的关键词提取, 如代码清单2-15所示。

代码清单2-15 使用两种算法提取关键词

```
import math
import operator
from jieba import analyse
# TF-IDF算法提取关键词
```

```
print('TF-IDF 算法提取出的关键词：')
tf_idf(filter_list)
print()
# TextRank 算法提取关键词
print('TextRank 算法提取出的关键词：')
textrank_extract(text)
```

运行代码清单 2-15，得到的 TF-IDF 算法提取出的关键词和 TextRank 算法提取出的关键词如下。

TF-IDF 算法提取出的关键词：
大会/学者/会议/国际/学术会议/专场/卫星/据介绍/计算机/北京/
TextRank 算法提取出的关键词：
大会/会议/理论物理/理论/国际/专题/科学/学生/重点/领域/

读者可以尝试使用其他语料数据集对模型进行训练，对比结果的差异。

2.2.5 命名实体识别

命名实体识别（Named Entity Recognition，NER）中的"命名实体"一般是指文本中具有特别意义或指代性非常强的实体，可分为实体类、时间类和数字类 3 大类，以及人名、地名、机构团体、时间、日期、货币和百分比 7 小类。

命名实体识别是信息提取、机器翻译、问答系统等应用的重要基础。一种命名实体识别的结果如图 2-11 所示。

图 2-11　命名实体识别示例

1. 命名实体识别的方法

命名实体识别在实际应用中具有重要意义，而其常用方法也在不断发展和完善。基于规则的方法、基于统计的方法和基于深度学习的方法等技术手段都被广泛应用于命名实体识别的研究与实践中。

（1）基于规则的方法

通过人工编写规则来匹配文本中的实体，如基于正则表达式的方法、基于词典匹配的方法等。此方法精度较高，但需要耗费大量的人力、物力来构建规则和词典，并且对于新的实体类型或变化的语言习惯，需要不断地更新规则。

（2）基于统计的方法

基于统计的方法主要包括隐马尔可夫模型、最大熵马尔可夫模型、支持向量机、条件随机场等。此方法可以自动学习文本中的特征和规律，适用于大规模的语料库，但需要大量的训练数据和计算资源。

（3）基于深度学习的方法

近年来，随着深度学习技术的发展，基于深度学习的方法也被广泛应用于命名实体识别任务中，如基于循环神经网络的方法、基于卷积神经网络的方法、基于Transformer的方法等。此方法可以自动提取文本中的特征，并且具有较高的准确率和泛化能力，但同样需要大量的训练数据和计算资源。

2. 实例：文本命名实体识别

命名实体识别领域常用的3种标注符号B、I、O分别代表实体首部、实体内部和其他。在字一级的识别任务中，对人名（Person）、地名（Location）、机构团体（Organization）的3种命名实体PER、LOC、ORG，定义7种标注符号的集合$L=\{$B-PER,I-PER,B-LOC,I-LOC,B-ORG,I-ORG,O$\}$，分别代表的是人名首部、人名内部、地名首部、地名内部、机构团体首部、机构团体内部和其他。

例如，文本"清华大学迎来中国首个原创虚拟学生——华智冰"使用概率模型进行命名实体识别的具体步骤如下。

1）获取一个已标注的训练数据集，其中包含大量的中文文本片段，以及相应的序列标注。

2）选择一个适当的模型（如条件随机场、循环神经网络，或更先进的BERT、Transformer等模型），并使用训练数据集进行训练。在训练过程中，模型将学习到不同词汇和上下文环境下的标注规律。

3）在训练完成后，使用训练好的模型对新的文本进行序列标注。将文本内容作为输入，模型会分析每个字在上下文中的特征，以及与周围字的关系，从而生成标注结果。

4）根据模型的预测结果，为每个字分配相应的标注符号。在这个例子中，得到文本的标注结果为$\{$B-ORG,I-ORG,I-ORG,I-ORG,O,O,B-LOC,I-LOC,O,O,O,O,O,O,O,O,O,O,B-PER,I-PER,I-PER$\}$。

上述例子使用jieba库进行命名实体识别的代码，如代码清单2-16所示。

代码清单2-16　使用jieba库进行命名实体识别

```
import jieba.posseg as pseg

# 进行命名实体识别的文本
```

```
text = "清华大学迎来中国首个原创虚拟学生——华智冰"
# 使用jieba进行词性标注
words = pseg.cut(text)
# 自定义命名实体识别规则
entity_rules = {
    'nr': 'PER',                                    # 人名
    'ns': 'LOC',                                    # 地名
    'nt': 'ORG'                                     # 机构团体
}
# 定义一个空列表用于存储命名实体及其标记
entities = []
# 遍历分词结果，识别命名实体并标注
for word, flag in words:
    if flag in entity_rules:
        entities.append((word, 'B-' + entity_rules[flag]))    # 实体首字
        for i in range(1, len(word)):
            entities.append((word[i], 'I-' + entity_rules[flag]))  # 实体非首字
    else:
        for char in word:
            entities.append((char, 'O'))            # 非实体
# 输出命名实体识别结果（逐字显示标注符号）
for char, label in entities:
    print(char + '\t' + label)
```

运行代码清单2-16，命名实体识别结果如下。可以看到，识别出的机构团体是"清华大学"，地名是"中国"，人名是"华智冰"。

```
清华大学    B-ORG
华    I-ORG
大    I-ORG
学    I-ORG
迎    O
来    O
中国    B-LOC
国    I-LOC
首    O
个    O
原    O
创    O
虚    O
拟    O
学    O
生    O
—    O
—    O
华智冰    B-PER
智    I-PER
冰    I-PER
```

3. 条件随机场模型

（1）马尔可夫随机场

随机场是一种概率图模型，包含节点的集合和连接节点的边的集合，其中节点表示一个随机变量，而边表示随机变量之间的概率依赖关系。如果按照某一种概率分布随机给图中每一个节点赋予一个值，则称其全体为随机场。例如，在词性标注中，给每个词随机分配一个词性，这样就形成了一个随机场。

马尔可夫随机场（Markov Random Field），或称概率无向图模型，是随机场的特例。它假设随机场中任意一个节点的赋值仅和与其相连的节点取值有关，和不相连的节点取值无关，即满足成对的、局部的、全局的马尔可夫性的联合概率分布 $P(Y)$，如图 2-12 所示。

将该联合概率分布 $P(Y)$ 表示为其最大团（maximal clique）上的随机变量的函数的乘积形式的操作，称为概率无向图模型的因子分解（factorization）。因子分解可以将复杂的联合概率分布分解为若干个相对简单的因子函数的乘积，每个因子函数只涉及概率图模型中的一部分变量。通过合理地选择因子函数和确定它们的参数，可以有效地建模和估计复杂的条件概率分布，从而实现对于给定输入变量条件下输出变量的预测。

（2）条件随机场

条件随机场（Conditional Random Field，CRF）是给定随机变量 X 条件下，随机变量 Y 的马尔可夫随机场，即条件概率分布 $P(Y|X)$。此时的随机变量 Y 构成马尔可夫随机场，而随机变量 X 不具有马尔可夫性。随机变量 X 作为一个整体影响随机变量 Y，如图 2-13 所示。

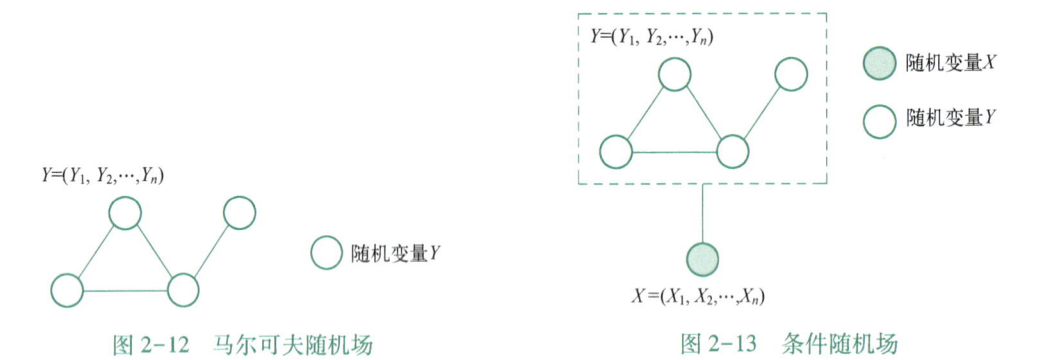

图 2-12　马尔可夫随机场

图 2-13　条件随机场

条件随机场模型在最大熵马尔可夫模型（Maximum Entropy Markov Model，MEMM）和隐马尔可夫模型（HMM）的基础上进行了改进，它会考虑整个观测序列，没有 HMM 那样严格的独立性假设，从而获得更高的表达能力，同时也克服了 MEMM 标记偏置的缺点。条件随机场模型在分词、词性标注、命名实体词识别等 NLP 任务中有着良好的应用效果。

（3）线性链条件随机场

假如一个随机变量序列中各个节点之间的关系是线性的，则称该序列是一个**线性链**。设 $X=(X_1,X_2,\cdots,X_n)$ 和 $Y=(Y_1,Y_2,\cdots,Y_n)$ 均为线性链表示的随机变量，条件概率分布 $P(Y|X)$ 构成条件随机场，并且满足式（2-13）

$$P(Y_i|X,Y_1,\cdots,Y_{i-1},Y_{i+1},Y_n)=P(Y_i|X,Y_{i-1},Y_{i+1}), \quad i=1,2,\cdots,n \qquad (2-13)$$

则称 $P(Y|X)$ 为**线性链条件随机场（linear-CRF）**，其结构如图 2-14 所示。

线性链条件随机场可用于解决序列标注问题。此时在条件概率分布 $P(Y|X)$ 中，X 是输

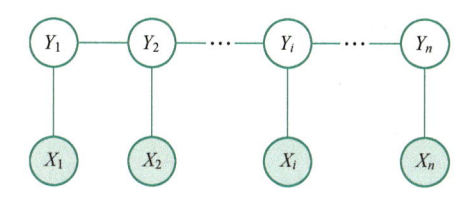

图 2-14　X 和 Y 具有相同图结构的线性链条件随机场

入变量，表示需要标注的观测序列；Y 是输出变量，表示对应的输出标记序列或状态序列（参见隐马尔可夫模型）。

(4) 线性链条件随机场的参数化形式

线性链条件随机场的参数化形式为定义特征函数、表示特征权重、定义条件概率分布、学习序列依赖关系以及进行模型训练和优化提供了基础。通过这些参数，条件随机场能够高效地捕捉序列数据中的模式和关系，从而在各种序列标注任务中取得良好的表现。

设 $P(Y|X)$ 为线性链条件随机场，在随机变量 X 取值为 x 的条件下，随机变量 Y 取值为 y 的条件概率分布的定义见式（2-14）。

$$P(y|x) = \frac{1}{Z(x)} \exp\left(\sum_{i,k} \lambda_k t_k(y_{i-1}, y_i, x, i) + \sum_{i,l} \mu_l s_l(y_i, x, i) \right) \tag{2-14}$$

在式（2-14）中，规范化因子 $Z(x)$ 的定义见式（2-15）。

$$Z(x) = \sum_y \exp\left(\sum_{i,k} \lambda_k t_k(y_{i-1}, y_i, x, i) + \sum_{i,l} \mu_l s_l(y_i, x, i) \right) \tag{2-15}$$

式中，$t_k(y_{i-1}, y_i, x, i)$ 是转移特征函数，$s_l(y_i, x, i)$ 是状态特征函数，它们在满足特征条件时取值为 1，否则为 0。λ_k 和 μ_l 分别是转移函数与状态函数的权重。

(5) 条件随机场的简化形式

为了便于描述特征函数，将两类特征函数表示为式（2-16）。

$$f_k(y_{i-1}, y_i, x, i) = \begin{cases} t_k(y_{i-1}, y_i, x, i), & k = 1, 2, \cdots, K_1 \\ s_l(y_i, x, i), & k = l + K_1, l = 1, 2, \cdots, K_2 \end{cases} \tag{2-16}$$

对转移特征与状态特征在各个位置 i 求和，见式（2-17）。

$$f_k(x, y) = \sum_{i=1}^n f_k(y_{i-1}, y_i, x, i), \quad k = 1, 2, \cdots, K_1 + K_2 \tag{2-17}$$

用 ω_k 表示特征 $f_k(x, y)$ 的权值，见式（2-18）。

$$\omega_k = \begin{cases} \lambda_k, & k = 1, 2, \cdots, K_1 \\ \mu_l, & k = l + K_1, l = 1, 2, \cdots, K_2 \end{cases} \tag{2-18}$$

由此，式（2-14）和式（2-15）可分别表示为式（2-19）与式（2-20）。

$$P(y|x) = \frac{1}{Z(x)} \exp\left(\sum_{k=1}^K \omega_k f_k(y, x) \right) \tag{2-19}$$

$$Z(x) = \sum_y \exp\left(\sum_{k=1}^K \omega_k f_k(y, x) \right) \tag{2-20}$$

式中，$K = K_1 + K_2$。

若用 $\boldsymbol{F}(y, x) = (f_1(y, x), f_2(y, x), \cdots, f_K(y, x))^{\mathrm{T}}$ 表示全局特征向量，$\boldsymbol{\omega} = (\omega_1, \omega_2, \cdots,$

$\omega_K)^T$ 表示权值向量，则式（2-19）和式（2-20）可以表示为两者内积的形式，分别见式（2-21）和式（2-22）。

$$P_{\omega}(y|x) = \frac{\exp(\boldsymbol{\omega} \cdot \boldsymbol{F}(y,x))}{Z_{\omega}(x)} \quad (2-21)$$

$$Z_{\omega}(x) = \sum_y \exp(\boldsymbol{\omega} \cdot \boldsymbol{F}(y,x)) \quad (2-22)$$

（6）条件随机场的参数估计问题

条件随机场的参数估计是训练模型的关键步骤，其目标是通过给定的训练数据估计模型参数，使得模型能够最准确地描述数据的统计特性。条件随机场的参数估计问题通常通过最大似然估计来解决，也可以通过正则化的最大似然估计来避免过拟合。

在最大似然估计中，目标是最大化训练数据的对数似然函数以求模型参数。

给定训练数据集 $D = \{x_j, y_j\}$，其中 $j = 1, 2, \cdots, N$，由此可知经验概率分布 $\widetilde{P}(X,Y)$。此时，训练数据的对数似然函数定义为式（2-23）。

$$\begin{aligned} L(\boldsymbol{\omega}) &= \sum_{x,y} \widetilde{P}(x,y) \log P_{\omega}(y|x) \\ &= \sum_{x,y} \left[\widetilde{P}(x,y) \sum_{k=1}^{K} \omega_k f_k(y,x) - \widetilde{P}(x,y) \log Z_{\omega}(x) \right] \\ &= \sum_{j=1}^{N} \sum_{k=1}^{K} \omega_k f_k(y_j, x_j) - \sum_{j=1}^{N} \log Z_{\omega}(x_j) \end{aligned} \quad (2-23)$$

式（2-23）中，$P_{\omega}(y|x)$ 是由式（2-21）和式（2-22）给出的条件随机场模型，$\boldsymbol{\omega} = (\omega_1, \omega_2, \cdots, \omega_K)^T$ 是需要估计的权值向量。

计算对数似然函数 $L(\boldsymbol{\omega})$ 关于权重参数 ω_k 的梯度 $\frac{\partial L(\boldsymbol{\omega})}{\partial \omega_k}$，使用优化算法（如改进的迭代尺度法、梯度下降法以及拟牛顿法等）求解 $L(\boldsymbol{\omega})$ 的最大值，从而得到最优的权重参数，即学习得到条件随机场模型。

（7）条件随机场的预测问题

预测问题就是给定条件随机场 $P(y|x)$ 和输入序列 x（观测序列），求条件概率最大的输出序列 y^*（标记序列），满足式（2-24）。

$$\begin{aligned} y^* &= \arg\max_y P_{\omega}(y|x) \\ &= \arg\max_y \frac{\exp(\boldsymbol{\omega} \cdot \boldsymbol{F}(y,x))}{Z_{\omega}(x)} \\ &= \arg\max_y \exp(\boldsymbol{\omega} \cdot \boldsymbol{F}(y,x)) \\ &= \arg\max_y \boldsymbol{\omega} \cdot \boldsymbol{F}(y,x) \end{aligned} \quad (2-24)$$

式（2-24）可以利用动态优化的算法求解，常用的求解方法是维特比算法。

2.3　项目实战

CRF 模型可以将命名实体识别问题转化为序列标注问题，即给定一个输入句子，寻找最有可能的标注序列，标注序列即命名实体识别的依据。

本节针对进行中文命名实体识别开展项目实战。基于 CRF 模型实现对文本的命名实体识别，提取出文本中的时间、人名、地名和机构团体等关键信息，为后续句法分析的研究学习夯实基础。

本项目中进行中文命名实体识别的基本流程如下。

1）语料预处理。读取文本数据并进行预处理，同时使用 BIO 模式的标签初始化语料数据，将文本转换成模型可以处理的格式。

2）特征提取。从预处理并初始化后的语料数据中利用三元语言模型提取特征。

3）训练模型。使用预处理后的文本数据和提取的特征，训练 CRF 模型。在训练过程中，模型会学习特征之间的关系以及如何将它们映射到特定的命名实体标签上。

4）模型评估。使用测试集对训练好的模型进行评估，通常使用准确率、召回率和 F1 值来评估模型的性能。

5）模型预测。使用训练好的模型对新的文本进行命名实体识别。在这一步骤中，将提取特征并使用训练好的模型来预测每个词的命名实体标签。

在本项目中，将实现语料预处理和特征提取的方法定义在 CorpusProcess 类中，将实现模型训练与预测的方法定义在 CRF_NER 类中，如图 2-15 所示。

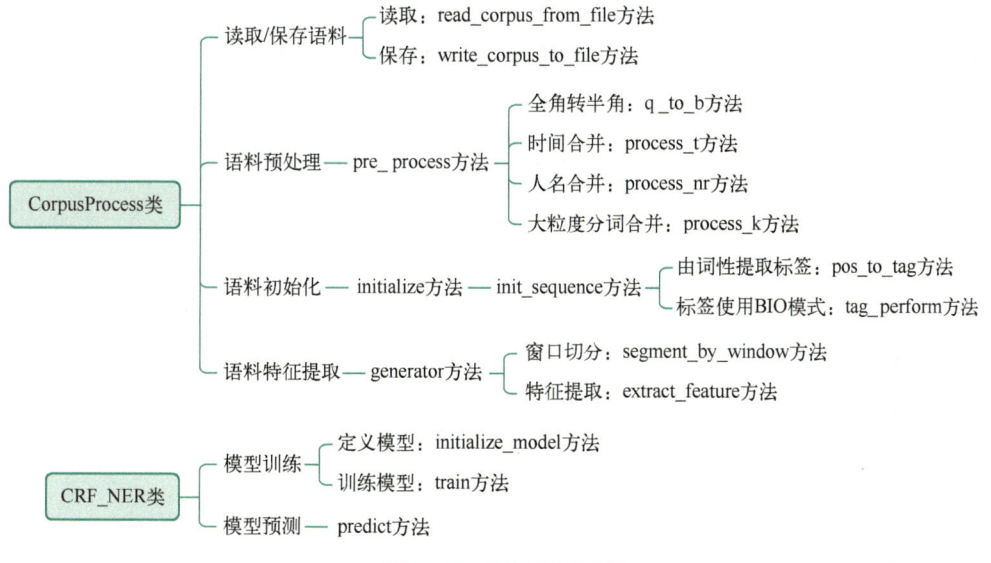

图 2-15 项目代码结构

2.3.1 定义 CorpusProcess 类

CorpusProcess 类主要实现了读取/保存语料、语料预处理、语料初始化、语料特征提取的方法。

1. 实现读取/保存语料方法

为便于展示和讲解，代码清单 2-17 中的 CorpusProcess 类并没有实现全部的方法，只是初步搭建了该类的框架。这些未实现的方法中使用了 pass 语句，执行时不会执行任何实质动作，在紧随其后的内容中再进行具体实现和讲解。

《人民日报》新闻数据集"rmrb.txt"存储于项目的 data 文件目录中，在 CorpusProcess

类的初始化方法中指定了其路径,read_corpus_from_file 方法负责读取文件并返回一个包含文件所有行的列表;write_corpus_to_file 方法则将处理后的数据写入指定的文件。

CorpusProcess 类的框架定义见代码清单 2-17。

代码清单 2-17　CorpusProcess 类的框架定义

```python
import re                                  # 正则表达式库
import sklearn_crfsuite                    # CRF 模型库
from sklearn_crfsuite import metrics       # 评估机器学习模型性能的模块
import joblib                              # 用于保存和加载模型的库

class CorpusProcess(object):
    # 类初始化
    def __init__(self):
        #《人民日报》新闻数据集路径
        self.train_corpus_path = '../data/rmrb.txt'
        # 保存处理后的语料路径
        self.process_corpus_path = '../data/result-rmrb.txt'
        # 定义标记与实体类别的对应关系
        self._maps = {u't': u'T',u'nr': u'PER', u'ns': u'LOC',u'nt': u'ORG'}

    # 读取语料
    def read_corpus_from_file(self, file_path):
        f = open(file_path, 'r',encoding='utf-8')
        lines = f.readlines()
        f.close()
        return lines

    # 保存语料
    def write_corpus_to_file(self, data, file_path):
        f = open(file_path, 'wb')
        f.write(data)
        f.close()

    # 语料预处理
    def pre_process(self):
        pass
    # 语料预处理之全角转半角
    def q_to_b(self, q_str):
        pass
    # 语料预处理之时间合并
    def process_t(self, words):
        pass
    # 语料预处理之人名合并
    def process_nr(self, words):
        pass
    # 语料预处理之大粒度分词合并
    def process_k(self, words):
```

```
        pass
    # 由词性提取标签
    def pos_to_tag(self, p):
        pass
    # 标签使用BIO模式
    def tag_perform(self, tag, index):
        pass
    # 初始化字序列、词性、标签序列
    def init_sequence(self, words_list):
        pass
    # 语料初始化
    def initialize(self):
        pass
    # 窗口切分
    def segment_by_window(self, words_list=None, window=3):
        pass
    # 特征提取
    def extract_feature(self, word_grams):
        pass
    # 训练数据
    def generator(self):
        pass
```

2. 实现语料预处理方法

（1）q_to_b方法

q_to_b方法将输入字符串中的全角字符转换为半角字符。全角和半角是针对中文输入法输入字符的不同状态，全角是指一个字符占用两个标准字符位置，半角一个字符只占用一个标准字符位置。在处理文本数据时，统一字符格式，便于后续处理和特征提取。

具体地，q_to_b方法接受一个包含全角字符的字符串q_str作为输入参数，然后遍历q_str中的每个字符。如果字符是全角空格（内码为12288），那么将其转换为半角空格（内码为32）；如果字符是其他全角字符（内码在65281~65374之间），那么将其内码减去65248以得到相应的半角字符。最后，将转换后的半角字符拼接到新字符串b_str中，并返回b_str。

通过q_to_b方法将全角符号转换为半角符号，如代码清单2-18所示。

代码清单2-18　q_to_b方法

```
# 语料预处理之全角转半角
def q_to_b(self, q_str):
    b_str = ""
    for uchar in q_str:
        inside_code = ord(uchar)
        if inside_code == 12288:              # 全角空格直接转换
            inside_code = 32
        elif 65374 >= inside_code >= 65281:   # 全角字符（除空格以外）根据关系转化
            inside_code -= 65248
```

```
            b_str += chr(inside_code)
        return b_str
```

为直观理解 q_to_b 方法的作用，使用 CorpusProcess 类的对象调用该方法，观察文本处理后的变化情况，如代码清单 2-19 所示。

代码清单 2-19　q_to_b 方法调用示例

```
corpus_process = CorpusProcess()
q_str = '１２３４＠％＆，／ｗ'
print('处理前的文本：\n', q_str)
b_str = corpus_process.q_to_b(q_str)
print('处理后的文本：\n', b_str)
```

运行代码清单 2-19，q_to_b 方法处理后的文本变化示例如下。

```
处理前的文本：
  １２３４＠％＆，／ｗ
处理后的文本：
  1234@%&,/w
```

可以看出，全角符号被转换为半角符号。注意，代码清单 2-19 仅作为示例讲解使用，并不属于本项目运行所需的代码。

（2）process_t 方法

process_t 方法合并语料库中被分开标注的时间词，将分散的时间词合并成一个完整的时间表示，提高时间实体识别的准确性和一致性。

具体地，process_t 方法会遍历输入的单词列表，并检查每个单词是否包含时间标记。如果当前单词是时间标记，那么该方法会将其添加到一个临时变量 temp 中，并移除标记。当遇到非时间标记的单词时，该方法会将临时变量中累积的时间词添加到处理后的单词列表 pro_words 中，并将当前单词也添加到该列表中。最后，该方法返回处理后的单词列表。

通过 process_t 方法将分散时间词进行合并，如代码清单 2-20 所示。

代码清单 2-20　process_t 方法

```
# 语料预处理之时间合并
    def process_t(self, words):
        pro_words = []                              # 初始化处理后的单词列表
        index = 0                                   # 初始化单词位置
        temp = u''                                  # 初始化临时变量
        while True:
            word = words[index] if index < len(
                words) else u''          # 获取当前单词，如果已经遍历完，那么设置为空字符串
            if u'/t' in word:                       # 判断当前单词是时间标记
                temp = temp.replace(u'/t', u'') + word  # 将当前单词中的标记替换成空字符串，
# 然后添加到临时变量中
            elif temp:                              # 判断临时变量不为空
```

```
                pro_words.append(temp)        # 将临时变量中的时间标记添加到处理后的单词列表中
                pro_words.append(word)        # 将当前单词添加到处理后的单词列表中
                temp = u''                     # 将临时变量清空
            elif word:                         # 判断当前单词不为空
                pro_words.append(word)        # 直接将当前单词添加到处理后的单词列表中
            else:
                break                          # 跳出循环
            index += 1                         # 更新单词位置
        return pro_words                       # 返回处理后的单词列表
```

为直观理解 process_t 方法的作用，使用 CorpusProcess 类的对象调用该方法，观察文本处理后的变化情况，如代码清单 2-21 所示。

代码清单 2-21　process_t 方法调用示例

```
corpus_process = CorpusProcess()
words = ['(/w', '一九四九年/t', '十月/t', '一日/t', ')/w']
pro_words = corpus_process.process_t(words)
print('处理前的文本：\n', words[:])
print('处理后的文本：\n', pro_words[:])
```

运行代码清单 2-21，process_t 方法处理后的文本变化示例如下。

```
处理前的文本：
 ['(/w', '一九四九年/t', '十月/t', '一日/t', ')/w']
处理后的文本：
 ['(/w', '一九四九年十月一日/t', ')/w']
```

可以看出，分开的时间词语被合并成一个完整时间。注意，代码清单 2-21 仅作为示例讲解使用，并不属于本项目运行所需的代码。

（3）process_nr 方法

process_nr 方法合并语料库中分开标注的姓和名。在进行文本处理和分析时，将姓和名合并成一个完整的姓名，可以帮助算法更好地理解语义，提高人名实体识别的效果。

具体地，process_nr 方法会遍历输入的单词列表，并检查每个单词是否包含姓名标记。如果当前单词是姓名标记，那么该方法会检查下一个单词是否也是姓名标记。如果下一个单词也是姓名标记，那么该方法会将两个姓名标记合并成一个完整的姓名。否则，方法会保留当前的姓名标记。最后，该方法返回处理后的单词列表。

通过 process_nr 方法将分开的姓与名进行合并，如代码清单 2-22 所示。

代码清单 2-22　process_nr 方法

```
# 语料预处理之人名合并
def process_nr(self, words):
    pro_words = []                             # 用于存储处理后的词语列表
    index = 0                                  # 当前正在处理的词语在列表中的索引
    while True:
        # 获取当前词语（如果有）或空字符串
```

```python
word = words[index] if index < len(words) else u''
if u'/nr' in word:                    # 如果当前词语标注为"人名"(nr)
    next_index = index + 1
    if next_index < len(words) and u'/nr' in words[next_index]:
        # 如果下一个词语也是人名,那么将两个词语合并成一个
        pro_words.append(word.replace(u'/nr', u'') + words[next_index])
        index = next_index            # 将索引设置为下一个词语的位置
    else:
        # 如果下一个词语不是人名,那么只保留当前词语,去掉标注
        pro_words.append(word.replace(u'/nr', u''))
elif word:
    # 如果当前词语不是人名且不为空,那么直接添加到处理后的列表中
    pro_words.append(word)
else:
    # 如果当前词语为空字符串,那么说明已经处理完所有词语,退出循环
    break
index += 1                            # 处理下一个词语
return pro_words
```

为直观理解 process_nr 方法的作用,使用 CorpusProcess 类的对象调用该方法,观察文本处理后的变化情况,如代码清单 2-23 所示。

代码清单 2-23　process_nr 方法调用示例

```
corpus_process = CorpusProcess()
words = ['杨/nr', '利伟/nr', '是/v', '中国/ns', '进入/v', '太空/n', '的/u', '第一/m', '人/n']
pro_words = corpus_process.process_nr(words)
print('处理前的文本:\n', words[:])
print('处理后的文本:\n', pro_words[:])
```

运行代码清单 2-23,process_nr 方法处理后的文本变化示例如下。

```
处理前的文本:
['杨/nr', '利伟/nr', '是/v', '中国/ns', '进入/v', '太空/n', '的/u', '第一/m', '人/n']
处理后的文本:
['杨利伟/nr', '是/v', '中国/ns', '进入/v', '太空/n', '的/u', '第一/m', '人/n']
```

可以看出,分开的姓名词语被合并成一个完整姓名。注意,代码清单 2-23 仅作为示例讲解使用,并不属于本项目运行所需的代码。

(4) process_k 方法

process_k 方法处理大粒度分词,合并语料库中括号的大粒度分词,以便更好地识别和理解这些实体。

具体地,process_k 方法会遍历输入的单词列表,并检查每个单词是否包含左括号"["或右括号"]"。如果遇到左括号,那么该方法将开始合并括号内的词语,去除词性标注,并将它们添加到一个临时变量 temp 中。当遇到右括号时,该方法会将括号内的词语和右括号后面的词性标注合并成一个新词语,并添加到处理后的单词列表 pro_words 中。如果遇到的单词不属于大粒度分词,那么直接添加到处理后的单词列表中。

通过 process_k 方法处理大粒度分词，如代码清单 2-24 所示。

代码清单 2-24　process_k 方法

```python
# 语料预处理之大粒度分词合并
def process_k(self, words):
    pro_words = []              # 用于存储处理后的词语列表
    index = 0                   # 当前正在处理的词语在列表中的索引
    temp = u''                  # 用于暂时存储括号中的大粒度分词
    while True:
        # 获取当前词语（如果有）或空字符串
        word = words[index] if index < len(words) else u''
        if u'[' in word:        # 如果当前词语包含左括号，那么说明遇到了一个大粒度分词
            # 去掉左括号和词性标注，并添加到暂存字符串中
            temp += re.sub(pattern=u'/[a-zA-Z]*', repl=u'', string=word.replace(u'[', u''))
        elif u']' in word:      # 如果当前词语包含右括号，那么说明大粒度分词已经结束
            # 将当前词语分成两部分，去掉右括号后面的词性标注
            w = word.split(u']')
            # 去掉左括号和词性标注，并添加到暂存字符串中
            temp += re.sub(pattern=u'/[a-zA-Z]*', repl=u'', string=w[0])
            # 将括号中的大粒度分词和右括号后面的词性标注合并成一个新词语，并添加到处理
            # 后的列表中
            pro_words.append(temp+u'/'+w[1])
            # 清空暂存字符串
            temp = u''
        elif temp:              # 若暂存字符串中有内容，则说明当前词语属于大粒度分词中的一
            # 个子词语
            # 去掉词性标注，并添加到暂存字符串中
            temp += re.sub(pattern=u'/[a-zA-Z]*', repl=u'', string=word)
        elif word:              # 若当前词语不属于大粒度分词，也不是空字符串，则直接添加到
            # 处理后的列表中
            pro_words.append(word)
        else:                   # 若当前词语是空字符串，则说明已经处理完所有词语，退出循环
            break
        index += 1              # 处理下一个词语
    return pro_words
```

为直观理解 process_k 方法的作用，使用 CorpusProcess 类的对象调用该方法，观察文本处理后的变化情况，如代码清单 2-25 所示。

代码清单 2-25　process_k 方法调用示例

```python
corpus_process = CorpusProcess()
words = ['[广西/ns', '南宁/ns]ns', '是/v', '广西/ns', '最大/a', '的/u', '城市/n', '，/w', '[南宁/ns', '职业/n', '技术/n', '大学/n]nt', '位于/v', '这里/r', '。/w']
pro_words = corpus_process.process_k(words)
print('处理前的文本：\n', words[:])
print('处理后的文本：\n', pro_words[:])
```

运行代码清单 2-25，process_k 方法处理后的文本变化示例如下。

处理前的文本：
　　['[广西/ns', '南宁/ns]ns', '是/v', '广西/ns', '最大/a', '的/u', '城市/n', ',/w', '[南宁/ns', '职业/n', '技术/n', '大学/n]nt', '位于/v', '这里/r', '。/w']
处理后的文本：
　　['广西南宁/ns', '是/v', '广西/ns', '最大/a', '的/u', '城市/n', ',/w', '南宁职业技术大学/nt', '位于/v', '这里/r', '。/w']

可以看出，带有括号的词被合并为一个更大的词语。注意，代码清单 2-25 仅作为示例讲解使用，并不属于本项目运行所需的代码。

（5）pre_process 方法

在定义了 q_to_b、process_t、process_nr 和 process_k 方法后，可以定义 pre_process 方法，逐行读取语料数据的文本以进行文本预处理，随后将预处理后的文本写入新的语料数据文件。

通过 pre_process 方法进行语料预处理并保存处理结果，如代码清单 2-26 所示。

代码清单 2-26　语料预处理

```python
def pre_process(self):
    lines = self.read_corpus_from_file(self.train_corpus_path)
    new_lines = []
    for line in lines:
        words = self.q_to_b(line.strip()).split(u' ')
        pro_words = self.process_t(words)
        pro_words = self.process_nr(pro_words)
        pro_words = self.process_k(pro_words)
        new_lines.append(' '.join(pro_words[1:]))
    self.write_corpus_to_file(data='\n'.join(new_lines).encode('utf-8'),
        file_path=self.process_corpus_path)
```

3. 实现语料初始化方法

（1）pos_to_tag 和 tag_perform 方法

pos_to_tag 方法根据输入的词性，在字典中查找并返回对应的实体标签，若找不到，则返回"O"；tag_perform 方法将标签转换为 BIO 模式，即在实体词组的开头添加"B_"前缀，实体词组内部的其他词添加"I_"前缀，非实体词保持"O"。

通过 pos_to_tag 和 tag_perform 方法根据词性提取对应的实体标签，并将标签转换为 BIO（Begin Inside Outside）模式，如代码清单 2-27 所示。

代码清单 2-27　标签提取及转换方法

```python
# 由词性提取标签
def pos_to_tag(self, p):
    # 通过 self._maps 来获取对应的标签
    t = self._maps.get(p, None)
    return t if t else 'O'
# 标签使用 BIO 模式
```

```
def tag_perform(self, tag, index):
    if index == 0 and tag != 'O':
        # 第一个词的标签为 B_TAG
        return 'B_{}'.format(tag)
    elif tag != 'O':
        # 非第一个词的标签为 I_TAG
        return 'I_{}'.format(tag)
    else:
        # 没有实体的标签为 O
        return tag
```

为直观理解 pos_to_tag 和 tag_perform 方法的作用，使用 CorpusProcess 类的对象分别对这两个方法进行调用，观察文本标签提取及转换过程，如代码清单 2-28 所示。

代码清单 2-28　标签提取及转换方法调用示例

```
corpus_process = CorpusProcess()
pro_words = ['杨利伟/nr', '是/v', '中国/ns', '进入/v', '太空/n', '的/u', '第一/m', '人/n']
pro_words_join = [' '.join(word for word in pro_words)]

# 调用 pos_to_tag 方法处理词性标注,将词性标注转换为实体标签
tagged_sentence = [corpus_process.pos_to_tag(word.split('/')[1]) for word in pro_words]
# 输出处理后的结果
print("实体标签为:", tagged_sentence)

# 将实体标签转换为 BIO 模式
words_list = [line.strip().split(' ') for line in pro_words_join if line.strip()]
words_seq = [[word.split('/')[0] for word in words] for words in words_list]
pos_seq = [[word.split('/')[1] for word in words] for words in words_list]
tag_seq = [[corpus_process.pos_to_tag(p) for p in pos] for pos in pos_seq]
corpus_process.tag_seq = [[[corpus_process.tag_perform(tag_seq[index][i], w)
                            for w in range(len(words_seq[index][i]))]
                           for i in range(len(tag_seq[index]))]
                          for index in range(len(tag_seq))]
corpus_process.tag_seq = [[t for tag in tag_seq for t in tag] for tag_seq in corpus_process.tag_seq]
print("BIO 模式标签为:", corpus_process.tag_seq)
```

运行代码清单 2-28，pos_to_tag 和 tag_perform 方法进行标签提取及转换的输出如下。

```
实体标签为:['PER', 'O', 'LOC', 'O', 'O', 'O', 'O', 'O']
BIO 模式标签为:[['B_PER', 'I_PER', 'I_PER', 'O', 'B_LOC', 'I_LOC', 'O', 'O', 'O', 'O', 'O', 'O', 'O', 'O']]
```

可以看出，输出的实体标签说明句子中第一个词是人名（PER），第二个词不是实体（O），第三个词是地名（LOC），其余词也不是实体（O）。BIO 模式标签进一步将人名实体的开始字符标注为"B_PER"，其余字符标注为"I_PER"；将地名实体的开始字符标注为"B_LOC"，其余字符标注为"I_LOC"。注意，代码清单 2-28 仅作为示例讲解使用，并不属于本项目运行所需的代码。

（2）init_sequence 和 initialize 方法

在定义了 pos_to_tag 和 tag_perform 方法后，可以定义 init_sequence 和 initialize 方法以进行语料初始化，确保在使用语料库之前，语料库的数据已经准备好并且格式正确。在语料初始化的过程，首先读取经过语料预处理的文本，完成 BIO 标记后进行拼接操作，拼接好的标记序列会被扁平化处理，统一放到一个列表中。最后，将单词序列加上 BOS（开始标记）和 EOS（结束标记），再次进行拼接操作。

定义 init_sequence 和 initialize 方法进行语料初始化的代码，如代码清单 2-29 所示。

代码清单 2-29　语料初始化方法

```python
# 语料初始化
def initialize(self):
    # 从文件中读取语料
    lines = self.read_corpus_from_file(self.process_corpus_path)
    # 将每行语料切分成单词列表
    words_list = [line.strip().split(' ') for line in lines if line.strip()]
    # 释放内存
    del lines
    # 初始化字、词性、标签序列
    self.init_sequence(words_list)
# 初始化字序列、词性、标签序列
def init_sequence(self, words_list):
    # 将语料按词性标注序列和单词序列分开
    words_seq = [[word.split('/')[0] for word in words] for words in words_list]
    pos_seq = [[word.split('/')[1] for word in words] for words in words_list]
    # 将词性标注转换成 BIO 标记，并进行拼接操作
    tag_seq = [[self.pos_to_tag(p) for p in pos] for pos in pos_seq]
    self.tag_seq = [[[self.tag_perform(tag_seq[index][i], w)
                      for w in range(len(words_seq[index][i]))]
                     for i in range(len(tag_seq[index]))]
                    for index in range(len(tag_seq))]
    # 将拼接好的标记序列进行扁平化处理，统一放到一个列表中
    self.tag_seq = [[t for tag in tag_seq for t in tag] for tag_seq in self.tag_seq]
    # 将单词序列加上 BOS 和 EOS，并进行拼接操作
    self.word_seq = [['<BOS>'] + [w for word in word_seq for w in word]
                     + ['<EOS>'] for word_seq in words_seq]# 窗口统一切分
```

为直观理解 init_sequence 和 initialize 方法的作用，使用 CorpusProcess 类的对象调用 initialize 方法，观察语料初始化结果，如代码清单 2-30 所示。

代码清单 2-30　语料初始化方法调用示例

```python
corpus_process = CorpusProcess()
# 调用 initialize 方法初始化预处理后的语料
corpus_process.initialize()
# 输出 word_seq 和 tag_seq 的部分内容
print("word_seq:", corpus_process.word_seq[16369:16370])
print("tag_seq:", corpus_process.tag_seq[16369:16370])
```

运行代码清单2-30，输出语料初始化后的部分内容。

```
word_seq:[['<BOS>','新','华','社','北','京','1','月','2','4','日','电','中','国','围','棋','协',
'会','日','前','公','布','了','1','9','9','8','年','上','半','年','专','业','棋','手','的','最','新','
等','级','分',',','上','海','新','秀','常','昊','八','段','取','代','中','国','唯','一','的','世',
'界','冠','军','得','主','马','晓','春','九','段',',','在','积','分','榜','上','名','列','榜','首','。',
'排','位','前','1','0','名','的','棋','手','中',',','2','0','岁','左','右','的','年','轻','棋',
'手','占','了','半','数','席','位',';','张','璇','八','段','是','跻','身','前','1','0','名','的',
'唯','一','女','棋','手','。','<EOS>']]
tag_seq:[['B_ORG','I_ORG','I_ORG','B_LOC','I_LOC','B_T','I_T','I_T','I_T','I_T','O','B_
ORG','I_ORG','I_ORG','I_ORG','I_ORG','I_ORG','B_T','I_T','O','O','O','B_T','I_T','I_T','I_
T','I_T','I_T','I_T','I_T','O','O','O','O','O','O','O','O','O','O','O','B_LOC','I_LOC','O',
'O','B_PER','I_PER','O','O','O','O','B_LOC','I_LOC','O','O','O','O','O','O','O','O','B
_PER','I_PER','I_PER','O','O','O','O','O','O','O','O','O','O','O','O','O','O','O','O',
'O','O','O','O','O','O','O','O','O','O','O','O','O','O','O','O','O','O','O','O','O',
'O','B_PER','I_PER','O','O','O','O','O','O','O','O','O','O','O','O','O','O','O']]
```

可以看出，corpus_process.word_seq 和 corpus_process.tag_seq 的内容即语料初始化后的结果，可以用来进行后续的文本特征提取。注意，代码清单2-30仅作为示例讲解使用，并不属于本项目运行所需的代码。

4. 实现语料特征提取方法

（1）segment_by_window 方法

滑动窗口是一种常见的序列处理技术，它可以帮助捕捉序列中相邻元素之间的局部关系。segment_by_window 方法可以对给定的词语列表进行滑动窗口分割。

具体地，segment_by_window 方法的 words_list 参数是待处理的文本内容，它是 initialize 方法完成语料初始化后生成的 corpus_process.word_seq 字序列；window 参数是指定的窗口大小，用于确定每次处理的文本片段的长度。segment_by_window 方法通过遍历 words_list，以窗口大小为单位将文本内容分段，并将每个分段存储在一个列表中，最后返回这些分段的列表。

使用 segment_by_window 方法通过滑动窗口的方式对词序列进行切分，如代码清单2-31所示。

代码清单2-31 窗口切分

```python
def segment_by_window(self, words_list=None, window=3):
    # 初始化切分后的窗口列表
    words = []
    # 初始化窗口起始位置和结束位置
    begin, end = 0, window
    # 循环切分每一个窗口
    for _ in range(1, len(words_list)):
        # 如果结束位置超出了列表长度，那么跳出循环
        if end > len(words_list):
            break
        # 切分窗口并添加到窗口列表中
```

```
            words.append(words_list[begin: end])
            # 更新起始位置和结束位置
            begin = begin + 1
            end = end + 1
        return words
```

为直观理解 segment_by_window 方法的作用,使用 CorpusProcess 类的对象调用该方法,观察窗口切分结果,如代码清单 2-32 所示。

代码清单 2-32　窗口切分方法调用示例

```
corpus_process = CorpusProcess()
input_words_list = ['我', '爱', '自然', '语言', '处理']
window_size = 3
# 对词序列进行窗口切分
segmented_windows = corpus_process.segment_by_window(
    words_list=input_words_list, window=window_size)
print("切分后的窗口列表:", segmented_windows)
```

运行代码清单 2-32,得到切分后的窗口列表如下。

切分后的窗口列表:[['我', '爱', '自然'], ['爱', '自然', '语言'], ['自然', '语言', '处理']]

可以看出,原词序列被切分成了 3 个大小为 3 的文本分段,并存储在一个列表中。注意,代码清单 2-32 仅作为示例讲解使用,并不属于本项目运行所需的代码。

(2) extract_feature 和 generator 方法

在定义了 segment_by_window 方法后,可以使用 extract_feature 和 generator 方法进行语料特征提取,得到的特征数据可以直接用于训练 CRF 模型。

extract_feature 方法是用来从输入的词组列表中提取特征的。它接受一个词组列表作为输入,然后为每个词组提取特征,并将这些特征组成一个特征列表。这个方法的目的是将每个词组转换成特征表示,以便后续的 CRF 模型可以使用。提取的特征包括当前词语、前一个词语、后一个词语,以及一些组合特征,比如当前词与前一个词的组合、当前词与后一个词的组合等。

generator 方法则是用来生成 CRF 模型的输入数据的。它首先调用 segment_by_window 方法将输入的词列表按照指定的窗口大小切分成词组,然后调用 extract_feature 方法提取特征。最后,generator 方法返回的是特征列表和相应的标签序列,这些数据可以直接用于训练 CRF 模型。generator 方法返回提取到的特征和对应的标签序列。

定义 extract_feature 和 generator 方法进行语料文本特征提取,如代码清单 2-33 所示。

代码清单 2-33　语料文本特征提取方法

```
def extract_feature(self, word_grams):
    # 初始化特征集和单个特征
    features, feature_list = [], []
    # 对于每个句子,遍历其所有的字窗口
    for index in range(len(word_grams)):
```

```python
            for i in range(len(word_grams[index])):
                # 获取当前窗口的所有单词
                word_gram = word_grams[index][i]
                # 提取特征,这里使用了字窗口特征
                feature = {
                    'w-1': word_gram[0],
                    'w': word_gram[1],
                    'w+1': word_gram[2],
                    'w-1:w': word_gram[0] + word_gram[1],
                    'w:w+1': word_gram[1] + word_gram[2],
                    'bias': 1.0
                }
                # 将单个特征加入当前窗口的特征集中
                feature_list.append(feature)
            # 将当前窗口的特征集加入到整个句子的特征集中,并将特征集清空
            features.append(feature_list)
            feature_list = []
        return features

    def generator(self):
        # 将字序列切分成 N 元序列
        word_grams = [self.segment_by_window(word_list) for word_list in self.word_seq]
        # 提取 N 元序列的特征
        features = self.extract_feature(word_grams)
        # 返回特征和标签序列
        return features, self.tag_seq
```

为直观理解 extract_feature 和 generator 方法的作用,使用 CorpusProcess 类的对象调用 generator 方法,观察提取文本特征结果,如代码清单 2-34 所示。

代码清单 2-34　语料文本特征提取方法调用示例

```python
corpus_process = CorpusProcess()
corpus_process.initialize()
# 调用 generator 方法获取特征和标签数据
features, tag_seq = corpus_process.generator()
# 输出第 27 个样本的结果
sample_index = 26   # 第 27 个样本的索引为 26(Python 中的索引从 0 开始)
print("特征为:", features[sample_index])
print("标签为:", tag_seq[sample_index])
```

运行代码清单 2-34,输出提取到的文本特征和标签序列如下。

特征为:[{'w-1': '<BOS>', 'w': '北', 'w+1': '京', 'w-1:w': '<BOS>北', 'w:w+1': '北京', 'bias': 1.0}, {'w-1': '北', 'w': '京', 'w+1': '举', 'w-1:w': '北京', 'w:w+1': '京举', 'bias': 1.0}, {'w-1': '京', 'w': '举', 'w+1': '行', 'w-1:w': '京举', 'w:w+1': '举行', 'bias': 1.0}, {'w-1': '举', 'w': '行', 'w+1': '新', 'w-1:w': '举行', 'w:w+1': '行新', 'bias': 1.0}, {'w-1': '行', 'w': '新', 'w+1': '年', 'w-1:w': '行新', 'w:w+1': '新年', 'bias': 1.0}, {'w-1': '新', 'w': '年', 'w+1': '音', 'w-1:w': '新年', 'w:w+1': '年音',

```
'bias': 1.0}, {'w-1': '年', 'w': '音', 'w+1': '乐', 'w-1:w': '年音', 'w:w+1': '音乐', 'bias': 1.0}, {'w-
1': '音', 'w': '乐', 'w+1': '会', 'w-1:w': '音乐', 'w:w+1': '乐会', 'bias': 1.0}, {'w-1': '乐', 'w': '会',
'w+1': '<EOS>', 'w-1:w': '乐会', 'w:w+1': '会<EOS>', 'bias': 1.0}]
标签为：['B_LOC', 'I_LOC', 'O', 'O', 'B_T', 'I_T', 'O', 'O', 'O']
```

可以看出，提取的文本特征是一个列表，其中每个元素都是一个字典，表示一个词的特征。这些特征包括前一个词、当前词、后一个词、当前词与前一个词的组合、当前词与后一个词的组合以及偏置项；标签为一个列表，每个元素表示一个词的标签，标签使用了BIO标注体系。注意，代码清单2-34仅作为示例讲解使用，并不属于本项目运行所需的代码。

2.3.2 定义CRF_NER类

CRF_NER类主要用于命名实体识别（NER）任务，通过定义和初始化CRF模型参数、模型训练和模型预测功能，实现了一个完整的命名实体识别系统。

CRF_NER类包含的两个主要功能如下。

（1）模型训练

实现了一个train方法，用于训练CRF模型。在训练之前，先通过调用initialize_model方法来初始化CRF模型参数。然后，通过调用CorpusProcess类进行语料的预处理和初始化，生成训练数据。接着，划分训练集和测试集，使用训练集来训练模型，然后使用测试集评估模型效果。最后，保存训练好的模型到指定路径。

（2）模型预测

实现了一个predict方法，用于对输入的句子进行命名实体识别。首先加载已经训练好的模型；然后对输入句子进行预处理，并将其转换成特征表示；接着使用加载的模型对特征进行预测，得到命名实体的标记；最后，根据标记提取出命名实体并返回。

CRF_NER类的定义，如代码清单2-35所示。

代码清单2-35　CRF_NER类的定义

```python
class CRF_NER(object):
    # 初始化CRF模型参数
    def __init__(self):
        self.algorithm = 'lbfgs'        # 优化算法。选择lbfgs法求解该最优化问题，此外还有l2sgd、ap、
# pa、arow
        self.c1 = '0.1'                 # L1正则化系数
        self.c2 = '0.1'                 # L2正则化系数
        self.max_iterations = 100       # 最大迭代次数
        self.model_path = '../data/model.pkl'  # 模型的保存路径
        self.corpus = CorpusProcess()   # 实例化CorpusProcess类
        self.corpus.pre_process()       # 语料预处理
        self.corpus.initialize()        # 初始化语料
        self.model = None
    # 定义模型
    def initialize_model(self):
        algorithm = self.algorithm
        c1 = float(self.c1)
```

```python
        c2 = float(self.c2)
        max_iterations = int(self.max_iterations)
        self.model = sklearn_crfsuite.CRF(algorithm=algorithm, c1=c1, c2=c2,
                                         max_iterations=max_iterations,
                                         all_possible_transitions=True)    # 显示训练信息

    # 定义模型训练方法
    def train(self):
        self.initialize_model()                                             # 初始化模型
        # 生成训练集和测试集
        x, y = self.corpus.generator()
        x_train, y_train = x[500:], y[500:]
        x_test, y_test = x[:500], y[:500]
        # 模型训练
        self.model.fit(x_train, y_train)
        # 计算模型性能并输出
        labels = list(self.model.classes_)
        labels.remove('O')
        # 模型预测
        y_predict = self.model.predict(x_test)
        metrics.flat_f1_score(y_test, y_predict, average='weighted', labels=labels)
        sorted_labels = sorted(labels, key=lambda name: (name[1:], name[0]))
        # 输出详细分数报告,包括 precision(精确率)、recall(召回率)、f1-score(F1 值)、support
        # (个数),digits=3 代表保留 3 位小数
        print(metrics.flat_classification_report(
            y_test, y_predict, labels=sorted_labels, digits=3))
        # 保存模型
        joblib.dump(self.model, self.model_path)


    # 定义模型预测方法
    def predict(self, sentence):
        # 加载模型
        self.model = joblib.load(self.model_path)
        u_sent = self.corpus.q_to_b(sentence)
        word_lists = [['<BOS>'] + [c for c in u_sent] + ['<EOS>']]
        word_grams = [
            self.corpus.segment_by_window(word_list) for word_list in word_lists]
        features = self.corpus.extract_feature(word_grams)
        y_predict = self.model.predict(features)
        entity = ''
        for index in range(len(y_predict[0])):
            if y_predict[0][index] != 'O':
                if index > 0 and (
                        y_predict[0][index][-1] != y_predict[0][index - 1][-1]):
                    entity += ' '
                entity += u_sent[index]
            elif entity[-1] != ' ':
                entity += ' '
        return entity
```

2.3.3 模型训练与评估

实例化 CRF_NER 类的对象，调用 train 方法进行模型训练并查看模型的评估结果，如代码清单 2-36 所示。

代码清单 2-36　模型训练

```
ner = CRF_NER()
ner.train()
```

运行代码清单 2-36，输出模型的评估结果如下。

```
              precision    recall  f1-score   support

       B_LOC      0.941     0.913     0.927       682
       I_LOC      0.932     0.869     0.899       997
       B_ORG      0.944     0.827     0.882       266
       I_ORG      0.892     0.801     0.844      1203
       B_PER      0.985     0.918     0.951       440
       I_PER      0.983     0.939     0.961       824
         B_T      0.993     0.993     0.993       444
         I_T      0.995     0.995     0.995      1099

   micro avg      0.954     0.904     0.929      5955
   macro avg      0.958     0.907     0.931      5955
weighted avg      0.953     0.904     0.928      5955
```

可以看出，总训练样本 5955 个，大部分标签的模型性能指标良好，平均预测准确率为 0.954，平均召回率为 0.904，平均 F1 值为 0.929。

2.3.4 模型预测

以文本"2023 年 8 月 20 日，第十二届'中国软件杯'大学生软件设计大赛全国总决赛在江苏省南京市落幕。我校人工智能学院人工智能技术应用专业学生黄彪、袁兴宇、何亮组建的'星空队'在智能四足机器狗电力巡检系统开发赛项中勇夺全国二等奖。"为例，使用训练好的 CRF 模型进行命名实体的标注预测，如代码清单 2-37 所示。

代码清单 2-37　模型预测

```
sentence = '2023 年 8 月 20 日，第十二届"中国软件杯"大学生软件设计大赛全国总决赛在江苏省南京市落幕。我校人工智能学院人工智能技术应用专业学生黄彪、袁兴宇、何亮组建的"星空队"在智能四足机器狗电力巡检系统开发赛项中勇夺全国二等奖。'
output = ner.predict(sentence)
print(output)
```

运行代码清单 2-37，输出的命名实体识别结果如下。

2023 年 8 月 20 日 中国 江苏省 南京市 黄彪 袁兴宇 何亮

可以看出，模型正确地识别了文本中的时间、地名、人名，模型的命名实体识别效果较好。

2.4 项目小结

本项目深入探讨了基于条件随机场（CRF）模型的命名实体识别。本项目首先介绍了语料库的概念以及 NLTK 库的基本用法，为后续的文本处理做了铺垫；然后，介绍了中文分词、关键词提取和词性标注等基本技术，为命名实体识别任务提供了必要的预处理步骤和工具支持；接着，详细介绍了命名实体识别的方法和常用技术，包括基于规则、基于统计和基于机器学习的方法；最后，在项目实战中，重点讨论了基于 CRF 模型的命名实体识别。

2.5 知识拓展

对比隐马尔可夫模型（HMM），深入了解 CRF 模型的原理和算法，掌握其在序列标注任务中的应用，尝试基于 CRF 的其他序列标注任务，如词性标注等。

学习命名实体识别领域的最新研究进展和技术趋势，包括基于深度学习的命名实体识别模型，如基于循环神经网络（RNN）、长短期记忆网络（LSTM）、注意力机制（Attention）等的模型，并了解其在各类应用场景中的性能表现。

拓展了解不同语言的命名实体识别技术，探索多语言命名实体识别的方法，如英文、法文、德文等。

尝试应用命名实体识别技术解决实际问题，如信息抽取、知识图谱构建等领域的应用，并不断优化和改进模型以适应不同场景的需求。

2.6 习题

一、选择题

1. 下列关于分词说法正确的是（　　）。
   A. 分词是将文本划分成一个个单独的词语
   B. 分词是将文本划分成一个个单独的字
   C. 分词是将文本划分成一个个单独的句子
   D. 分词是将文本划分成一个个单独的段落

2. 下列哪项不属于 jieba 库支持的分词模式？（　　）
   A. 精确模式　　　　　　　　　B. 全模式
   C. 搜索引擎模式　　　　　　　D. AI 模式

3. 下列哪种语料库是按照同一时间点或时间段收集的语料组织的？（　　）
   A. 历时语料库　　　　　　　　B. 专用语料库
   C. 平衡结构语料库　　　　　　D. 共时语料库

4. NLTK 中哪个模块用于获取语料库？（　　）
   A. nltk.tokenize　　　　　　　B. nltk.corpus
   C. nltk.tag　　　　　　　　　D. nltk.classify

5. 在中文分词中，以下哪种方法是从待分词文本右侧开始进行分词的？（　　）
   A. 正向最大匹配法　　　　　　　B. 逆向最大匹配法
   C. 双向最大匹配法　　　　　　　D. 基于统计的分词方法
6. 在 N 元语言模型中，当 N=2 时，该模型称为（　　）。
   A. 一元语言模型　　　　　　　　B. 二元语言模型
   C. 三元语言模型　　　　　　　　D. 以上均不选
7. 下列哪个模型用于描述含有隐含未知参数的马尔可夫过程？（　　）
   A. N 元语言模型　　　　　　　　B. 隐马尔可夫模型
   C. 规则模型　　　　　　　　　　D. 朴素贝叶斯模型
8. 在 NLTK 中，以下哪个方法用于统计文本中单词的出现频率？（　　）
   A. nltk.collocations.BigramAssocMeasures
   B. nltk.Text
   C. nltk.FreqDist
   D. text.concordance
9. 【多选】词法分析的作用包括哪些？（　　）
   A. 分词　　　　　　　　　　　　B. 词性标注
   C. 图像处理　　　　　　　　　　D. 关键词提取
10. 【多选】语料库构建时需要遵循哪些原则？（　　）
    A. 代表性　　　　　　　　　　　B. 维护更新
    C. 规模越小越好　　　　　　　　D. 版权和隐私

二、操作题

1. 随着文学研究的深入，对经典文学名著的理解和分析变得越来越重要。通过对文学名著语料库的文本分析，可寻找有助于提高对文学作品理解的关键词汇。利用 jieba 库进行中文分词，有助于深入了解文学名著的主题和风格。针对包含多部文学名著的语料库文本 literature.txt 进行分析，具体要求如下。

   1）读取语料库。
   2）使用 jieba 库对语料库进行分词。
   3）统计语料库中每个词语出现的次数，并将词语按照出现次数从高到低排序。
   4）去除标点、数字，输出出现次数排在前 10 位的词语以及它们出现的次数。
   5）查询词频在指定区间内的词数量。

2. 随着在线社交平台的普及，大量用户在平台上分享观点和发表评论。通过对用户观点或评论的文本分析，识别关键词汇的词性，利用 jieba 库进行中文分词和词性标注，有助于深入了解用户的关注点和喜好。针对包含用户观点或评论的文本 comments.txt 进行分析，具体要求如下。

   1）进行数据读取。
   2）使用 jieba 库对文本进行分词。
   3）使用 jieba 库进行词性标注。
   4）统计各个词性的词语数量。
   5）输出各个词性及其对应的词语数量。

6）选择某个词性（如名词'n'），输出出现次数排在前 10 位的词语以及它们出现的次数。

3. 随着科学技术的快速发展，越来越多的研究者开始撰写并发表科研论文。通过对科研论文摘要的文本分析，使用 TF-IDF 算法提取科研论文摘要中的关键词，有助于更好地了解当前研究的热点和趋势。针对一篇科研论文的摘要文本 abstract.txt 进行分析，具体要求如下。

1）进行数据读取。
2）使用 jieba 库对文本进行分词。
3）使用 TF-IDF 算法提取关键词。
4）输出提取到的关键词及其权重。
5）绘制关键词词云图。

项目 3　实现机器学习的新闻内容分类

3.1 项目导入

句法分析建立在词法分析的基础之上，帮助理解句子的语法结构和含义，为文本向量化提供了基础。文本向量化将词语或文档表示为向量形式，使其能够应用于各种模型和算法中。文本分类和聚类任务通常依赖于文本向量化的结果，在模型训练和数据分析中利用文本的向量表示。词法分析和句法分析有助于更准确地表示文本特征，从而提升分类和聚类任务的性能。

本项目重点介绍文本处理中的一些进阶技术，包括句法分析、文本向量化、文本分类和聚类等。在项目实战中，基于机器学习的 SVM 模型实现一个新闻文本分类器。

知识目标

- 熟悉句法分析的相关概念及其分析流程。
- 了解文本向量化的概念及其常见方法。
- 掌握文本向量化的操作流程。
- 了解文本相似度计算的概念及其常见方法。
- 掌握文本相似度计算算法的操作步骤。
- 熟悉文本分类和聚类的概念与常见应用场景。
- 掌握文本分类和聚类算法的操作步骤。

能力目标

- 能够进行文本依存句法分析。
- 能够使用 Word2Vec 实现文本向量化。
- 能够实现论文文本相似度的计算。
- 能够实现垃圾短信分类。
- 能够进行游客目的地聚类分析。
- 能够实现基于机器学习的新闻文本分类。

素质目标

树立持续学习和自我提升的意识，了解和掌握新兴的深层次自然语言处理技术，保持对技术发展的敏感性和关注度。

3.2 知识链接

本节主要针对实现机器学习的新闻内容分类项目实战所需的基本知识进行介绍。

3.2.1 句法分析

句法分析（Parsing）是自然语言处理中的重要任务，也称为语法分析或句子分析，它是指对文本中的句子进行结构化分析，从而识别句子中的语法成分、依存关系和句法结构，帮助理解句子的语法结构和含义。这种分析可以用来展示词语之间的层级结构和依存关系，以便计算机做进一步的处理。句法分析在 NLP 领域广泛应用于问答系统、机器翻译、信息提取、语义分析等任务中。

1. 句法分析的方法

句法分析通常分为成分句法分析和依存句法分析两种，前者关注的是句子短语的层级关系，后者侧重关注句子词语之间的语法关系。

（1）成分句法分析

成分句法分析（Constituency Parsing，CON）又称为短语结构句法分析，可以识别出句子中的短语结构以及短语之间的层次句法关系，可以分为基于规则的方法和基于统计的方法。常用的标注集有 CTB 词性标注集（参见附录 B）等。

基于规则的方法，先构建专家规则，建立语法知识库，通过条件约束和检查来实现句法结构歧义的消除，存在语法规则覆盖面有限、系统迁移性差等缺点。基于统计的方法的本质是对候选树的概率评价，选择概率高的候选树作为最终结果。概率分布上下文无关语法（Probabilistic Context Free Grammar，PCFG）是目前研究最多的基于统计的句法分析方法之一。

以句子"大力弘扬劳模精神、劳动精神、工匠精神。"为例，短语结构树如图 3-1 所示。

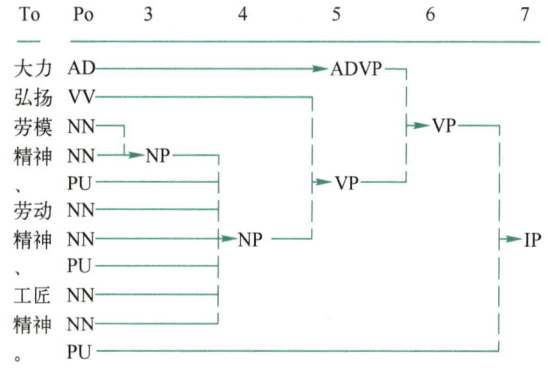

图 3-1 文本的短语结构树示例

图 3-1 所示的短语结构句法分析有助于我们理解句子的语法结构和句子成分之间的关系，从而更好地理解句子的含义。其中，句子的主干是一个 IP（简单句），即一个完整的句子结构，而每个节点都代表句子的一个组成部分，节点之间的关系用箭头表示。"大力"是副词短语（ADVP），表示强调的程度。"弘扬"是动词（VV），与顿号分隔的名词短语（NP）"劳模精神、劳动精神、工匠精神"，构成了动词短语（VP）结构。整体来看，句子表达了要大力弘扬劳模精神、劳动精神和工匠精神，其中各项精神之间是并列关系。

（2）依存句法分析

依存句法分析（Dependency Parsing，DEP） 是一种分析一个句子中单词与单词之间的语法关系的任务。

在依存句法分析中，每个词语都有一个与之关联的中心词，其他词语则作为中心词的依存成分，形成一个词语之间的依存关系树。这种分析方法能够揭示句子结构和语义之间的关系，有助于理解句子的语法结构和意义。常用的依存句法体系有 SDC 依存关系标注集（参见附录 C）等。

以句子"老师窗前有一盆米兰"为例，它的依存句法树如图 3-2 所示。

图 3-2 文本的依存句法树示例

图 3-2 所示的依存句法分析结果表明了句子中各个词语之间的依存关系，这样的树形结构有助于理解句子的结构和语义。其中，一个句子中所有词语的依存关系以有向边的形式表示，箭头由支配词（被修饰的词语）指向从属词（修饰词）。"老师"是"窗"的修饰词，表示两个词之间是一种复合名词关系。"前"修饰"窗"，表示位置关系。核心动词"有"是句子的虚拟根节点（root），不依存于其他词语。"米兰"是"有"的直接宾语，表示"有一盆米兰"。

2. 实例：文本依存句法分析

HanLP 是一款基于 Java 语言开发的自然语言处理工具包，提供了丰富的 NLP 功能，包括分词、词性标注、命名实体识别、依存句法分析、语义角色标注等。HanLP 以其高效、准确、稳定、易用的特点备受业内人士的好评，并成为中文 NLP 领域最受欢迎的开源工具之一。

HanLP 提供 RESTful（云端）和 native（本地）两种 API，分别面向轻量级和海量级两种场景。本实例选用适合敏捷开发的云端接口，对文本"老师窗前有一盆米兰"进行文本依存句法分析和展示，如代码清单 3-1 所示。

代码清单 3-1 文本依存句法分析和展示

```
from hanlp_restful import HanLPClient

# 创建客户端
HanLP = HanLPClient('https://www.hanlp.com/hanlp/v21/redirect', auth=None, language='zh')
# 指定执行依存句法分析
doc = HanLP.parse('老师窗前有一盆米兰', tasks='dep')
# 分析结果可视化
doc.pretty_print()
```

运行代码清单 3-1，得到文本依存句法分析结果的树形结构如图 3-3 所示。

由于服务器算力有限，因此匿名用户每分钟限两次接口调用。如果需要更多调用次数，则建议在 HanLP 官网（www.hanlp.com）注册成为用户，然后在个人中心完成个人认证以获得免费公益 API 密钥，并传入 HanLPClient 方法的 auth 参数中。

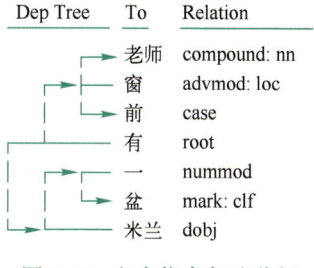

```
Dep Tree         To        Relation
    ┌──────→   老师      compound: nn
    │ ┌────→   窗        advmod: loc
    │ │ ┌──→   前        case
    │ │ │      有        root
    │ │ │ ┌→   一        nummod
    │ │ │ │→   盆        mark: clf
    │ │ │ │→   米兰      dobj
```

图 3-3　文本依存句法分析

3.2.2　文本向量化

文本向量化是自然语言处理中的重要步骤，它将文本转换为能够表达语义的数值向量，以便计算机可以利用各种算法来处理文本数据，从而完成各类自然语言处理任务。

1. 文本向量化的方法

文本向量化的方法根据映射方法的不同，可以分为离散表示和分布式表示，如图 3-4 所示。

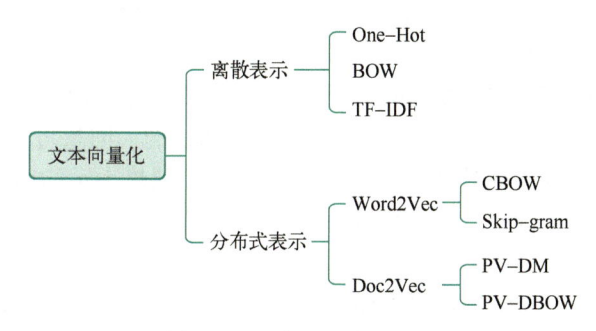

```
                    ┌─ One-Hot
        ┌─ 离散表示 ─┼─ BOW
        │          └─ TF-IDF
文本向量化 ┤
        │             ┌─ Word2Vec ─┬─ CBOW
        └─ 分布式表示 ─┤            └─ Skip-gram
                      └─ Doc2Vec ──┬─ PV-DM
                                   └─ PV-DBOW
```

图 3-4　文本向量化的方法

（1）离散表示

离散表示是一种基于规则和统计的向量化方式，常用的方法有词集（Set Of Word，SOW）模型和词袋（Bag Of Word，BOW）模型。这两类模型都以词之间保持独立性、没有关联为前提，将文本中所有的词形成一个词典，然后根据词典统计文本中词出现的情况。

文本向量化之离散表示

1）One-Hot 编码。

SOW 模型中的 One-Hot（独热）编码是一种常用的数据编码方法，它用一个长的向量表示一个词，向量长度为词典的大小。One-Hot 编码表示的向量中只有一个元素是 1（即"hot"），其余元素都是 0（即"cold"），并且值为 1 的这个元素位置对应于该词在词典中的索引位置。

例如，采用 One-Hot 编码对"我为你鼓掌""你为我鼓掌"和"大家相互鼓掌"向量化。首先将这三句话分词后构造出一个词典｛我，为，你，鼓掌，大家，相互｝，然后根据编码规则对词典中的每个词进行 One-Hot 编码，见表 3-1。

表3-1 词的One-Hot编码

词典中的词	One-Hot编码
我	[1,0,0,0,0,0]
为	[0,1,0,0,0,0]
你	[0,0,1,0,0,0]
鼓掌	[0,0,0,1,0,0]
大家	[0,0,0,0,1,0]
相互	[0,0,0,0,0,1]

最后，将构成每句话的词One-Hot编码相加，即可得到该句子的特征向量，完成文本向量化，见表3-2。

表3-2 文本向量化（One-Hot编码）

文本	向量
我为你鼓掌	[1,1,1,1,0,0]
你为我鼓掌	[1,1,1,1,0,0]
大家相互鼓掌	[0,0,0,1,1,1]

从上述例子可以看出，基于独热表示方法构造词向量的操作简单、直观，但通常不是一个好的选择，它有如下的明显缺点。

- 维度灾难。随着分析语料的增加，每个词的One-Hot编码维度变大，而且该向量非常稀疏（只有一个维度为1，其余为0），高维且稀疏的词向量将导致"维度灾难"。
- 无法保留语义。"我为你鼓掌"和"你为我鼓掌"独热表示的向量相同，没有保留词语在句子中的位置信息，无法通过计算文本相似度进而在语义上区分。

2）BOW模型。

BOW模型是指用一个向量表示文本序列。BOW模型忽略文档的词语顺序、语法、句法等要素，将文本序列看作若干个词的集合，且每个词都是相互独立的。BOW模型每个维度上的数值代表对应的词在句子里出现的频次。

BOW模型同样存在维度灾难和无法保留语义的问题。

3）TF-IDF表示。

TF-IDF表示是指用一个向量表示文本序列，它是在BOW模型的基础上对词出现的频次赋予TF-IDF权值，进而表示该词在文档集合中的重要程度。

（2）分布式表示

分布式表示将每个单词或者文档通过词嵌入（Word-Embedding）的方式表示为一个向量，而词嵌入把一个维数为所有词数的高维空间向量（One-Hot编码表示的词）嵌入一个维数低得多的连续向量空间中，每个单词或词组被映射为实数域上固定长度的稠密向量，该向量捕获了单词或文档的分布式语义信息。因此，分布式表示可以将文本中的语义信息编码到向量中，从而使得文本可以在向量空间中进行语义上的比较和操作。分布式表示考虑到了词间的语义关系，减小了词向量的维度，可以很好地解决离散表示存在的维度灾难和无法保留语义的问题。

常用的分布式表示方法有基于神经网络的Word2Vec和Doc2Vec。

1）Word2Vec。

Word2Vec（单词-向量模型） 是一种用于生成词语向量表示的模型，它可以将词语表示为一个固定长度的向量，其中每个维度捕获了词语的语义信息。Word2Vec 可以在百万数量级的字典和上亿数量级的数据集上进行高效的训练，而且 Word2Vec 得到的训练结果可以很好地度量词与词之间的相似性。通过训练 Word2Vec，可以将其参数（如隐藏层的权重矩阵）用于文本向量化处理。

Word2Vec 包括两种经典的训练模型：连续词袋（Continuous Bag Of Words，CBOW）模型和跳元（Skip-gram）模型。

① CBOW 模型。

CBOW 模型 的输入是某一个特定词上下文对应的 One-Hot 编码向量，而输出是这个特定词的概率分布，它是根据上下文预测中心词的。CBOW 模型的神经网络包含输入层、隐藏层和输出层，其工作方式如图 3-5 所示。

例如，在训练 CBOW 模型的过程中，训练语料库词语数量为 V。参与训练的一个句子为"我喜欢自然语言处理"，选定中心词为"自然"，"我""喜欢""语言"和"处理"为中心词的上下文，上下文词的个数为 C。此时，输入层的输入为上下文各词大小为 $1×V$ 的 One-Hot 编码向量，这些词向量分别乘以共享的大小为 $V×N$ 的权重矩阵 W，得到 C 个大小为 $1×N$ 的隐藏层输入向量。对隐藏层的输入向量求平均，得到一个大小为 $1×N$ 的隐藏层输出向量。再将隐藏层输出向量与大小为 $N×V$ 的权重矩阵 W^T 相乘，得到一个 $1×V$ 的向量。最后通过 Softmax 函数，将该向量转化为输出层的概率分布，并将其与实际中心词"自然"的 One-Hot 编码向量构成的交叉熵损失函数作为目标函数，训练神经网络权重 W 和 W^T。

训练得到的权重矩阵 W 即文本向量化的词嵌入矩阵。将词的 One-Hot 编码向量与 W 相乘，得到大小为 $1×N$ 的词向量。该词向量学习到了语料库中上下文的语义信息，并且由高维稀疏的词向量转化为低维稠密的向量。

② Skip-gram 模型。

Skip-gram 模型 与 CBOW 模型相反，它的输入是一个特定词对应的 One-Hot 编码向量，而输出是这个特定词上下文的概率分布，它是根据中心词预测上下文的。Skip-gram 模型的神经网络也包含输入层、隐藏层和输出层，其工作方式如图 3-6 所示。

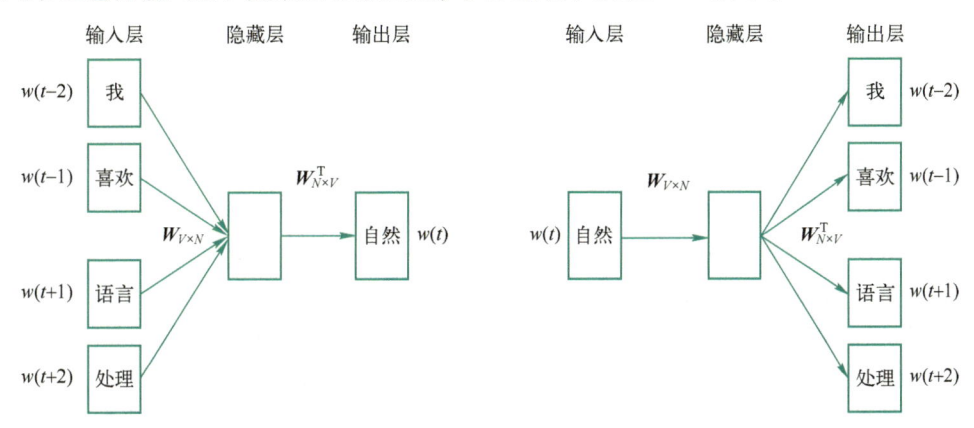

图 3-5　CBOW 模型工作方式

图 3-6　Skip-gram 模型工作方式

CBOW 模型和 Skip-gram 模型在算法上并无优劣之分。一般来说，CBOW 模型训练速度更快，常用词的精确性更高；Skip-gram 模型更适合小型语料库和生僻字的处理。

2）Doc2Vec。

为了得到句子或文章的向量表示，如果直接将 Word2Vec 表示的词向量取平均值，会忽略词语之间的顺序对语义的影响。因此，在 Word2Vec 的基础上提出了 Doc2Vec。

Doc2Vec（文档-向量模型）是一种用于生成段落向量表示的模型，它在训练过程中除了学习词嵌入矩阵以外，还学习了一个额外的段落矩阵，将段落表示为段落矩阵中一个固定长度的列向量，其中每个维度都捕获了段落的语义信息。

Doc2Vec 包括两种经典的训练模型：基于段向量的分布式内存（Distributed Memory of Paragraph Vector，PV-DM）模型和基于段向量的分布式词袋（Distributed Bag Of Words of Paragraph Vector，PV-DBOW）模型，这两种模型的设计思想分别类似于 Word2Vec 里的 CBOW 和 Skip-gram 模型。

① PV-DM 模型。

PV-DM 模型与 CBOW 模型类似，在给定上下文的前提下，试图预测目标词出现的概率分布，只不过前者的输入不仅包括上下文词向量，而且包括与词向量长度相同的段落编号（Paragraph ID，PID），其工作方式如图 3-7 所示。

PV-DM 模型在训练过程中，每次都会从段落中滑动采样固定个数的词，取其中一个词作为预测词，其他词作为输入词。输入词对应的 One-Hot 编码通过词嵌入矩阵 W 映射为词向量，PID 通过段落矩阵 D 映射为段落向量，它们均作为输入层的输入，并在隐藏层中相加求平均值或者连接构成一个新的向量。使用与 CBOW 模型相同的训练方式，通过预测本次窗口内的预测词，进行模型参数（段落矩阵 D）的训练。PID 在同一个段落的若干次训练中保持不变，使得预测段落内的词概率时共享的是同一个段落向量，即都利用了该段落的语义。

图 3-7 PV-DM 模型工作方式

对新的段落进行向量化时，在段落矩阵 D 中添加新的列（即分配新的 PID），词嵌入矩阵 W 等参数保持不变，利用上述方法对模型进行重新训练，待误差收敛后即可得到新的段落矩阵，从而得到该段落的向量表达。

② PV-DBOW 模型。

PV-DBOW 模型与 Skip-gram 模型只给定一个词语预测上下文概率分布类似，其工作方式如图 3-8 所示。PV-DBOW 模型的输入只有 PID，在每次训练迭代的时候，从段落中采样得到一个窗口，再从这个窗口中随机采样一个词作为预测任务并让模型去预测，进而训练模型，得到段落矩阵 D。

图 3-8 PV-DBOW 模型工作方式

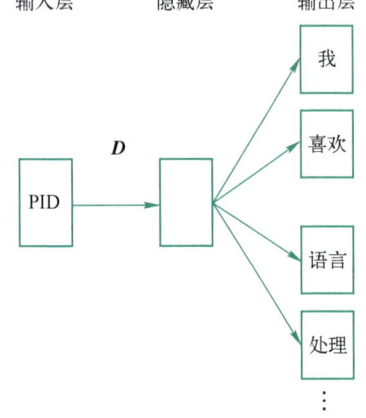

相比于 Word2Vec，Doc2Vec 不仅可提取文本的语义信息，还可以提取文本的语序信息。

2. 文本相似度计算

常用的文本相似度计算方法有余弦相似度、欧氏距离、编辑距离等。

余弦相似度是一种衡量两个向量之间相似度的方法，它衡量了两个向量之间的夹角的余弦值，范围为[−1，1]，值越接近 1 表示越相似，值越接近−1 表示越不相似，值为 0 表示两个向量之间没有相似性。

余弦相似度的计算公式如下式所示。

$$\cos\theta = \frac{A \cdot B}{\|A\| \cdot \|B\|} = \frac{\sum_{i=1}^{n}(A_i \cdot B_i)}{\sqrt{\sum_{i=1}^{n}A_i^2}\sqrt{\sum_{i=1}^{n}B_i^2}}$$

式中，A、B 分别是两段文本对应的 n 维向量，$\|\cdot\|$ 代表向量的欧氏范数（Norm）。

余弦相似度的计算方法使得它可以在高维空间中有效地衡量向量之间的相似度，而不受向量长度的影响。因此，余弦相似度常被用于计算文本之间的相似度，尤其是在自然语言处理领域中常用于文本分类、文档检索和推荐系统中。

3. 实例：计算文本相似度

Gensim 是一款开源的第三方 Python 工具包，用于从原始非结构化的文本中无监督地学习到文本隐藏层的主题向量表达。它支持 TF-IDF、LSA、LDA 和 Word2Vec 等多种主题模型算法。可以使用 Gensim 包训练 Word2Vec 模型，将文本向量化后进行文本相似度的计算。

（1）训练 Word2Vec 模型

使用 Gensim 包训练 Word2Vec 模型的过程如代码清单 3-2 所示。

代码清单 3-2　训练 Word2Vec 模型

```
import numpy as np
import gensim
from gensim.models import Word2Vec
from gensim.models.word2vec import LineSentence

# 导入训练语料库
corpus = open('../data/case02/word2vec_train_words.txt', 'r', encoding='utf-8')
# 训练 Word2Vec
model = Word2Vec(sentences=LineSentence(corpus), sg=0, vector_size=512, window=10, min_count=1, workers=9)
```

在代码清单 3-2 中，使用到 gensim.models 中的 Word2Vec 函数训练词向量，其中 Word2Vec 函数的参数说明见表 3-3。

表 3-3　Word2Vec 函数的参数说明

参数名称	参数说明
sentences	表示训练模型的文本数据。可以是一个 list，对于大语料集，建议使用 BrownCorpus、Text8Corpus 或 LineSentence 构建
sg	训练算法的选择，0 表示使用 CBOW 算法，而 1 表示使用 Skip-gram 算法。默认值为 0
vector_size	词向量的维度，较大的 size 值可以提高模型的准确性，但也可能导致更长的训练时间和更多的内存占用。默认值为 100
window	滑动窗口的大小，即当前词与预测词在一个句子中的最大距离，较大的窗口值可以捕捉到更远的词汇关系。默认值为 5
min_count	词频阈值，忽略词频小于此值的单词。该参数可以过滤掉偶尔出现的单词。默认值为 5
workers	并行计算时的线程数。默认值为 3

（2）文本向量化

将文本数据转化为数字向量形式，以便进行进一步的数据分析。文本向量化过程如代码清单 3-3 所示。

代码清单 3-3　文本向量化

```
text1 = '中国'
text2 = '北京'
text3 = '华盛顿'
v1 = model.wv[text1]
v2 = model.wv[text2]
v3 = model.wv[text3]

# 查看 text1 的向量化结果
print('文本"中国"的 Word2Vec 向量：\n', v1)
```

运行代码清单 3-3，得到的文本词向量如下。

```
文本"中国"的 Word2Vec 向量：
[-0.018129    0.04685803 -0.05198836  0.00152793  0.06340312  0.03289583
 -0.03529189  0.08794139  0.04372762  0.04395557 -0.01201346 -0.014867
  …          …          …           …           …          …
 -0.02041341 -0.0102681  -0.02634365  0.05599598  0.02691623  0.02988985
 -0.00467658 -0.00018748 -0.04057679  0.01159416  0.08769834  0.00443136]
```

（3）文本相似度计算

定义余弦相似度算法，计算并输出文本余弦相似度计算结果，如代码清单 3-4 所示。

代码清单 3-4　计算相似度

```
# 定义余弦相似度算法
def cosine_similarity(vector1, vector2):
    dot_product = np.dot(vector1, vector2)
    norm1 = np.linalg.norm(vector1)
    norm2 = np.linalg.norm(vector2)
```

```
        return dot_product / (norm1 * norm2)

# 计算并输出文本相似度计算结果
sim1 = cosine_similarity(v1, v2)
sim2 = cosine_similarity(v1, v3)
print('"中国"和"北京"的余弦相似度为：', sim1)
print('"中国"和"华盛顿"的余弦相似度为：', sim2)
```

运行代码清单3-4，得到文本余弦相似度。从运行结果可以看出，文本相似度结合了训练语料库的语义信息，计算出不同文本间的相似程度。

```
"中国"和"北京"的余弦相似度为：0.93015844
"中国"和"华盛顿"的余弦相似度为：0.25624087
```

3.2.3 文本分类与聚类

人们获取的信息很大一部分是以文本形式存在的，如互联网数据、书籍等。尤其是信息技术高速发展的今天，海量文本数据通过各种途径不断产生，这些数据中蕴含着大量有用的信息。使用文本挖掘（Text Mining）技术从文本数据中获取高质量的结构化信息愈发受到人们的重视。典型的文本挖掘任务包括文本分类、文本聚类、情感分析、信息抽取、文档摘要等。

1. 文本分类

分类算法是机器学习中的一种监督学习算法，它需要有标记的数据进行训练，然后通过学习得到的模型对新数据进行分类。分类算法的目标是将数据点划分为预定义的类别之一。它通过学习数据的特征与标签之间的关系来建立模型，并利用该模型对未知数据进行分类。

文本分类（Text Classification）是一种监督学习任务，每个训练文本样本都有一个已知的标签或类别，其目标是将文本样本分配到预定义的类别中。文本分类的典型应用包括垃圾邮件过滤、情感分析、新闻分类、文本主题识别等。在文本分类任务中，将训练一个分类器来自动地预测文本的类别，使其能够对新的未见过的文本进行分类。

文本分类方法一般分为基于知识工程的分类方法和基于机器学习的分类方法。基于知识工程的分类方法是指通过专家经验，依靠人工提取规则进行分类。基于机器学习的分类方法是指通过计算机自主学习、提取规则进行分类。最早应用于文本分类的机器学习方法是朴素贝叶斯算法，之后几乎所有重要的机器学习算法都在文本分类领域得到了应用，如支持向量机算法、深度学习模型、决策树算法和K近邻算法等。

（1）朴素贝叶斯算法

朴素贝叶斯（Naive Bayes）是一种基于贝叶斯定理和特征条件独立假设的分类算法。它假设特征之间是条件独立的，即每个特征对类别的贡献是独立的。在文本分类中，朴素贝叶斯通常用于处理词袋模型的文本特征。

朴素贝叶斯的常用变体有以下三类。

- **伯努利朴素贝叶斯**。适用于样本特征符合伯努利分布（只有 0 和 1 两种数值）的数据集。
- **高斯朴素贝叶斯**。适用于样本特征为连续数值类型且符合高斯（正态）分布的数据集。
- **多项式朴素贝叶斯**。适用于样本特征符合多项式分布（不仅 0、1 两个数值，而是更多）的数据集。

在给定的样本数据中，伯努利朴素贝叶斯、高斯朴素贝叶斯、多项式朴素贝叶斯算法给出的决策边界如图 3-9 所示。

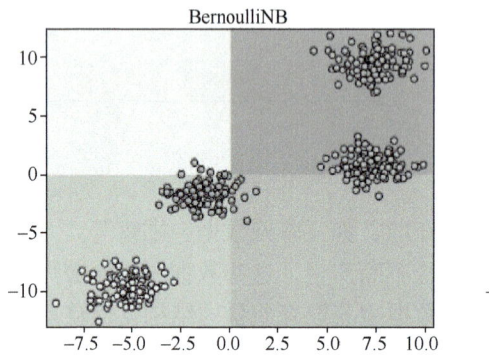

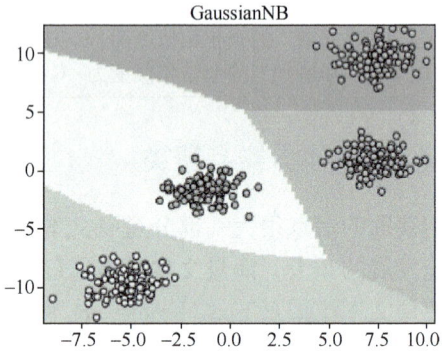

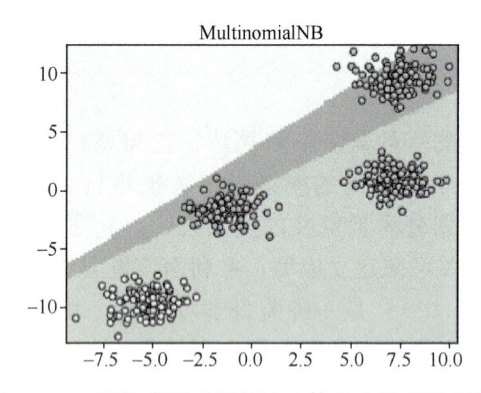

图 3-9 三种朴素贝叶斯算法变体的决策边界示例

朴素贝叶斯算法的优点包括算法简单、分类效果稳定，模型参数较少，对缺失数据不敏感，适用于小规模数据的训练；缺点包括算法前提假设属性之间相互独立，而实际中往往难以成立，当属性多或者属性之间相关性较大时，分类效果不好，并且对输入数据的表达形式很敏感。

（2）支持向量机算法

支持向量机（Support Vector Machine，SVM） 是一种监督学习算法，通过在特征空间中找到一个最优的超平面将不同类别的数据最大限度地分开，以此实现分类。SVM 通常使用文本特征的 TF-IDF 表示来构建模型。

支持向量机分为线性支持向量机和内核化支持向量机两种变体。线性支持向量机适用于处理线性可分问题，决策边界是一个线性函数；内核化支持向量机通过使用核函数处理非线性可分问题，将数据映射到更高维的空间后，在该空间中寻找线性可分的超平面。

内核化支持向量机常用的核函数包括线性核函数（Linear Kernel）、径向基核函数（RBF Kernel）、多项式核函数（Polynomial Kernel）等。在给定的样本数据中，上述不同核函数的支持向量机算法给出的决策边界如图3-10所示。

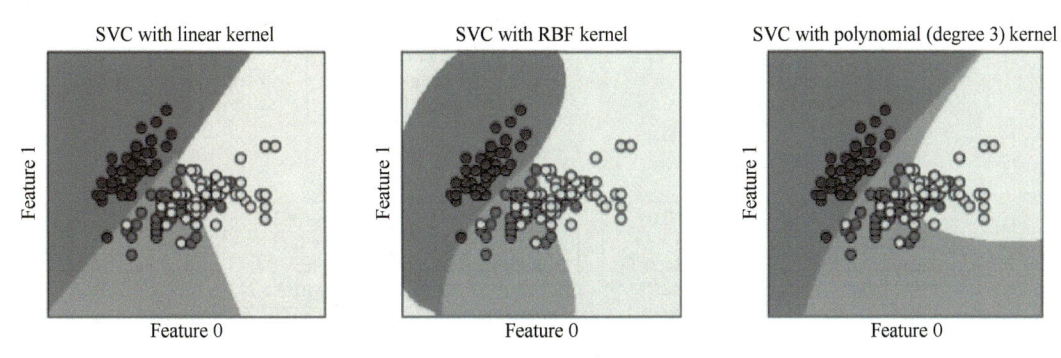

图3-10 三种核函数的支持向量机的决策边界示例

支持向量机算法的优点包括可用于小样本数据学习且具有较高的泛化能力，可用于高维数据的计算以解决非线性问题，同时可以避免神经网络结构选择和局部极小点问题；缺点包括对于大规模数据集和高维稀疏数据集训练时间较长，对于参数调整和核函数的选择较为敏感。

（3）深度学习模型

深度学习模型是一种模仿生物神经系统进行信息处理的计算模型，在文本分类任务中也取得了很好的效果。卷积神经网络和循环神经网络等深度学习模型可以直接处理文本序列数据，利用其局部特征和上下文信息进行分类。

深度学习模型的优点包括具有很强的表达能力，可以自动学习到数据的复杂特征，对于大规模数据集和复杂任务具有很好的性能；缺点包括训练时间可能较长，需要较多的计算资源，同时模型较为复杂，不易解释。

基于深度学习的文本分类任务，在本书的项目4中有进一步的说明。

（4）决策树算法

决策树（Decision Tree）是一种基于树结构的分类模型，通过在特征空间中划分出一系列的决策节点来实现分类。在文本分类中，决策树可以直接使用词袋模型的文本特征。

决策树通过递归地分割数据集，根据特征值划分数据，直至叶节点为止。叶节点表示一个类别（分类任务）或一个值（回归任务）。决策树分类过程如图3-11所示。

决策树的层数是指树的深度，即从根节点到叶节点的最长路径的长度。决策树的层数取决于数据集的复杂度、特征的数量和质量，以及模型的参数设置等因素。随着决策树的层数的加深，模型对训练数据的拟合程度可能会增加，但也容易导致过拟合。因此，在构建决策树模型时，需要根据实际情况进行适当的调整。

在给定的样本数据中，不同层数（max_depth分别为1、3、10时）的决策树算法给出的决策边界如图3-12所示。

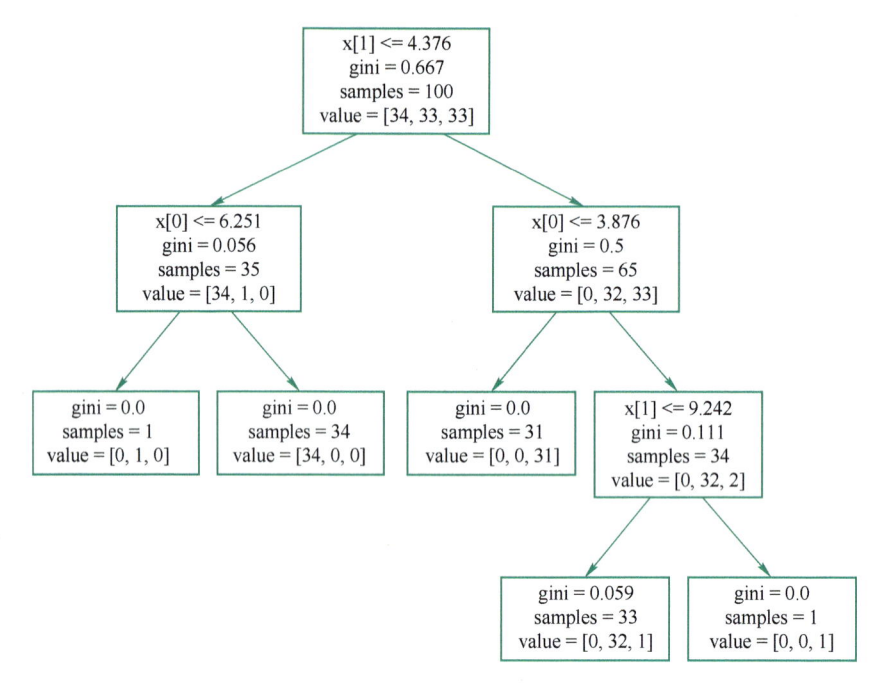

图 3-11 决策树分类过程

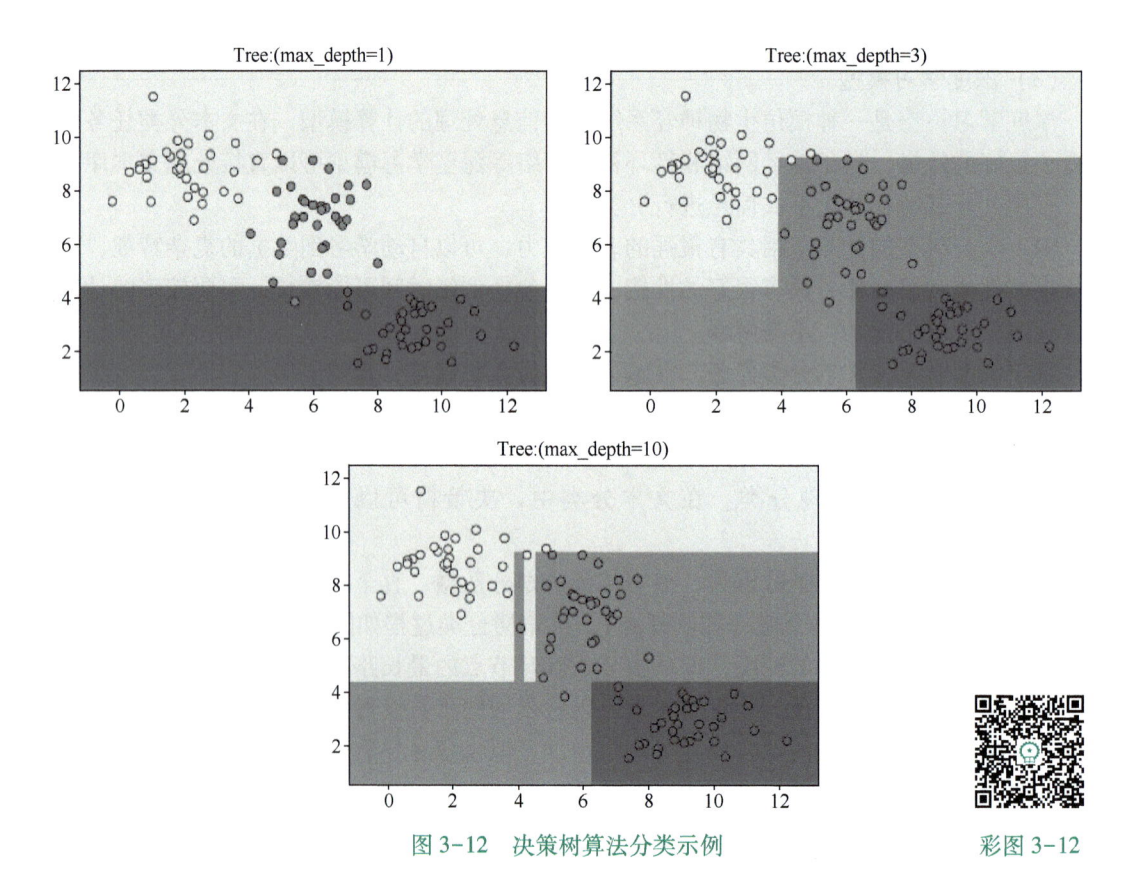

图 3-12 决策树算法分类示例

彩图 3-12

可见，在 max_depth = 1 时，模型对样本数据出现了欠拟合现象，而在 max_depth = 10 时，模型对样本数据出现了过拟合现象。

决策树算法的优点包括易于理解，逻辑表达式生成较简单，数据预处理要求低，能够处理不相关的特征；缺点包括易出现过拟合，易忽略数据集属性的相关性。

针对决策树容易过拟合问题，可以选择从样本中随机抽取一部分来训练第一棵决策树，再抽取另外一部分样本训练第二棵决策树，以此类推。最后将若干决策树预测的结果进行"多数表决"或者"取均值"，以此来避免单棵决策树过于"武断"的问题，这就是随机森林。

（5）K 近邻算法

K 近邻（K-Nearest Neighbors，KNN）算法是一种基于实例的监督学习方法，适用于分类和回归任务。在文本分类中，KNN 的基本思想是通过计算待分类文本与训练集中的文本之间的相似度，然后选择最靠近的 K 个邻居（即最相似的 K 个样本），通过这些近邻样本的标签进行投票或加权投票来确定待分类文本的类别。KNN 算法也可以用于回归，当使用 K 最近邻回归计算某个数据点的预测值时，模型会选择最靠近该数据点的若干个训练集中的点，并将它们的标签值取平均，然后将该均值作为预测值。KNN 算法用于分类和回归任务，如图 3-13 所示。

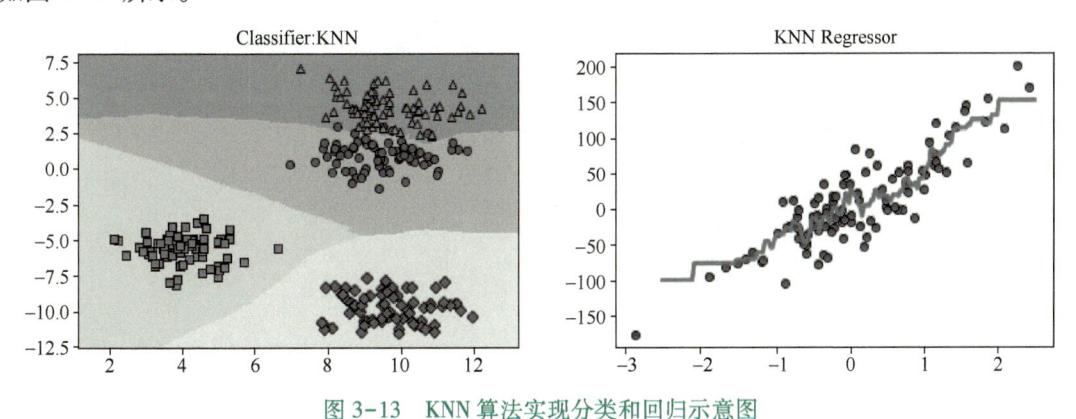

图 3-13 KNN 算法实现分类和回归示意图

2. 实例：垃圾短信分类

垃圾短信是指未经用户同意向用户发送的或用户不能根据自己的意愿拒绝接收的短信息。垃圾短信经常会影响人们的正常生活，如伪基站可以向周围数平方千米内的成千上万部手机发送垃圾短信。

通过本实例，可以实现一个有效的垃圾短信分类器，对短信文本内容进行分类，判断出应当给予拦截的垃圾短信。实现该分类器的主要流程包括数据预处理、特征提取、模型训练、模型评估和模型预测。

（1）文本预处理

文本预处理过程需要加载并预处理垃圾短信分类数据集。垃圾短信分类数据集的第一列为分类标签（"0"代表非垃圾短信，"1"代表垃圾短信），第二列为短信文本内容，其中的敏感信息已用统一字符"x"替换，因此需要去除后再进行数据集文本内容的分词和去除停用词。在采用 jieba 分词的过程中，加载自定义词典可以避免过度分词。

垃圾短信分类数据集"message10W.txt"、停用词表"stop_words.txt"以及自定义词典"mydic.txt"均存储于项目的 data/case03 文件目录中。文本预处理代码如代码清单 3-5 所示。

代码清单 3-5　文本预处理

```python
import pandas as pd
import jieba

# 加载停用词表并去重
with open('../data/case03/stop_words.txt', 'r') as f:
    stop_words = [line.strip() for line in f.readlines()]

# 加载数据集
# 读取文本文件，使用制表符分隔，没有表头，指定列名为 label 和 content
data = pd.read_table('../data/case03/message10W.txt',sep='\t',header=None,names=['label', 'content'])
print("文本预处理前的部分数据集内容：\n",data[10:15])

# 定义文本预处理方法
def pre_process(text):
    # 去掉特定字符'x'
    text = text.replace('x', '')
    # 加载自定义词典
    jieba.load_userdict('../data/case03/mydic.txt')
    # 对文本进行分词，并去除停用词
    words = [word for word in list(jieba.cut(text))
             if word not in stop_words]
    # 返回预处理后的文本，词语之间用空格分隔
    return ' '.join(words)

# 对数据集进行文本预处理
data['content'] = data['content'].apply(pre_process)
print("文本预处理后的部分数据集内容：\n",data[10:15])
```

运行代码清单 3-5，得到的文本预处理前后的部分数据集内容对比如下。

```
文本预处理前的部分数据集内容：
    label                                            content
10    0                    乌兰察布丰镇市法院成立爱心救助基金
11    1    （长期诚信在本市作各类资格职称(以及印/章、牌、……等。祥：xxxxxxx...
12    1    《侬林美容》三．八．女人节倾情大放送活动开始啦!!!! 超值套餐等你拿，活动时间 x
月 x 日-x 月...
13    0                                    品牌墙/文化墙设计参考
14    0                   苏州和无锡两地警方成功破获了一起劫持女车主的案件
文本预处理后的部分数据集内容：
    label                                            content
10    0                    乌兰察布丰镇市法院成立爱心救助基金
11    1    长期诚信本市作各类资格职称印章牌祥                         ...
```

12	1	依林美容三．八．女人节倾情大放送活动超值套餐等你拿活动时间月…
13	0	品牌墙文化墙设计参考
14	0	苏州无锡两地警方成功破获一起劫持女车主案件

（2）特征提取

特征提取通过 TfidfVectorizer 将文本转换为 TF-IDF 特征矩阵，这种表示方法能够捕捉文本中的重要信息。特征提取代码如代码清单 3-6 所示。

代码清单 3-6　特征提取

```python
from sklearn.feature_extraction.text import TfidfVectorizer

# 提取特征
vectorizer = TfidfVectorizer()                    # 初始化 TF-IDF 向量化器
X = vectorizer.fit_transform(data['content'])     # 对文本数据进行向量化处理，生成 TF-IDF 特征矩阵
y = data['label']                                 # 获取文本标签

print("文本向量化为：\n", X)
```

运行代码清单 3-6，得到文本向量化的结果，部分结果展示如下。

```
文本向量化为：
<Compressed Sparse Row sparse matrix of dtype 'float64'
 with 1189821 stored elements and shape (104005, 129531)>
  Coords        Values
  (0, 40257)    0.39866832825309895
  (0, 95990)    0.41278146435403257
  (0, 100012)   0.39866832825309895
  ……
  (104004, 32479)   0.26713184588689104
  (104004, 46910)   0.25181258960839004
  (104004, 112795)  0.2985105229531459
```

（3）模型训练

模型训练需要先将数据划分为训练集和测试集，使用多项式朴素贝叶斯分类器（MultinomialNB）进行训练，从而生成一个能够对新数据进行分类的模型。模型训练代码如代码清单 3-7 所示。

代码清单 3-7　模型训练

```python
from sklearn.model_selection import train_test_split
from sklearn.naive_bayes import MultinomialNB

# 划分数据集
X_train, X_test, y_train, y_test = train_test_split(X, y, test_size=0.2, random_state=42)

# 训练模型
# 构建先验概率为多项式分布的贝叶斯分类模型
```

```
clf = MultinomialNB(alpha=0.1,class_prior=None,fit_prior=True)
clf.fit(X_train, y_train)
```

MultinomialNB 是一种朴素贝叶斯分类器，适用于离散特征的分类问题（如文本分类）。它是基于贝叶斯定理的一种分类方法，假设特征之间相互独立，在处理文本分类问题时，特征通常是单词的出现频率。MultinomialNB 方法的参数说明见表 3-4。

表 3-4 MultinomialNB 方法的参数说明

参数名称	参数说明
alpha	模型估计的惩罚系数，用于控制模型的复杂度。alpha 参数值越大，对模型的复杂度的惩罚越大，模型会倾向于更加简单，通常取值在 0~1 之间。默认值为 1.0
class_prior	类的先验概率，若指定，则不根据数据自动计算先验概率。默认值为 None
fit_prior	是否学习类的先验概率。默认值为 True

（4）模型评估

模型评估是指通过预测测试集数据并计算模型的准确率、分类报告和混淆矩阵，对模型的性能进行评估。模型评估代码如代码清单 3-8 所示。

代码清单 3-8　模型评估

```
from sklearn.metrics import confusion_matrix,classification_report
import matplotlib.pyplot as plt
import seaborn as sns

# 预测测试集的标签
y_pred = clf.predict(X_test)

# 模型评估
print("Classification Report:\n",classification_report(y_test, y_pred))

# 绘制混淆矩阵
conf_matrix = confusion_matrix(y_test, y_pred)
plt.figure(figsize=(5, 3))
sns.heatmap(conf_matrix, annot=True, fmt='d', cmap='Blues')
plt.ylabel('Actual')
plt.xlabel('Predicted')
plt.title('Confusion Matrix')
plt.show()
```

运行代码清单 3-8，得到的模型评估的分类报告如下，混淆矩阵如图 3-14 所示。

```
Classification Report:
              precision    recall  f1-score   support

           0       0.98      0.95      0.97     10600
           1       0.95      0.98      0.97     10201
```

accuracy			0.97	20801
macro avg	0.97	0.97	0.97	20801
weighted avg	0.97	0.97	0.97	20801

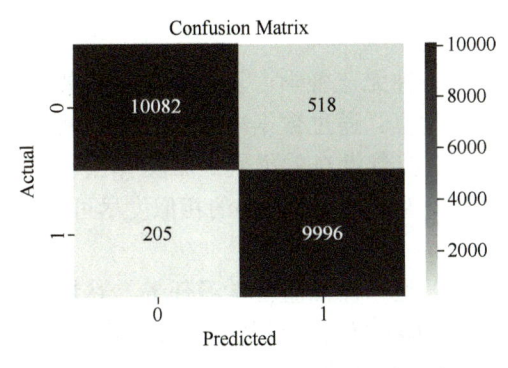

图 3-14　垃圾短信分类模型混淆矩阵

可以看出，对于类别"0"（非垃圾短信）和类别"1"（垃圾短信），模型的精确率和召回率都很高，F1 值为 0.97，表示模型在这两个类别上的表现都非常好。类别"0"（非垃圾短信）中，518 个样本被错误预测为类别 1；类别"1"（垃圾短信）中，205 个样本被错误预测为类别 0，总体上模型的分类错误率较低，正确分类率较高。因此，垃圾短信分类模型在基于测试集的分类任务中表现较好。

（5）模型预测

使用模型对指定短信文本内容进行推理预测。模型预测代码如代码清单 3-9 所示。

代码清单 3-9　模型预测

```
# 定义模型预测方法
def predict_text(text):
    # 对指定文本进行预处理
    processed_text = pre_process(text)
    # 将预处理后的文本转换为特征向量
    text_vector = vectorizer.transform([processed_text])
    # 使用训练好的模型进行预测
    prediction = clf.predict(text_vector)
    return prediction[0]

# 进行短信文本分类预测
text1 = "请大家今天下午到礼堂参加毕业典礼。"
prediction1 = predict_text(text1)
print(f"短信文本'{text1}'的预测分类是：{'垃圾短信' if prediction1 == 1 else '非垃圾短信'}")

text2 = "新老用户登录注册即送豪礼，戳 xxxx 验证码 xxxx 当日生效！"
prediction2 = predict_text(text2)
print(f"短信文本'{text2}'的预测分类是：{'垃圾短信' if prediction2 == 1 else '非垃圾短信'}")
```

运行代码清单 3-9，得到的模型预测结果如下。

> 短信文本 '请大家今天下午到礼堂参加毕业典礼。' 的预测分类是：非垃圾短信
> 短信文本 '新老用户登录注册即送豪礼,戳 xxxx 验证码 xxxx 当日生效！' 的预测分类是：垃圾短信

可以看出，垃圾短信分类模型能够很好地区分出垃圾短信内容。

3. 文本聚类

聚类算法是机器学习中的一种无监督学习算法，它不需要对数据进行标记，也不需要训练过程，通过数据内在的相似性将数据点划分为多个子集（簇），对应着潜在的类别。聚类算法将相似度高的样本聚为一类，并且期望同类样本之间的相似度尽可能高，不同类别之间的样本相似度尽可能低。

文本聚类（Text Clustering）是一种无监督学习任务，其目标是将文本样本分成相似的组或簇，而不需要事先知道每个样本的标签或类别。文本聚类的典型应用包括文本归档、信息检索、搜索引擎结果聚类等。在文本聚类任务中，通过计算文本样本之间的相似度，然后使用聚类算法将相似的文本分组成簇，从而揭示文本数据的结构和模式。

文本聚类是将文本数据根据它们的语义或内容相似度划分为不同的类别或群组的任务。传统的文本聚类算法使用 TF-IDF 技术对文本进行向量化后，使用 K-Means 等聚类手段对文本进行聚类处理。文本向量化表示和聚类是提升文本聚类精度的重要环节，选择恰当的文本向量化表示方法和聚类算法成为文本聚类的关键。

经典的聚类算法有 K 均值算法、DBSCAN 算法等。

（1）K 均值算法

K 均值算法（K-means clustering algorithm，K-Means）是典型的基于划分的聚类算法，它接受一个未标记的数据集，并将每个数据划分到其最近距离均值的类中，两个样本的距离越近，其相似度就越大。

通过 K 均值算法实现聚类的具体步骤如下。

1）初始化。随机选择 K 个数据点作为初始的簇中心点。

2）分配。对于每个数据点，计算其与各个簇中心点的距离，并将其分配到距离最近的簇中心点所代表的簇中。

3）更新簇中心。对于每个簇，重新计算其中心点，通常采用簇内数据点的均值作为新的中心点。

4）迭代。重复步骤2）和步骤3），直到簇中心点不再发生变化或达到预先指定的迭代次数为止。

K 均值算法通常会收敛到局部最优解，但对于初始中心点的选择较为敏感，因此可以多次随机初始化并选择最优的结果。此外，K 均值算法的聚类结果可能会受到初始值、簇数 K 的选择以及数据集的分布等因素的影响。

在给定的样本数据中，K 均值算法给出的聚类结果如图 3-15 所示，其中红色五角星为聚类后的簇中心。

K 均值算法的优点包括简单易理解、计算速度快等，但也存在一些缺点，如对初始值敏感、对异常值和噪声敏感等。因此，在应用 K 均值算法时，需要根据具体情况进行参数调整和结果验证。

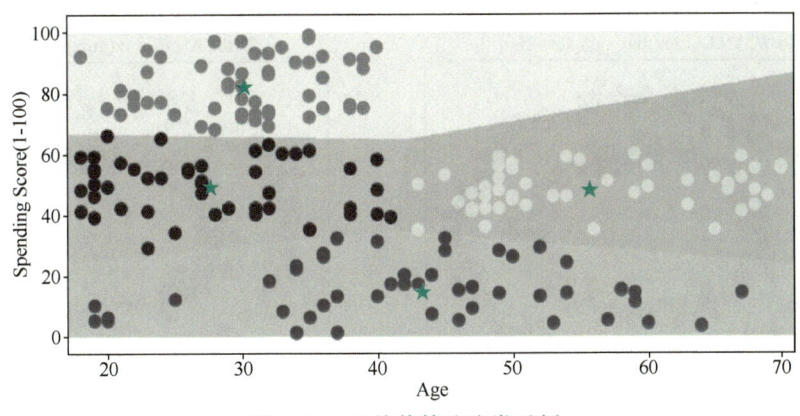

图 3-15 K 均值算法聚类示例

（2）DBSCAN 算法

基于密度的有噪声应用空间聚类（Density-Based Spatial Clustering of Applications with Noise，DBSCAN）算法是一种典型的基于密度的聚类算法，它的基本思想是通过密度来定义聚类，即在给定半径 ε（距离阈值）内包含超过 MinPts（密度阈值）数量的点的区域构成一个聚类。相较于 K 均值等基于距离的聚类算法，DBSCAN 算法更适用于发现具有不规则形状和变化密度的簇。该算法采用空间索引技术来搜索对象的领域，引入了"核心对象"和"密度可达"等概念。

通过 DBSCAN 算法实现聚类的具体步骤如下。

1）初始化参数：选择合适的 MinPts 和 ε 参数值。

2）标记核心对象：对于每个数据点，计算其 ε 邻域内的数据点数量，如果大于等于 MinPts，则将其标记为核心对象。

3）划分簇类：根据核心对象之间的密度可达关系，将数据点划分为簇。

4）标记噪声：将不能被划分为任何簇的数据点标记为噪声点。

通过调整 ε 和 MinPts 参数，可以影响 DBSCAN 算法的聚类结果。较大的 ε 值会导致更多的点被归为同一个簇，而较小的 MinPts 值会导致更多的核心对象，从而产生更多的簇。

在给定的样本数据中，DBSCAN 算法给出的聚类结果如图 3-16 所示。

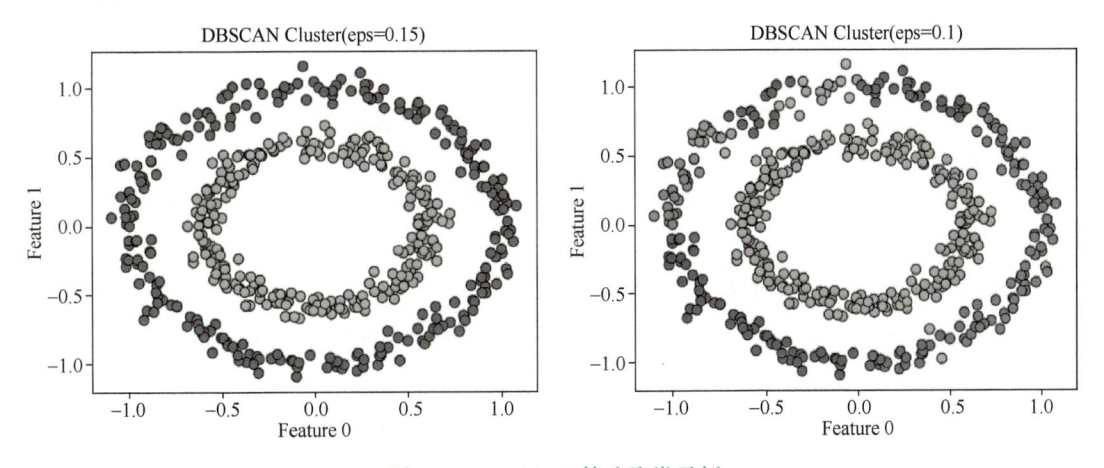

彩图 3-16

图 3-16 DBSCAN 算法聚类示例

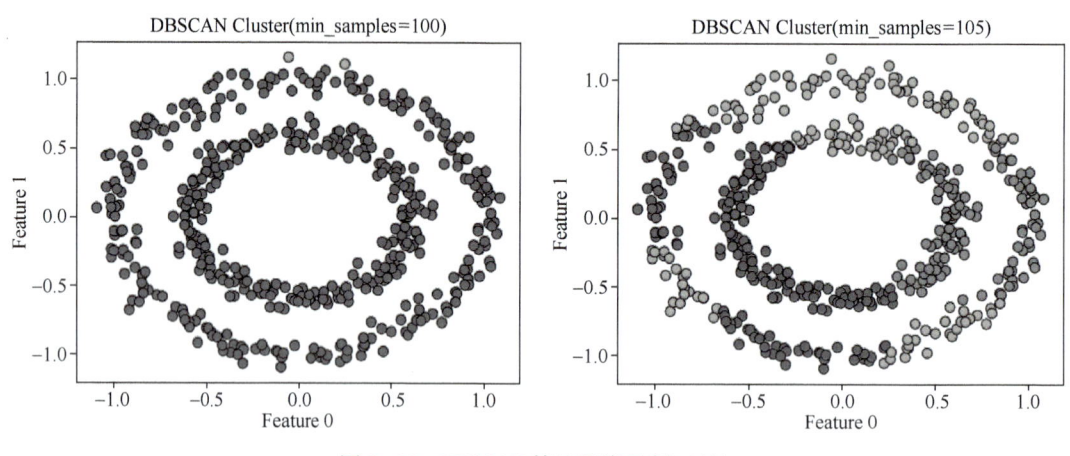

图 3-16　DBSCAN 算法聚类示例（续）

DBSCAN 算法的优点包括对噪声和离群点的鲁棒性较强、能够发现任意形状的簇等；缺点包括对非密集的数据聚类效果不佳、对 ε 和 MinPts 参数的调整较为敏感等。

4. 文本分类或聚类的步骤

利用算法进行文本分类或聚类，一般包含数据准备、特征提取、模型选择与训练、模型测试、模型融合等步骤，如图 3-17 所示。

数据准备 → 特征提取 → 模型选择与训练 → 模型测试 → 模型融合

图 3-17　文本分类或聚类的步骤

文本分类或聚类步骤如下。

1）数据准备。文本数据一般是非结构化数据，这些数据或多或少会存在数据缺失、数据异常、数据格式不规范等情况，这时需要对其进行预处理，包括数据清洗、数据转换、数据标准化、缺失值和异常值处理等。

2）特征提取。特征提取是文本分类或聚类前的步骤之一，有几种经典的特征提取方法，分别是 CBOW、TF、TF-IDF、N-gram 和 Word2Vec。

3）模型选择与训练。对处理好的数据进行分析，选择适合用于训练的模型。

4）模型测试。通过测试数据可以对模型进行验证，分析产生误差的原因，包括数据来源、特征、算法等。寻找在测试数据中的错误样本，发现特征或规律，从而找到提升算法性能、减少误差的方法。

5）模型融合。同时训练多个模型，综合考虑不同模型的结果，再根据一定的方法集成模型，以得到更好的结果。

5. 实例：食客评论文本聚类

餐饮业在国民经济中的地位和作用越来越明显，已成为对社会经济和人民生活具有较强影响力的重要行业。餐饮业也需要在 AI 时代的风口浪尖上有所革新和突破。相比以往餐饮业通过人工统计和分析的方法制定服务改进的策略，使用人工智能算法对食客评价数据进行分析，是当今更高效可行的方法。

本任务基于 DBSCAN 算法对食客评价数据进行文本聚类，能够很好地发现平台和商铺隐藏的问题或商机，是一种很好的归因改进和决策辅助的方法。

（1）查看数据集

数据集内数据来自于某餐饮平台中各商铺的食客评价，对其进行导入和查看，如代码清单 3-10 所示。

代码清单 3-10　查看数据集

```
from sklearn.feature_extraction.text import TfidfVectorizer
import pandas as pd
import os
import jieba

# 设置工作空间与读取数据
train = pd.read_csv('../data/case04/comments.csv')
# 查看数据集部分内容
train.tail()
```

运行代码清单 3-10，输出如下的数据集部分内容。

	comment
9995	有小蟑螂，太不卫生了
9996	不太好吃　没以前好吃
9997	这是我们聚餐的首选啊，价钱实惠服务也很好！环境也还可以，地方也很好找！
9998	菜品味道很不错就是有冷的，服务态度很好，酒很棒
9999	汤很浓，凉菜味道好，鸡量足，服务也可以

可以看到数据集有 1 万个样本，这些样本数据只有评论内容，没有标签。如果对如此庞大的评论数据进行人工分类分析，则必然效率低下且主观性强，分析质量得不到保证，对于隐匿其中的信息更是难以挖掘。因此，可采用聚类算法实现评论文本聚类，通过自动划分类别的方式高效地进行文本挖掘。

（2）文本向量化

任务中的向量化采用了 TF-IDF 算法。ngram_range 参数用于指定要考虑的 N 元语言范围，如(1,3)表示考虑 1~3 元语法，这意味着在生成文档-词项矩阵时，除了单个词项以外，还会考虑将相邻的多个词项作为一个整体，这样做的好处是考虑了相邻词项的组合，可以捕捉更丰富的语义信息。max_features 这个参数指定了向量化后的文本特征的最大数量。如果语料库中的特征数量超过了指定的 max_features，Vectorizer 将根据特征的权重进行排序并选择排名靠前的特征，从而保留最重要的特征。

使用 jieba 库对数据集进行分词，并将文本转换成向量，如代码清单 3-11 所示。

代码清单 3-11　文本向量化

```
import jieba
from sklearn.feature_extraction.text import TfidfVectorizer

# 分词
```

```
data = train['comment'].apply(lambda x:' '.join(jieba.lcut(x)))

# 文本向量化
vectorizer_word = TfidfVectorizer(max_features=800000,
                                  token_pattern=r"(?u)\b\w+\b",
                                  min_df=5,
                                  analyzer='word',
                                  ngram_range=(1,3)    # N 元语言模型
                                  )
vectorizer_word = vectorizer_word.fit(data)
tfidf_matrix = vectorizer_word.transform(data)
# 查看词典的大小
len(vectorizer_word.vocabulary_)
```

运行代码清单 3-11，输出内容如下。

```
8895
```

由此可知，向量化后的文本特征（维度）为 8895 个。

（3）文本聚类

有了词向量，便可以进行聚类算法的实现。对于 DBSCAN 主要的两个参数，通过参数的调整，可以获得不同的聚类效果。

1）eps 参数，即距离阈值。定义了邻域的半径，即在距离小于等于 eps 的范围内被认为是邻居。增大 eps 会增加簇的大小，因为更多的点将会被视为邻居，从而可能导致更少的簇被发现；减小 eps 则会减小簇的大小，因为只有更密集的点才会被视为邻居，可能导致更多的簇被发现。

2）min_samples 参数，即密度阈值。它定义了一个核心点所需的邻居数量，即在 eps 半径内至少有 min_samples 个点的邻域才能形成一个簇。增大 min_samples 将使得更多的点被认为是噪声点，即那些没有足够邻居的点，从而产生更小的簇；减小 min_samples 将使得更多的点被认为是核心点，从而产生更多的大簇。

使用 DBSCAN 进行文本聚类的代码，如代码清单 3-12 所示。

代码清单 3-12　文本聚类

```
from sklearn.cluster import DBSCAN

# 设置 pandas 最大可展示的行数
pd.set_option('display.max_rows', 1000)
# 初始化 DBSCAN 类对象并进行聚类
clustering = DBSCAN(eps=0.95, min_samples=4).fit(tfidf_matrix)
# 统计聚类生成的簇个数
r1=len(pd.Series(clustering.labels_).value_counts())
# 统计各簇中的样本数
r2=pd.Series(clustering.labels_).value_counts()
```

```
print("聚类生成的簇个数:",r1)
print("各簇中的样本数:\n",r2)
```

运行代码清单3-12,输出内容如下。

```
聚类生成的簇个数:114
各簇中的样本数:
-1         8773
0          164
10         61
3          58
5          47
...
105        4
85         4
74         4
100        4
107        3
38         3
27         3
Name: count, dtype: int64
```

由此可知,DBSCAN 算法将样本数据分成了 114 个簇,每簇中包含若干个划分的样本点。

(4)结果分析及可视化

在完成聚类后,最重要的是通过聚类的具体内容进行文本信息的挖掘。通过相应的簇编号查看簇内样本的评价内容,如代码清单3-13所示。

代码清单3-13 聚类结果分析

```
# 传入簇标签
train['labels_'] = clustering.labels_
# 查看相应编号的簇,输出簇内样本的评价内容
for i in train[train['labels_']==74]['comment']:
    print(i)
```

运行代码清单3-13,输出内容如下。

```
筷子都没有  怎么吃  味道也不好
什么吗筷子都没有  我晕
吃饭连筷子都没有
筷子都没有,怎么吃啊,手抓稀饭????
```

由此可知,相关商铺在餐饮外卖方面可能忽略了提供筷子,导致出现相应的负面评价。通过各簇聚类结果的分析,可以挖掘出很多有价值的信息,如评价集中指向某一个商家,代表着较为可靠的评价意见,对餐饮服务的改进很有意义。同时,还可以发现潜在的同行攻击、恶意评价,指导平台的管理者有针对地介入处理。

评价文本经过向量化,转换成数千维度的高维向量,这是无法直接通过作图呈现的。可

以基于奇异值分解（SVD）技术，将高维数据降低到较低维度的空间。这种技术可以在数据中发现潜在的模式和结构，并且生成新的特征表示，从而在保留尽可能多的信息的同时，将数据降低到较低的维度，使得图形化展示聚类结果成为可能。

使用 TruncatedSVD 降维并将聚类结果可视化的过程，如代码清单 3-14 所示。

代码清单 3-14　降维及聚类结果可视化

```python
import matplotlib.pyplot as plt
import seaborn as sns
from sklearn.decomposition import TruncatedSVD

# 将特征表示进行降维，以便可视化
tfidf_matrix_reduced = TruncatedSVD(n_components=9, random_state=42).fit_transform(tfidf_matrix)

# 创建一个散点图，不同簇用不同颜色表示
fig, axs = plt.subplots(3, 3, figsize=(12, 12))
axs = axs.flatten()

for i in range(9):
    # 绘制散点图
    sns.scatterplot(x=tfidf_matrix_reduced[:, i], y=tfidf_matrix_reduced[:, (i + 1) % 9], hue=tfidf_matrix_reduced[:, (i + 1) % 9], palette="viridis", ax=axs[i], s=50, alpha=0.8)
    axs[i].set_xlabel(f'Feature {i}')
    axs[i].set_ylabel(f'Feature {(i + 1) % 9}')
    axs[i].legend()

plt.tight_layout()
plt.show()
```

运行代码清单 3-14，输出内容如图 3-18 所示。

彩图 3-18

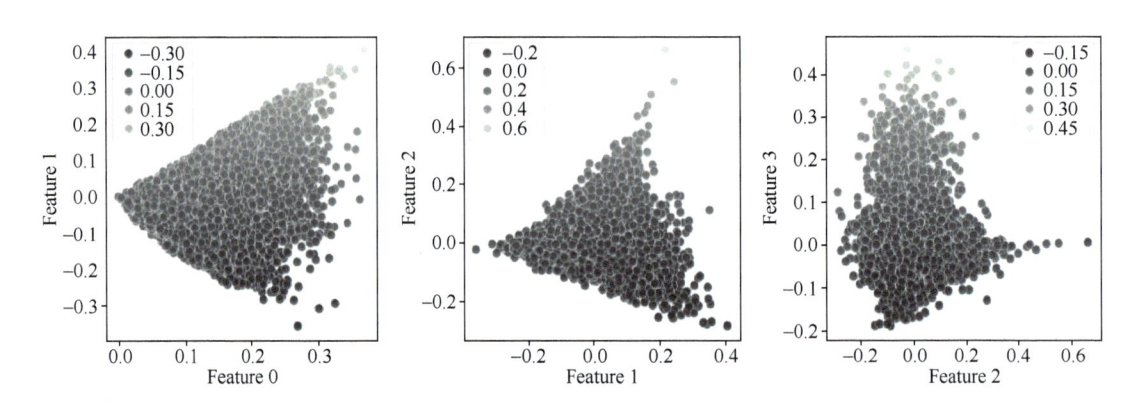

图 3-18　文本聚类结果可视化

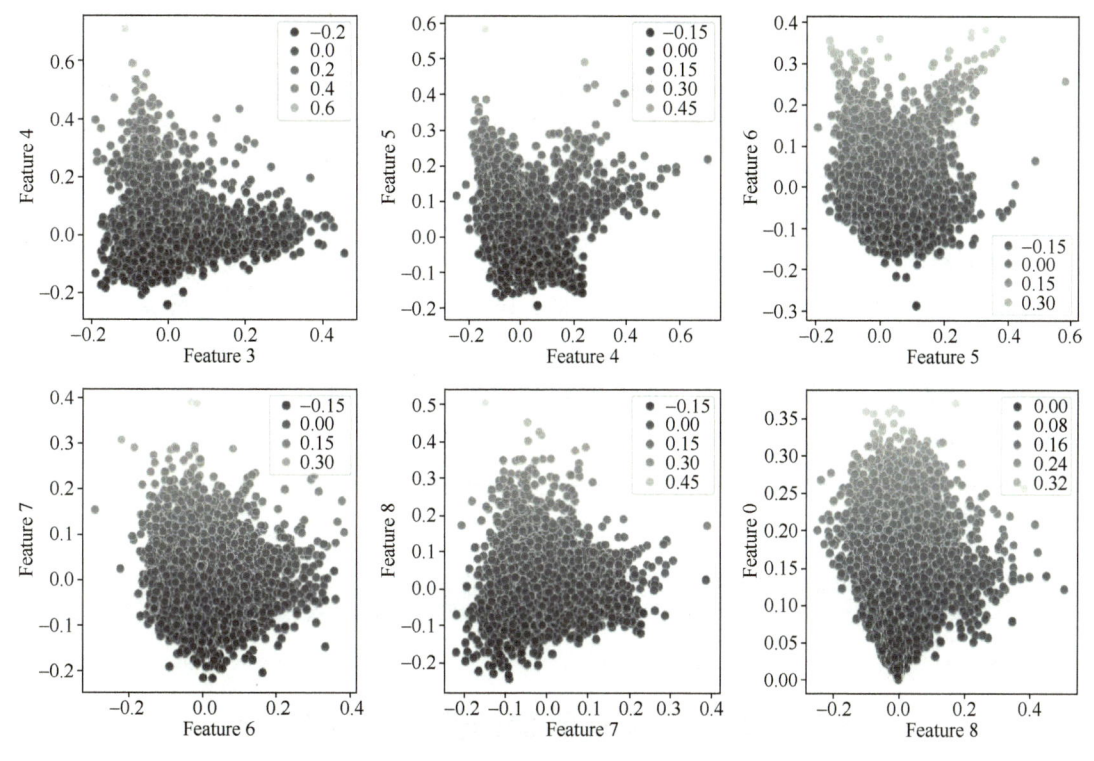

图 3-18　文本聚类结果可视化（续）

代码清单 3-14 将评价文本向量化后的样本数据降低至 9 个维度，每两个维度便可构成平面作图的水平轴和垂直轴，因此可以生成 9 张不同维度组合下的可视化聚类结果。

3.3　项目实战

新闻文本内容分类技术是从预定义的新闻类目集合中，通过有监督分类模型，从源文本中提取出代表该文本的相关特征，最终自动将其划分到该主题标签下，达到新闻有序归类的目的。使用支持向量机（SVM）模型进行新闻文本内容分类是一种常见且有效的方法。

本节针对实现机器学习的新闻文本内容分类开展项目实战。本项目基于机器学习的 SVM 模型实现一个新闻文本内容分类器，将新闻文本自动分类至预定义的新闻类别中。

本项目中文本分类的基本流程如下。

1）准备数据集。爬取新闻文本数据并对数据进行清洗、预处理，构建数据集。
2）模型训练。基于 SVM 算法构建并训练模型。
3）模型评估。通过模型准确率和混淆矩阵等标准对模型进行评估。
4）模型预测。使用得到的模型对测试集进行预测。

3.3.1 准备数据集

人民网（People's Daily Online），创办于1997年1月1日，是世界十大报纸之一《人民日报》建设的以新闻为主的大型网上信息发布平台，也是互联网上最大的中文和多语种新闻网站之一。作为国家重点新闻网站，人民网以新闻报道的权威性、及时性、多样性和评论性为特色，在网民中树立起了"权威媒体、大众网站"的形象。

1. 爬取新闻文本

人民网教育频道（edu.people.com.cn）是人民网下属的一个专门报道教育领域新闻的频道，主要包含滚动、原创、思政、高考、留学、婴幼儿、中小学、大学、职业教育9个新闻栏目，如图3-19所示。

图3-19 人民网教育频道首页

本项目使用Python的Requests、BeautifulSoup等库工具爬取该网站的新闻文本作为数据集。构造的数据集主要包括栏目名称、新闻标题、发布时间、链接地址、新闻正文等字段，这些字段内容的获取方式需要通过分析网站源代码，查看网页标签间的层级结构而获知。

在教育频道首页打开浏览器的"开发者工具"（快捷键〈Ctrl+Shift+I〉），单击其中的Elements选项卡查看页面源代码，可以看到在标签body之下，<div class="pd_nav w1000 white mt15">的a标签中有各个新闻栏目的名称和链接地址，如图3-20所示。

查看各新闻栏目页面源代码，可以看到在标签body之下，<div class="w1000 ej_content mt30">→<div class="fl w655">→<"div class="ej_list_box clear">→ul→li标签中有当前页面下各新闻的链接地址、标题名称和发布时间，如图3-21所示。

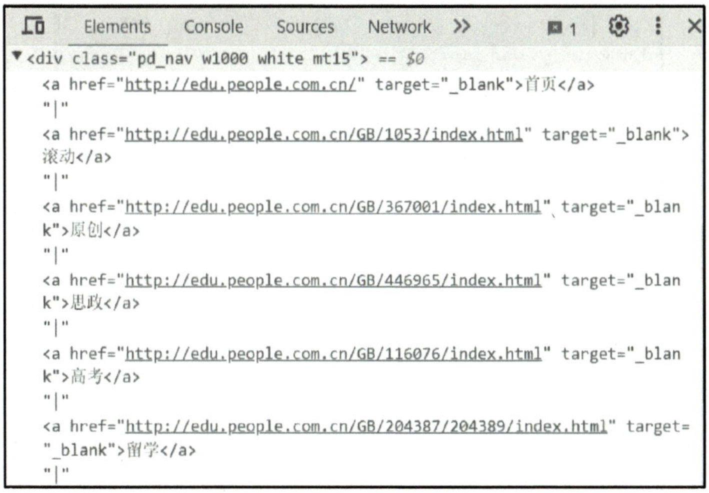

```
    Elements  Console  Sources  Network  >>    🗨1  ⚙  :  ✕
▼<div class="pd_nav w1000 white mt15"> == $0
    <a href="http://edu.people.com.cn/" target="_blank">首页</a>
    "|"
    <a href="http://edu.people.com.cn/GB/1053/index.html" target="_blank">
    滚动</a>
    "|"
    <a href="http://edu.people.com.cn/GB/367001/index.html" target="_blan
    k">原创</a>
    "|"
    <a href="http://edu.people.com.cn/GB/446965/index.html" target="_blan
    k">思政</a>
    "|"
    <a href="http://edu.people.com.cn/GB/116076/index.html" target="_blan
    k">高考</a>
    "|"
    <a href="http://edu.people.com.cn/GB/204387/204389/index.html" target=
    "_blank">留学</a>
    "|"
```

图 3-20　教育频道首页源代码

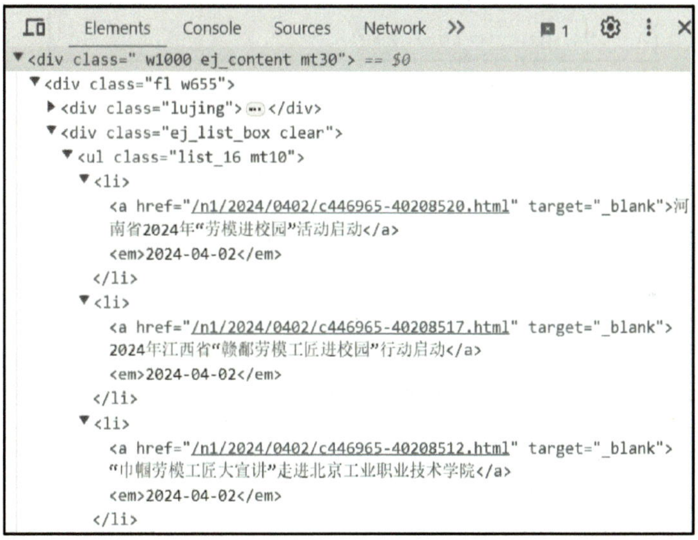

```
    Elements  Console  Sources  Network  >>    🗨1  ⚙  :  ✕
▼<div class=" w1000 ej_content mt30"> == $0
  ▼<div class="f1 w655">
    ▶<div class="lujing">…</div>
    ▼<div class="ej_list_box clear">
      ▼<ul class="list_16 mt10">
        ▼<li>
            <a href="/n1/2024/0402/c446965-40208520.html" target="_blank">河
            南省2024年"劳模进校园"活动启动</a>
            <em>2024-04-02</em>
          </li>
        ▼<li>
            <a href="/n1/2024/0402/c446965-40208517.html" target="_blank">
            2024年江西省"赣鄱劳模工匠进校园"行动启动</a>
            <em>2024-04-02</em>
          </li>
        ▼<li>
            <a href="/n1/2024/0402/c446965-40208512.html" target="_blank">
            "巾帼劳模工匠大宣讲"走进北京工业职业技术学院</a>
            <em>2024-04-02</em>
          </li>
```

图 3-21　新闻栏目页面源代码

同栏目下的新闻可能是多页的，第 1 页链接地址以 index.html 结尾，第 2 页以 index2.html 结尾，第 3 页以 index3.html 结尾，以此类推。

查看各新闻页面源代码，可以看到在标签 body 之下，<div class="layout rm_txt cf">→<div class="col col-1 f1">→<div class="rm_txt_con cf">→p 标签中有各新闻的正文内容，如图 3-22 所示。

通过上述的分析，了解到数据集各字段的内容来源，进而可以实现数据爬取的代码。

接下来，实现一个简单的新闻爬虫，即从人民网教育频道获取并整理新闻数据。为确保相关网站页面链接能正常访问，使用 Requests 库向人民网教育频道发送一个 GET 请求，并输出 HTTP 响应的状态码，如代码清单 3-15 所示。

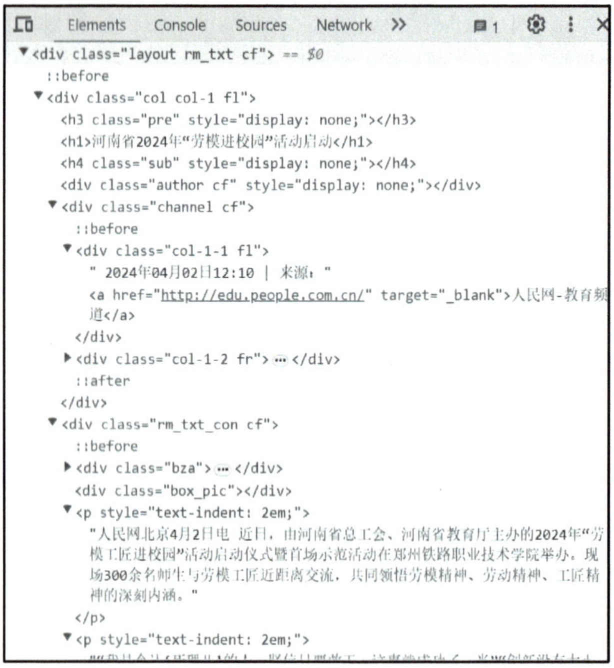

图 3-22　新闻页面源代码

代码清单 3-15　查看网页请求状态码

```
import requests

# 发送请求
url = 'http://edu.people.com.cn/'
headers = {
        'accept': 'text/html,application/xhtml+xml,application/xml;q=0.9,image/webp,image/apng,*/*;q=0.8',
        'user-agent': 'Mozilla/5.0 (Windows NT 10.0; WOW64) AppleWebKit/537.36 (KHTML, like Gecko) Chrome/68.0.3440.106 Safari/537.36',
    }

rq = requests.get(url=url, headers=headers)
rq.encoding='gbk'

# 判断请求是否成功
print("请求的 HTTP 状态码为：",rq.status_code)
```

运行代码清单 3-15，输出请求的 HTTP 状态码，状态码为 200 代表请求成功。常见的状态码及其含义如下。

- 状态码 200：表示请求成功。服务器成功返回网页内容。
- 状态码 404：表示请求的页面不存在。服务器找不到请求的资源。
- 状态码 500：表示服务器内部错误。服务器在处理请求时遇到了错误。

```
请求的 HTTP 状态码为：200
```

定义爬取的信息，包括新闻栏目的名称、新闻标题、发布时间等，使用BeautifulSoup解析并提取网页内容，最终将这些数据存储到一个Pandas DataFrame中，如代码清单3-16所示。

代码清单3-16　定义爬取的信息

```python
from bs4 import BeautifulSoup
import pandas as pd

# 获取教育频道下各栏目的名称、链接，分别用数组name_column、link_column存放
soup = BeautifulSoup(rq.text,'html.parser')
# 栏目名称
name_column = [i.text for i in soup.select('body > div.pd_nav.w1000.white.mt15 > a')]
# 栏目链接
link_column = [i.get('href') for i in soup.select('body > div.pd_nav.w1000.white.mt15 > a')]
# 提取子栏目信息
data_column = pd.DataFrame({'栏目名字':name_column,'栏目链接':link_column})
# 批量提取各栏目数据
data = pd.DataFrame()           # 初始化新闻数据集
# 爬取各栏目新闻内容
for i in range(1,len(data_column)):
    name_column = data_column['栏目名字'][i]
    url_column = data_column['栏目链接'][i]
    print(name_column + '栏目的第1页链接' +':  '+ url_column)
    rq_column = requests.get(url_column)
    rq_column.encoding = 'gbk'
    soup_column = BeautifulSoup(rq_column.text,'html.parser')
    # 新闻标题
    title_new = [i.text for i in soup_column.select('body > div.w1000.ej_content.mt30 > div.fl.w655 > div.ej_list_box.clear > ul > li > a')]
    # 发布时间
    date_new = [i.text for i in soup_column.select('body > div.w1000.ej_content.mt30 > div.fl.w655 > div.ej_list_box.clear > ul > li > em')]
    # 新闻链接
    link_new_ele = [i.get('href') for i in soup_column.select('body > div.w1000.ej_content.mt30 > div.fl.w655 > div.ej_list_box.clear > ul > li > a')]
    link_new = []              # 初始化栏目各页新闻地址集
    for n in range(len(link_new_ele)):
        if (link_new_ele[n].find('http') != -1):
            link_new.append(link_new_ele[n])
        else:
            link_new.append('http://edu.people.com.cn'+ link_new_ele[n])
    # 保存爬取的数据
    new_column = pd.DataFrame({'栏目名称':name_column,'新闻标题':title_new,
'发布时间':date_new,'链接详情':link_new})
    data = pd.concat([data, new_column], axis=0)
    for j in range(1,10):        # 取各栏目前10页新闻文本
```

```
            url_column = list(data_column['栏目链接'][i])
            url_column.insert(-5,'%d'%(j+1))
            url_column = ''.join(url_column)
            print(name_column + '栏目的第%d页链接'%(j+1) +': '+ url_column)
            rq_column = requests.get(url_column)
            rq_column.encoding = 'gbk'
            soup_column = BeautifulSoup(rq_column.text,'html.parser')
            title_new = [i.text for i in soup_column.select('body > div.w1000.ej_content.mt30 > div.fl.w655 > div.ej_list_box.clear > ul > li > a')]
            date_new = [i.text for i in soup_column.select('body > div.w1000.ej_content.mt30 > div.fl.w655 > div.ej_list_box.clear > ul > li > em')]
            link_new_ele = [i.get('href') for i in soup_column.select('body > div.w1000.ej_content.mt30 > div.fl.w655 > div.ej_list_box.clear > ul > li > a')]
            link_new = []      # 初始化栏目各页新闻地址集
            for n in range(len(link_new_ele)):
                if (link_new_ele[n].find('http') != -1):
                    link_new.append(link_new_ele[n])
                else:
                    link_new.append('http://edu.people.com.cn'+ link_new_ele[n])
            # 将数据写出
            new_column = pd.DataFrame({'栏目名称':name_column, '新闻标题':title_new, '发布时间':date_new, '链接详情':link_new})
            data = pd.concat([data, new_column], axis=0)
        print()
# 重新排序索引
data = data.drop_duplicates('链接详情', keep = 'first')
data.reset_index(inplace=True, drop=True)
```

运行代码清单3-16，得到获取各新闻栏目数据的过程，结果如下。

```
滚动栏目的第1页链接： http://edu.people.com.cn/GB/1053/index.html
滚动栏目的第2页链接： http://edu.people.com.cn/GB/1053/index2.html
...
滚动栏目的第10页链接： http://edu.people.com.cn/GB/1053/index10.html
...
职业教育栏目的第1页链接： http://edu.people.com.cn/GB/427940/index.html
职业教育栏目的第2页链接： http://edu.people.com.cn/GB/427940/index2.html
...
职业教育栏目的第10页链接： http://edu.people.com.cn/GB/427940/index10.html
```

批量爬取各新闻栏目下的新闻文本数据并保存到Excel文件中，如代码清单3-17所示。

代码清单3-17　爬取新闻内容并保存

```
import numpy as np
def fetchUrl(url):    # 通过网页的URL地址，获取网页内容并返回
    r = requests.get(url, headers=headers, allow_redirects=False)
    r.encoding = 'gbk'
```

```
        r.raise_for_status()
        r.encoding = r.apparent_encoding
        return r.text

# 批量提取新闻内容
data['新闻内容'] = np.nan
from tqdm import tqdm
for i in tqdm(range(len(data))):
    # 向各个新闻链接发送请求
    url_new = data.loc[i,'链接详情']
    try:
        rq_new = fetchUrl(url_new)
    except:
        continue
    else:
        rq_new = fetchUrl(url_new)
    soup_new = BeautifulSoup(rq_new,'html.parser')
    # 选择指定位置的除最后一个<p>标签以外的所有<p>标签
    content = [p.get_text() for p in soup_new.select('body > div.main > div.layout.rm_txt.cf > div.col.col-1.fl > div.rm_txt_con.cf p')[:-1]]
    # 将数据存入
    data.loc[data.index[i],'新闻内容'] = (''.join(content))

# 保存数据至本地路径
data.to_excel('../data/news.xlsx', index=False)
```

运行代码清单3-17后，教育频道各新闻栏目前10页所包含的新闻均被爬取和保存到项目的data文件夹的"news.xlsx"文件中。

通过上述方法获得的新闻文本数据是实时更新的，因此读者在进行同样操作时会得到不完全一样的数据内容。在编者爬取的数据中，新闻数量为2126条，新闻发布时间的跨度为2019年8月~2024年4月，部分数据内容见表3-5。

表3-5 教育频道新闻数据（部分）

栏目	新闻标题	发布时间	链接详情	新闻内容
中小学	河北雄安新区举办首届青少年科技创新大赛	2024-03-18	http://.../c1006-40197581.html	本报石家庄电（记者史自强）为激发广大青少年的科学兴趣和创新意识……
大学	《自然》发布2024年值得关注的七大技术	2024-01-25	http://.../c1006-40166248.html	脑机接口技术使硬化症患者能够重新说话……
职业教育	成都纺专：学生成为研发"新主角"	2024-03-15	http://.../c1006-40196165.html	成都纺专学生开展精密微波器件加工……

2. 数据清洗

获取数据集后要进行数据清洗，以去除数据中的错误、不一致、重复、缺失等问题，保证数据的质量和完整性。同时，由于"滚动"和"原创"栏目中的新闻并不是依据内容而进行分类的，因此在后续的分类任务中不使用这两个栏目中的数据，需要将这些数据删除，如代码清单 3-18 所示。

代码清单 3-18 数据清洗

```python
# 读取数据集
data = pd.read_excel('./data/news.xlsx')
# 查看清洗前的数据形状
print('清洗前的数据形状为：', data.shape)

# 删除"滚动"和"原创"两个新闻栏目的数据
data = data.drop(data[data['栏目名称'] == '滚动'].index)
data = data.drop(data[data['栏目名称'] == '原创'].index)

# 删除新闻链接详情相同的数据
data = data.drop_duplicates(['链接详情'], keep='first')
# 检查样本数据是否有缺失值
data.isnull().any()
# 查看缺失值所在的行和列
print('缺失值所在的行和列为:\n', data[data.isnull().values == True])
# 删除缺失值所在的行
data.dropna(inplace=True)
# 将新闻内容里面的转义符删除
def rp(x):
    x = x.replace('\n', '').replace('\t', '').replace('\xa0', '')
    return x
data['新闻内容'] = data['新闻内容'].apply(rp)

# 查看清洗后的数据形状
print('清洗后的数据形状为:', data.shape)
```

运行代码清单 3-18，得到清洗前的数据形状、缺失值所在的行与列、清洗后的数据形状，结果如下。

```
清洗前的数据形状为：(2126, 5)
缺失值所在的行和列为：
        栏目名称                                        新闻标题         发布时间  \
546     思政      《习近平新时代中国特色社会主义思想概论》教材研讨会在北京大学举行
2023-09-22
907     高考      2022 年全国高考拉开大幕  各地考生迈入考场   2022-06-07
...
1919   职业教育   2023 职业教育论坛举行  论坛一聚焦"拓宽学生成长成才通道  推进职业教育高
质量发展"  2023-12-08

                                      链接详情   新闻内容
546    http://edu.people.com.cn/n1/2023/0922/c1006-40...   NaN
907    http://edu.people.com.cn/n1/2022/0607/c1006-32...   NaN
...
1919   http://edu.people.com.cn/n1/2023/1208/c1006-40...   NaN
清洗后的数据形状为：(1592, 5)
```

从代码清单 3-18 运行结果看出，数据清洗前的数据量为 2126 条，清洗后的数据量为 1592 条。

将清洗后的数据进行可视化展示，查看各栏目新闻量，如代码清单 3-19 所示。

代码清单 3-19 查看各栏目新闻量

```
import matplotlib.pyplot as plt

# 查看各栏目新闻量
data_name_count = data.groupby('栏目名称')['新闻内容'].agg('count')
plt.figure(figsize=(8, 6))
plt.bar(data_name_count.index, data_name_count.tolist())
plt.rcParams['font.sans-serif'] = ['SimHei']
plt.rcParams['axes.unicode_minus'] = False
plt.xlabel('栏目类别', fontsize='16')
plt.ylabel('样本数量/条', fontsize='16')
plt.title('各栏目的新闻量', fontsize='16')
# 使用 text 显示数值
for a, b in zip(data_name_count.index, data_name_count.tolist()):
    plt.text(a, b + 0.05, '%.0f' % b, ha='center', va='bottom', fontsize=14)
plt.show()
```

运行代码清单 3-19 后，绘制出的新闻量柱形图如图 3-23 所示。

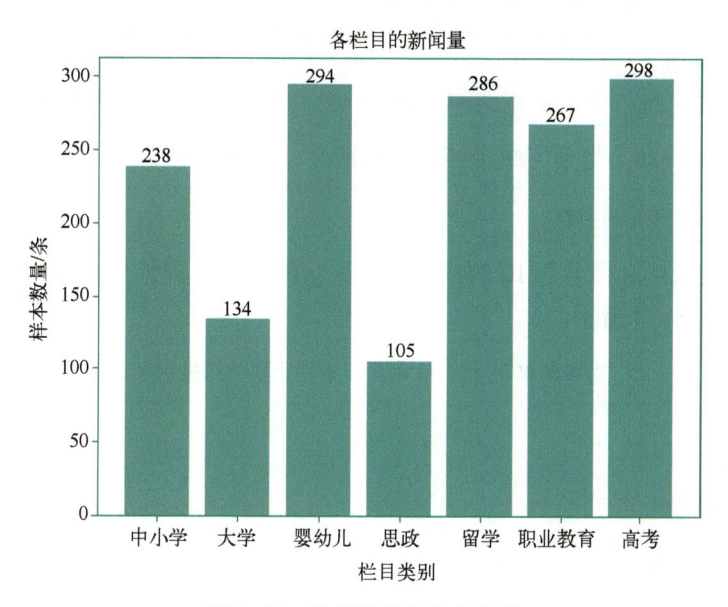

图 3-23 各栏目新闻发布数量

3. 文本预处理

对文本数据进行预处理，包括对数据进行分词、去停用词、制作数据集等操作，如代码清单 3-20 所示。

代码清单 3-20　文本预处理

```
import jieba

# 分词
data['data_cut'] = data['新闻内容'].astype(str).apply(
    lambda x: list(jieba.cut(x)))    # 内嵌自定义函数来分词
# 去停用词
stopword = pd.read_csv('./data/stopword.txt', sep='ooo', encoding='utf-8',
                        header=None, engine='python')
stopword = [' '] + list(stopword[0])
len3 = data.data_cut.astype('str').apply(lambda x: len(x)).sum()
data['data_after'] = data.data_cut.apply(
    lambda x: [i for i in x if i not in stopword])
len4 = data.data_after.astype('str').apply(lambda x: len(x)).sum()
print('减少了' + str(len3 - len4) + '个停用词字符')
data.data_after = data.data_after.loc[[
    i for i in data.data_after.index if data.data_after[i] != []]]
# 制作数据集
data_text = data[['栏目名称', 'data_after']]
data_text.dropna(inplace=True)    # 删除包含缺失值的行
data_text.reset_index(drop=True, inplace=True)    # 重置索引，并删除旧索引列
data = data_text.set_index('栏目名称').reset_index()
data['data_after'] = data['data_after'].apply(lambda x: [i for i in x if i != '\u3000']) # 去除特殊字符
# \u3000(中文全角空格)
data['data_pro'] = data['data_after'].apply(lambda x: ' '.join(x))    # 将列表转换为字符串
```

运行代码清单 3-20，得到了减少停用词的情况，结果如下。

减少了 2859347 个停用词字符

可通过绘制词云图和排名前 10 的词语词频柱状图，查看训练集中新闻文本所出现的高频词，如代码清单 3-21 所示。

代码清单 3-21　绘制词云图和词语词频柱状图

```
import re
import imageio
from wordcloud import WordCloud

# 绘制数据集词云图
# 词频统计
num_words = [''.join(i) for i in data['data_after']]
num_words = ''.join(num_words)
num_words = re.sub(' ', '', num_words)
# 计算全部词频
num = pd.Series(jieba.lcut(num_words)).value_counts()
# 绘图
```

```
back_pic = imageio.imread('../data/background.jpg')
wc_pic = WordCloud(mask=back_pic, background_color='white',font_path=r'../data/simhei.ttf',random
_state=1234).fit_words(num)
plt.figure(figsize=(16, 8))
plt.imshow(wc_pic)
plt.axis('off')
plt.show()

# 统计排名前10的词语的词频
woreds = pd.DataFrame(num)
woreds = woreds.reset_index()
woreds.columns = ['词语', '词频']
woreds = pd.DataFrame(woreds[woreds['词语'].apply(len) > 1])
woredss = woreds.sort_values(by='词频', ascending=False)
woredss1 = pd.DataFrame(woredss.iloc[:10, :])

# 绘制排名前10的词语词频柱状图
plt.figure(figsize=(8, 6))
plt.bar(woredss1['词语'].tolist(), woredss1['词频'].tolist())
plt.title('排名前10的词语出现频数', fontsize=18)
plt.xlabel('词语', fontsize='16')
plt.ylabel('频数', fontsize='16')
plt.show()
```

运行代码清单3-21后，绘制出的词云图和柱状图分别如图3-24、图3-25所示。

图3-24　词云图

从词云图和高频词的情况可以看出，在教育频道的近几年新闻中，教育、学生、发展、孩子、学校、职业等是热点词语，这与我国大力推进职业教育高质量发展相关。

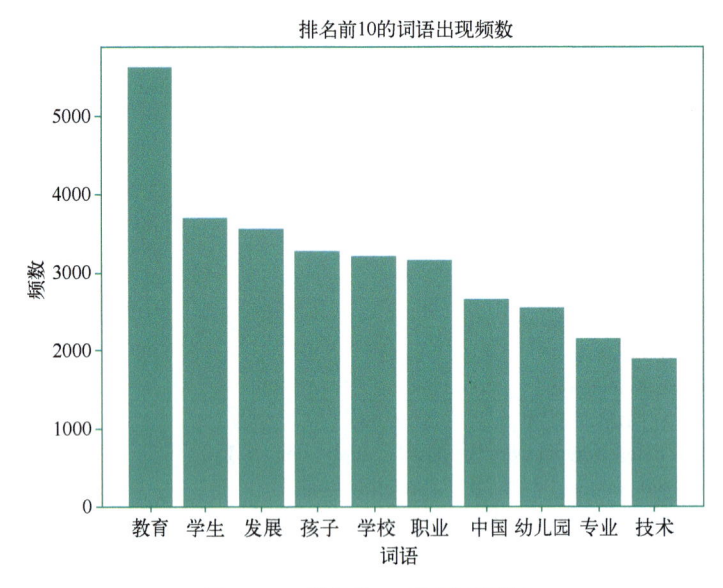

图 3-25 排名前 10 的词语词频

4. 文本向量化

前述内容已经介绍了 Word2Vec 文本向量化的方法，在实际应用中，可以基于 Gensim 库使用预训练的 Word2Vec 模型，生成每篇新闻中的每个分词的词向量，再将词向量进行求和，从而得出该篇新闻文本的词向量，如代码清单 3-22 所示。

代码清单 3-22　文本向量化

```python
import gensim

# 利用预训练的 Word2Vec 获取词向量
def word2vec(data, model):
    wordvec_size = 192   # 词向量的维度
    word_vec_all = np.zeros(wordvec_size)   # 生成包含192个元素的零矩阵
    space_pos = get_char_pos(data, ' ')
    first_word = data[0:space_pos[0]]
    if first_word in model.wv:
        word_vec_all = word_vec_all + model.wv[first_word]
    for i in range(len(space_pos) - 1):
        word = data[(space_pos[i] + 1):space_pos[i + 1]]
        if word in model.wv:    # 判断模型是否包含该词语
            word_vec_all = word_vec_all + model.wv[word]
    return word_vec_all

# 获取字符串中某字符的位置
def get_char_pos(string, char):
    chpos = []
    try:
        chpos = list(((pos) for pos, val in enumerate(string) if(val == char)))
    except:
```

```
            pass
        return chpos
# 加载预训练模型
model = gensim.models.Word2Vec.load('../data/news.word2vec')
data['vec'] = data['data_pro'].apply(lambda x : word2vec(x, model))
print(data.tail(3))
```

运行代码清单3-22，得到每篇新闻文本的词向量矩阵，并且对数据集中的后3个样本内容进行展示，如下所示。

```
     栏目名称                                          data_after  \
1588  职业教育    [人民网, 北京, 11, 14, 日电, 北京, 电子科技, 职业, 学院, 北京市, 科...
1589  职业教育    [人民网, 北京, 11, 日电, 记者, 郝孟佳, 教育部, 网站, 消息, 教育部, 工...
1590  职业教育    [代表, 之声, 党, 二十大, 报告, 提出, 办好, 人民满意, 教育, 新, 时代, ...

                                               data_pro  \
1588  人民网北京 11 14 日电北京电子科技职业学院北京市科技企业 11 战略 ...
1589  人民网北京 11 日电记者郝孟佳教育部网站消息教育部工业信息化部国务院 ...
1590  代表之声党二十大报告提出办好人民满意教育新时代党和国家职业教育摆 ...

                                                    vec
1588   [-124.84351002098992, 45.94863849505782, 41.26...
1589   [-36.19764224998653, 69.6636152388528, 137.552...
1590   [-12.189176916144788, 32.89785819500685, 10.88...
```

其中 data_after 为 jieba 分词之后的结果，data_pro 为根据段落符将 data_after 划分后的更为独立的词语，vec 则为根据 data_pro 中的每一个独立的词语生成词向量，再通过求和方式得出的对应新闻的词向量。

5. 划分数据集

使用 train_test_split 方法，按照 80% 和 20% 的比例划分训练集与测试集，并进行数据标准化，如代码清单 3-23 所示。

代码清单 3-23 划分数据集

```
from sklearn.model_selection import train_test_split
from sklearn.preprocessing import MinMaxScaler

# 划分训练集、测试集
xx_train, xx_test, y_train, y_test = train_test_split(
    data['vec'], data['栏目名称'], test_size=0.2, random_state=3)
# 定义一个转换函数，将输入的数据结构转换为 NumPy 数组
def trans_x(names):
    x = []
    # 遍历数据的索引，将每行数据转换为列表，并添加到 x 中
    for i in names.index:
        x.append(names[i].tolist())
```

```
    # 将 x 转换为 NumPy 数组并返回
    return np.array(x)
# 调用 trans_x 函数,将训练集和测试集转换为 NumPy 数组
x_train = trans_x(xx_train)
x_test = trans_x(xx_test)
# 数据标准化
min_max_scaler = MinMaxScaler()        # 创建 MinMaxScaler 对象
min_max_scaler.fit(x_train)             # 使用训练集的数据拟合 MinMaxScaler
# 对训练集和测试集进行标准化处理
x_train = min_max_scaler.transform(x_train)
x_test = min_max_scaler.transform(x_test)
```

3.3.2 模型训练

为获得良好的模型性能,采用网格搜索法选取 SVM 模型中的 4 个重要超参数的值进行搜索、比较,从而找出最优的模型参数以用于后续的训练,如代码清单 3-24 所示。

代码清单 3-24 网格搜索最优模型

```
from sklearn import svm
import sklearn.model_selection as ms

# 定义网格搜索函数,评估各模型在测试集上的最优得分
def searchbest(name1, value1, name2, value2, name3, value3, name4, value4, function_name):
    # 基于 RBF 核函数的支持向量机分类器
    params = [{name1: value1, name2: value2, name3: value3, name4: value4}]
    model = ms.GridSearchCV(function_name, params, cv=5)
    model.fit(x_train, y_train)
    for p, s in zip(model.cv_results_['params'],
            model.cv_results_['mean_test_score']):
        print(p, s)
    # 获取得分最优的超参数信息
    print("得分最优的超参数信息:", model.best_params_)
    # 获取最优得分
    print("最优得分:", model.best_score_)
    # 获取最优模型的信息
    print("最优模型:", model.best_estimator_)
# 调用函数寻找最优 SVM 模型
searchbest('kernel', ['linear', 'rbf'], 'C', [10, 15, 20], 'gamma', [0.1, 0.2, 0.3], 'degree', [10, 20], svm.SVC())
```

运行代码清单 3-24,得到网格搜索的过程和结果,输出如下。

```
{'C': 10, 'degree': 10, 'gamma': 0.1, 'kernel': 'linear'} 0.7641871236683649
{'C': 10, 'degree': 10, 'gamma': 0.1, 'kernel': 'rbf'} 0.7413740929442643
…
```

```
{'C': 20, 'degree': 20, 'gamma': 0.1, 'kernel': 'linear'} 0.7806824146981627
…
{'C': 20, 'degree': 20, 'gamma': 0.3, 'kernel': 'rbf'} 0.7688899181719931
得分最优的超参数信息：{'C': 20, 'degree': 10, 'gamma': 0.1, 'kernel': 'linear'}
最优得分：0.7806824146981627
最优模型：SVC(C=20, degree=10, gamma=0.1, kernel='linear')
```

可以看到，基于网格搜索法的 SVM 模型最优参数组合为 C=20，degree=10，gamma=0.1，kernel='linear'，在测试集上的最优得分是 0.7806824146981627。此种模型能达到较好的新闻文本分类效果，其定义和训练如代码清单 3-25 所示。

代码清单 3-25　模型定义和训练

```python
# 模型定义
clf = svm.SVC(C=20, kernel='linear', degree=10, gamma=0.1)
# 模型训练
clf.fit(x_train, y_train)
```

3.3.3　模型评估

本项目实现的新闻文本分类为多分类任务，在对模型进行评价时选取的指标有模型准确率和混淆矩阵，模型评估的代码实现如代码清单 3-26 所示。

代码清单 3-26　模型评估

```python
from sklearn.metrics import confusion_matrix

# 模型评估
# 训练集的准确率
rv1 = clf.score(x_train, y_train)
print('训练集的准确率为：', rv1)
# 测试集的准确率
r_c = list(clf.predict(x_test))    # 模型对样本的预测标签
r_t = list(y_test)                 # 样本的实际标签
def get_acc(y, y_hat):
    return sum(yi == yi_hat for yi, yi_hat in zip(y, y_hat)) / len(y)
recut = get_acc(r_c, r_t)
print('测试集的准确率为:', recut)
# 绘制混淆矩阵图
guess = r_c
fact = r_t
classes = list(set(fact))
classes.sort()
confusion = confusion_matrix(guess, fact)
plt.imshow(confusion, cmap=plt.cm.Wistia)
indices = range(len(confusion))
```

```
plt.rcParams['font.family'] = ['sans-serif']
plt.rcParams['font.sans-serif'] = ['SimHei']
plt.xticks(indices, classes, rotation=90)
plt.yticks(indices, classes)
plt.colorbar()
plt.xlabel('预测')
plt.ylabel('实际')
for first_index in range(len(confusion)):
    for second_index in range(len(confusion[first_index])):
        plt.text(first_index, second_index, confusion[first_index][second_index])
plt.show()
```

运行代码清单 3-26，得到的模型分别在训练集和测试集上的准确率，同时得到混淆矩阵（见图 3-26）。

训练集的准确率为：0.9072327044025157
测试集的准确率为：0.7962382445141066

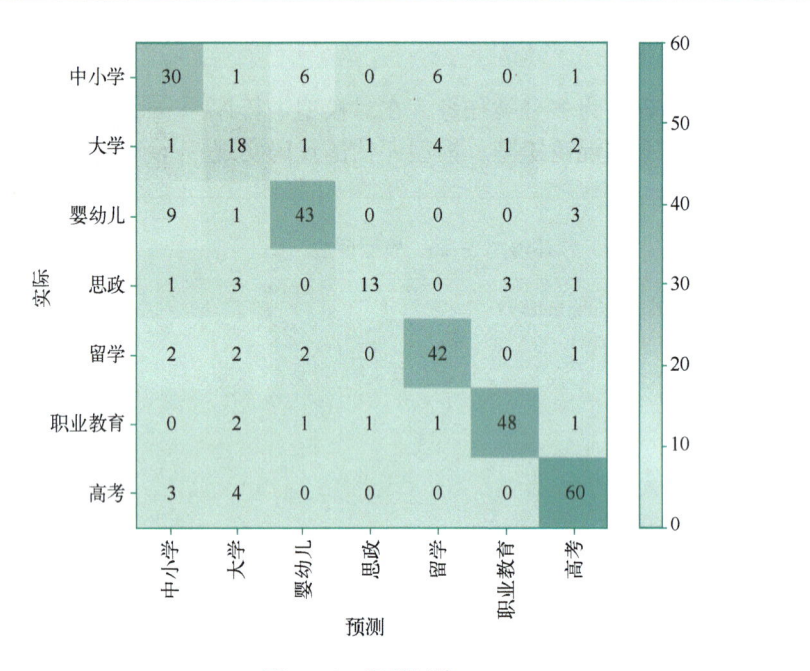

图 3-26 混淆矩阵

从代码清单 3-26 运行结果可以看出，模型在训练集上的准确率为 0.9072327044025157，在测试集上的准确率为 0.7962382445141066，模型性能良好；在混淆矩阵中，模型能够准确预测类别的情况较多，而出现错误的情况则较少。以高考新闻栏目为例，该栏目下的新闻数量为 67 条，模型将类别预测正确的有 60 条，错误地预测为中小学、大学类别的数量分别为 3 条和 4 条，原因可能是高考类别的新闻也会涉及中小学、大学的内容，区分度不明显导致模型分类错误。

3.3.4 模型预测

使用训练好的 SVM 模型对测试集数据进行预测，如代码清单 3-27 所示。

代码清单 3-27　模型预测

```
# 模型预测
y_p = list(clf.predict(x_test))
# 测试集的预测结果
print('模型的预测值：\n', y_p)
print('测试集的真实值：\n',list(y_test))
```

运行代码清单 3-27，得到模型的预测值和测试集的真实值，通过对应位置的元素进行比较，可以看到模型对各种类别新闻的预测结果较为准确，泛化能力良好。

模型的预测值：
['留学', '留学', '大学', '中小学', '思政', '高考', '职业教育', '大学', '留学', '中小学', '高考', '职业教育', '职业教育', '职业教育', '思政', '婴幼儿', '留学', '高考', '中小学', '留学', '留学', '职业教育', '高考', '高考', '留学', '大学', '职业教育', '中小学', '婴幼儿', '婴幼儿', '高考', '中小学', '中小学', …

测试集的真实值：
['留学', '留学', '大学', '婴幼儿', '思政', '高考', '职业教育', '大学', '留学', '中小学', '高考', '职业教育', '职业教育', '职业教育', '思政', '婴幼儿', '留学', '高考', '中小学', '留学', '大学', '思政', '高考', '高考', '留学', '思政', '职业教育', '中小学', '婴幼儿', '婴幼儿', '高考', '高考', '中小学', …

3.4 项目小结

本项目首先介绍了句法分析的基本概念和 HanLP 工具的使用，以及文本向量化的离散表示和分布式表示方法。随后，深入探讨了文本相似度计算、文本分类与聚类的常用算法和步骤，结合了实例应用，如垃圾短信分类和食客评论文本聚类。句法分析有助于理解文本结构，而文本向量化则将文本转化为机器学习模型可以处理的向量形式，这两者构成了项目的基础。在项目实战阶段，运用 SVM 模型对新闻文本进行分类，包括数据爬取分析、预处理、模型构建、评估和预测等关键步骤。SVM 作为常用的分类器，在文本分类任务中具有一定的优势，通过实际操作，可以更好地理解其工作原理和调参技巧。

3.5 知识拓展

深入学习其他机器学习算法（如决策树、随机森林等）在文本分类和聚类中的应用，以及如何选择合适的算法。

探索深度学习方法在文本处理中的应用，如使用神经网络模型进行分类和聚类任务。

实践更多实际应用场景，如情感分析、文本生成等，拓展对机器学习在自然语言处理中的理解和应用广度。

3.6 习题

一、选择题

1. 句法分析建立在（　　）分析基础之上。
   A. 语义　　　　　　　　　　　　B. 词法
   C. 句法　　　　　　　　　　　　D. 语音
2. 在依存句法分析中，每个词语都有一个与之关联的（　　）。
   A. 主语　　　　　　　　　　　　B. 宾语
   C. 中心词　　　　　　　　　　　D. 形容词
3. One-Hot 编码的主要缺点是（　　）。
   A. 计算复杂　　　　　　　　　　B. 维度灾难和无法保留语义
   C. 无法编码　　　　　　　　　　D. 过于简单
4. CBOW 模型根据（　　）预测中心词。
   A. 上下文　　　　　　　　　　　B. 关键词
   C. 同义词　　　　　　　　　　　D. 反义词
5. 余弦相似度的取值范围是（　　）。
   A. [0, 1]　　　　　　　　　　　B. [-1, 0]
   C. [-1, 1]　　　　　　　　　　D. [1, 2]
6. 文本分类的主要目标是（　　）。
   A. 提取文本的主要观点
   B. 根据特定的类别标签对文本进行自动分类
   C. 生成新的文本内容
   D. 识别文本中的关键字
7. 下列哪个不属于聚类算法？（　　）
   A. K-Means　　　　　　　　　　B. DBSCAN
   C. 层次聚类　　　　　　　　　　D. 决策树
8. 【多选】分布式表示方法有哪几种？（　　）
   A. Word2Vec　　　　　　　　　　B. Doc2Vec
   C. BOW 模型　　　　　　　　　　D. TF-IDF 表示
9. 【多选】以下哪些是常用的文本相似度计算方法？（　　）
   A. 余弦相似度　　　　　　　　　B. 欧式距离
   C. 编辑距离　　　　　　　　　　D. SOW 模型
10. 【多选】Doc2Vec 模型包括哪些训练模型？（　　）
    A. PV-DM 模型　　　　　　　　　B. PV-DBOW 模型
    C. Skip-gram 模型　　　　　　　D. CBOW 模型

二、操作题

1. 在知识管理和信息检索领域，文本相似度计算是一项重要任务。例如，在论文查重、知识库构建和智能问答系统等应用场景中，都需要计算文本之间的相似度。可对下面两篇

PDF 文档（document1.pdf 和 document2.pdf）提取文本，并计算文本相似度，具体要求如下。

1）从 PDF 文档中提取文本。
2）使用 jieba 库对提取的文本进行中文分词。
3）使用 Word2Vec 对分词后的文本进行向量化。
4）使用余弦相似度计算两篇文档的文本相似度。

2. 为了提高读者反馈信息的价值，利用所学知识对书评历史数据进行文本聚类分析，找到一些有助于理解读者阅读偏好和反馈主题的关键词汇，即对书评历史数据文件"reviews.txt"进行文本聚类分析，具体要求如下。

1）读取书评历史数据。
2）使用 jieba 库对书评进行分词，并去除特殊字符。
3）使用 TfidfVectorizer 对文本进行特征抽取。
4）使用 K-Means 进行文本聚类分析，设定聚类数量为 5。
5）输出每个聚类的前 10 个关键词。

项目 4　实现深度学习的酒店评价情感分析

4.1 项目导入

传统的机器学习方法在 NLP 任务中广泛应用，如支持向量机（SVM）、朴素贝叶斯分类器、决策树等。这些方法通常依赖于人工设计的特征，需要专家知识和领域经验来选择与提取特征。深度学习方法通过多层神经网络自动学习文本表示，无须手动设计特征。常见的深度学习模型包括循环神经网络（RNN）、长短期记忆（LSTM）网络、卷积神经网络（CNN）以及最近广泛应用的 Transformer 模型等。

本项目重点介绍 CNN、RNN、Transformer 等模型的结构和涉及的基本知识。在项目实战中，基于深度学习的 LSTM 网络实现酒店评价情感分析。

知识目标

- 了解基于神经网络的 NLP 方法及其优缺点。
- 理解深度学习在 NLP 中的应用和意义。
- 熟悉 CNN、RNN 和 Transformer 等神经网络结构在 NLP 中的作用和特点。
- 掌握 LSTM 网络及其在文本情感分析中的应用。

能力目标

- 能够区分和比较基于规则、基于统计和基于神经网络的 NLP 方法。
- 能够解释 CNN、RNN 和 Transformer 等神经网络结构的原理和用途。
- 能够运用深度学习技术解决 NLP 问题，如文本分类、情感分析和语义理解等。
- 能够使用 LSTM 网络构建一个简单的文本情感分析系统，并进行调优和评估。

素质目标

- 培养学习和探索新技术的兴趣与能力。
- 提高创新和实践能力，在实际应用中改进和优化模型效果。

4.2 知识链接

本节主要针对实现深度学习的酒店评价情感分析项目实战所需的基本知识进行介绍。

4.2.1 深度学习简介

深度学习（Deep Learning，DL）是机器学习的一个新发展领域，它的概念源于人工神经网络的研究，含多个隐藏层的多层感知器（Multi-Layer Perceptron，MLP）就是一种深度学习结构，如图4-1所示。

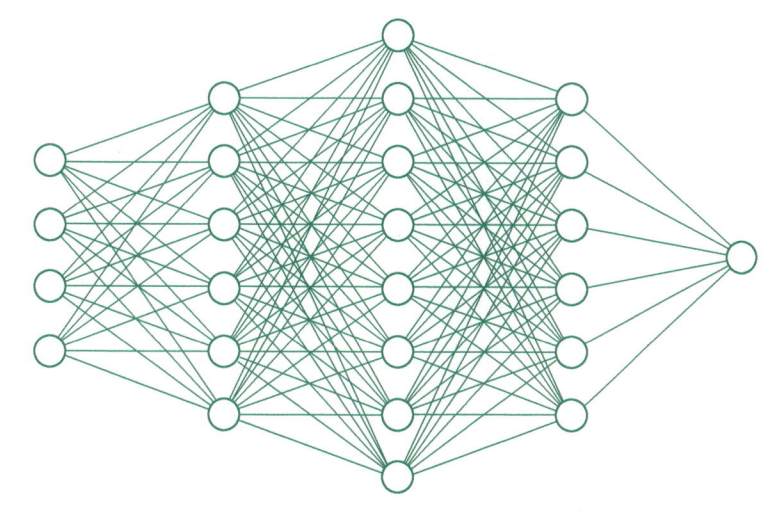

Input Layer∈ℝ⁴　　Hidden Layer∈ℝ⁶　　Hidden Layer∈ℝ⁸　　Hidden Layer∈ℝ⁶　　Output Layer∈ℝ¹

图 4-1　一种深度神经网络模型

图4-1展示的网络模型又称为前馈神经网络（Feedforward Neural Network，FNN），每一个圆圈代表一个人工神经元，连线代表人工突触，将两个神经元联系起来并对应着一个权重w。左边的Input Layer（输入层）接收的原始数据x_i与其连线上分配的权重w_i相乘，相乘的值累加求和并与偏置量b相加后通过激活函数形成当前Hidden Layer（隐藏层）的输出。隐藏层中每个神经元都有多个输入和一个输出，输出结果会作为其他神经元的输入，以此进行多个隐藏层的非线性特征转换，最后由右边的Output Layer（输出层）给出模型计算的结果。权重w和偏置量b就是模型的参数，即需要通过训练学习得到的内容。模型计算的结果与实际值之间的误差用损失函数描述，该误差通过反向传播（Back Propagation，BP）至神经网络的每一个参数，结合最优化方法（如梯度下降法），根据误差的总体变化来更新参数、最小化损失函数，以此训练人工神经网络。理论上，只要神经元足够多，模型就可以拟合任意函数。

深度学习可以通过模型的多层结构来提取更高级的特征，其中的激活函数还能够很好地解决非线性问题，因此在数据挖掘、机器学习、机器翻译、自然语言处理、语音以及其他相关领域都取得了很多成果，使得人工智能相关技术取得了巨大进步。

深度学习常用的模型架构有卷积神经网络、循环神经网络和Transformer模型等。

4.2.2 卷积神经网络

卷积神经网络（Convolutional Neural Network，CNN）是一类包含卷积计算且具有深度结构的前馈神经网络，具有局部连接、权重共享等特性，被应用于计算机视觉、自然语言处理等领域。

自然语言处理中的 CNN 架构通常包括输入层、卷积层、池化层、全连接层和输出层，如图 4-2 所示。

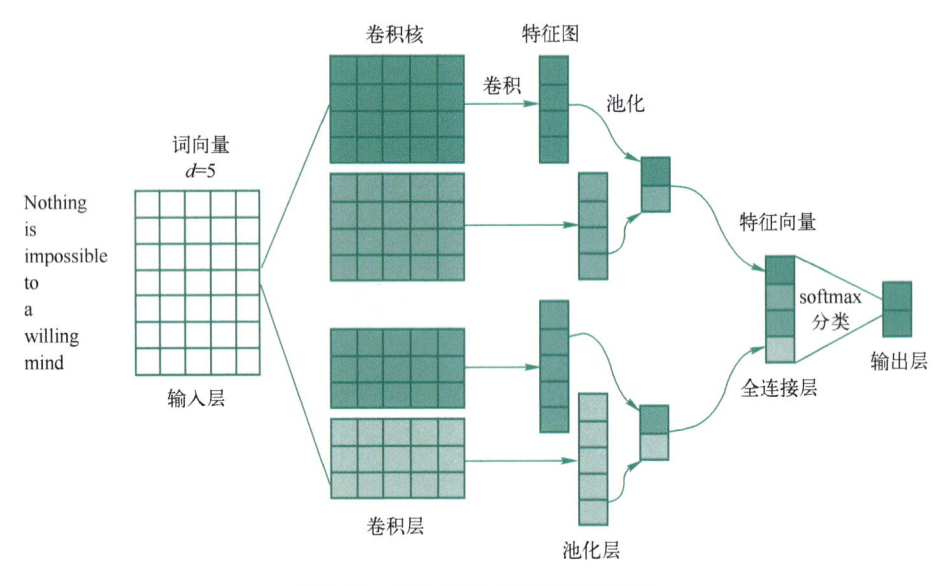

图 4-2　CNN 应用于 NLP 架构示例

该网络架构可以完成文本分类任务。但是，分词后的词语文本是不能直接输入模型网络的，一般会使用词嵌入（如 Word2Vec）的方法将文本转换为高维词向量，此时的文本便类似于图像——拥有宽度（词向量的长度 d）和高度（文本中词的个数）。与图像处理不同，所使用的卷积核会划过整个单词而非在"图像"的局部区域滑动，即卷积核的宽度等于词向量的长度。卷积核的高度能够捕捉到多个相连词之间的特征，并且能在计算同一类特征时共享权重。为了降低分类器输入数据的维度，避免过拟合，卷积层之后添加了池化（Pooling）层，通常池化层应用于将整个卷积输出的结果，得到一个数值——一维最大池化。最后，将全部池化得到的特征值合并成一个向量，通过全连接的方式连接到一个 softmax 分类器，得到分类结果。2014 年，Yoon Kim 对 CNN 的输入层做了变形，提出了文本分类模型 TextCNN，该模型具有简单、训练收敛快的特点。

4.2.3　循环神经网络

卷积神经网络是受生物学中感受野机制的启发而提出的，更擅长于计算机视觉（Computer Vision，CV）领域，而非处理自然语言。这是因为自然语言处理属于时序问题，虽然通过设置卷积核的高度可以使 CNN 在处理信息过程中考虑一定感知域内的信息，但 CNN 属于前馈神经网络，信息的传递是单向的，输出只依赖于当前的输入，无法很好地利用"先前知识"。

循环神经网络（Recurrent Neural Network，RNN）的研究始于 20 世纪 80～90 年代，在 21 世纪初发展为深度学习算法。RNN 是根据"人的认知是基于过往的经验和记忆"这一观点提出的，它在神经网络的基础上增加了带自反馈的神经元，具有"短期记忆"的能力——每一时刻都是在之前所有时刻的基础上进行计算，因此可以更好地处理视频、语音、文本等与时序相关的问题。常见的 RNN 变体有 LSTM 网络、序列到序列（Seq2Seq）模型、双向循环神经网络（Bi-RNN）等，在文本生成、机器翻译、语音识别等领域均有广泛的应用。

1. 循环神经网络基本结构

图 4-3 给出了 RNN 的基本结构及其时间维度展开形式。可以看出，这种 RNN 只有一个隐藏层并维护一个基于时间的隐藏状态向量 $h^{(t)}$，称为**简单循环网络**（Simple Recurrent Network，SRN）。

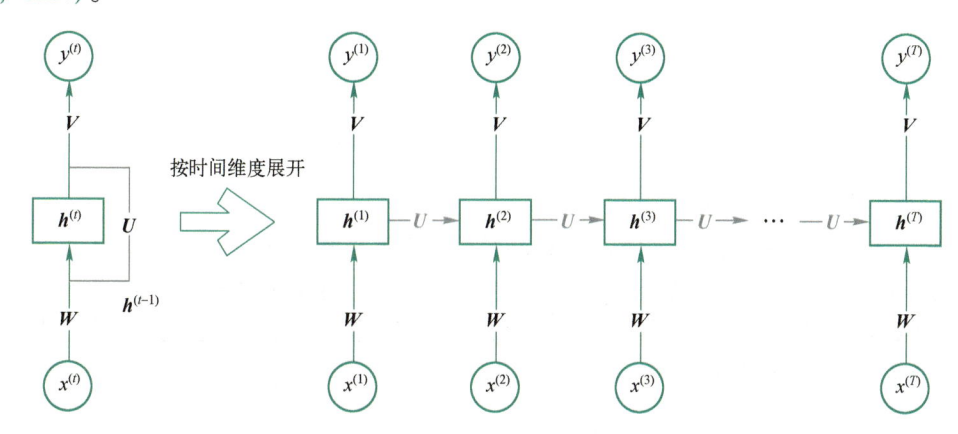

图 4-3　RNN 的基本结构及其时间维度展开形式

在 t 时间步，输入层接收的输入 $x^{(t)}$ 与 $t-1$ 时间步的隐藏状态向量 $h^{(t-1)}$ 共同更新隐藏状态向量 $h^{(t)}$，其可以表示为式（4-1）。

$$h^{(t)} = f(Wx^{(t)} + Uh^{(t-1)}) \tag{4-1}$$

若 $h^{(t)}$ 直接作用于输出，可表示为式（4-2）。

$$y^{(t)} = g(Vh^{(t)}) \tag{4-2}$$

以上的 W、U、V 为权重矩阵，f 和 g 为非线性激活函数。

按时间维度展开的网络其实是同一个网络的不同快照，每个时刻的状态都看作前馈神经网络的一层并共享权重矩阵。在使用 RNN 处理自然语言文本时，仍然先要进行分词，但与之前不同的是，会按照语序将词条一个个输入而非一次性输入，每输入一个词条就对应一个时间步。在 T 时间步的输出 $y^{(T)}$ 中包含了前面所有的输入，使得 RNN 具备了"记忆"的能力，并且通过对 U 的训练，可以学习将多少权重分配给"过去"的事件。

根据输入序列与输出序列的长度对应关系，RNN 结构可以划分为多对一结构（如序列分类）、等长的多对多结构（如序列标注）和非等长的多对多结构（如语言翻译）。

（1）多对一结构

RNN 的多对一结构的输入是一个序列，输出是一个单独的值而不是序列，通常用于处理输入序列产生一个输出的任务，如情感分析、文本分类、生成图片描述等。例如，将文本序列"可爱的橘猫"分词后，按顺序输入 RNN 模型进行情感分析，最后一个时间步的隐藏层状态作为整个序列的分类结果，输出一个情感极性标签，如图 4-4 所示。这种结构的

RNN 可以在最后一个时间步对全部输入进行输出变换，也可以对所有时间步状态进行平均后再分类。

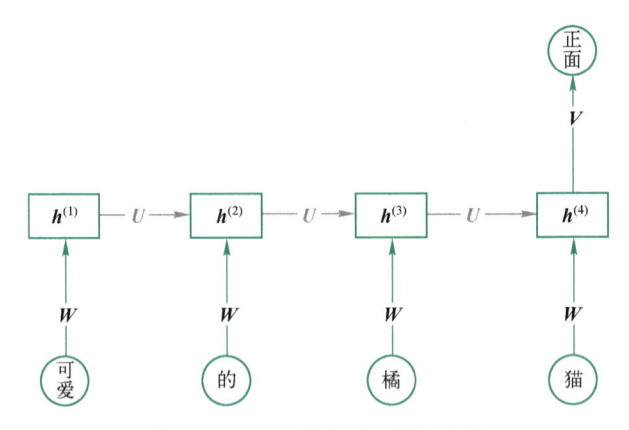

图 4-4　RNN 的多对一结构示例

（2）等长的多对多结构

RNN 的等长的多对多结构的输入和输出都是一个等长的序列，这种结构是 RNN 的经典结构，如生成文章、诗歌、代码等。例如，将文本序列"可爱的橘猫"分词后，按顺序输入 RNN 模型进行词性标注，每个时间步的隐藏状态代表当前和历史的信息，输出当前时间步的词性标签，如图 4-5 所示。

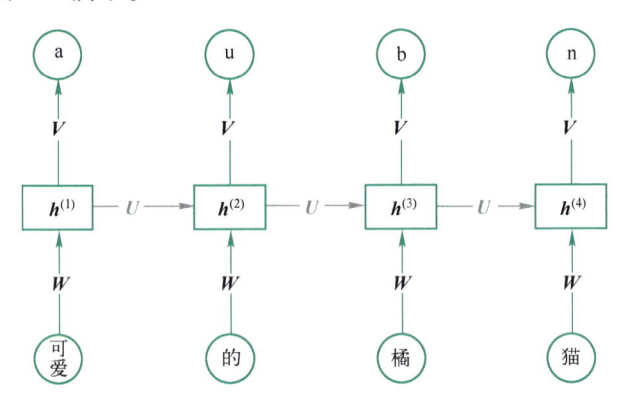

图 4-5　RNN 的等长的多对多结构示例

（3）非等长的多对多结构

RNN 的非等长的多对多结构的输入和输出序列不必有严格的一对一关系与相同的长度，它也称为编码器-解码器（Encoder-Decoder）模型，如机器翻译、对话系统、自动摘要等。例如，将文本序列"可爱的橘猫"分词后，按顺序输入 RNN 模型进行语言翻译，输出翻译后的分词文本，如图 4-6 所示。图 4-6 中的"EOS"表示序列的结束，虚线表示将上一时间步的输出作为下一时间步的输入。

2. 长短期记忆网络

虽然简单循环神经网络理论上可以建立长时间间隔的状态之间的依赖关系，但由于信息在神经网络中流动会经过多级的乘法运算，存在梯度爆炸或梯度消失的问题，RNN 实际上只能学习到短期的依赖关系，难以解决长程依赖问题。

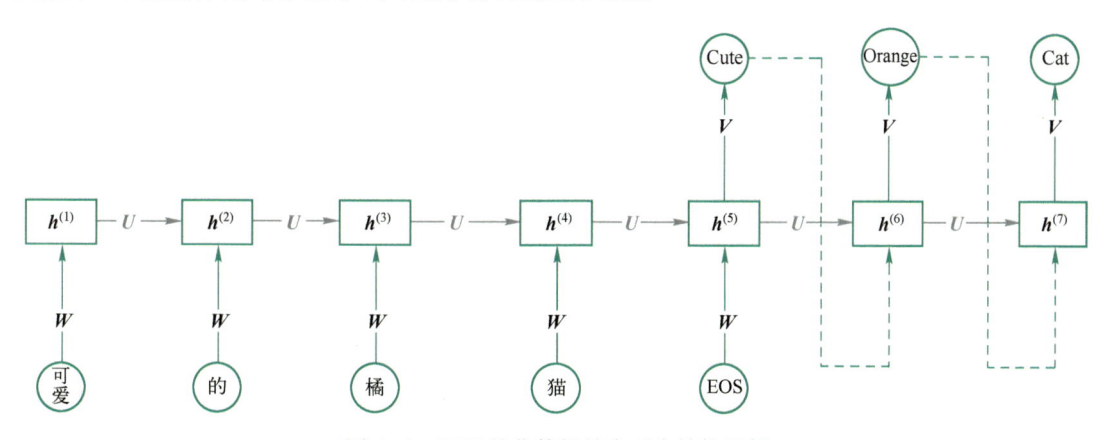

图 4-6 RNN 的非等长的多对多结构示例

长短期记忆（Long Short-Term Memory，LSTM）网络是 RNN 的一个变体，它通过在隐藏层中引入细胞状态和门控机制，可以很好地解决简单循环神经网络梯度爆炸或梯度消失的问题。其"记忆"信息的保存周期要长于短期网络，故而得名"长短期"。

所有的 RNN 都具有一种重复神经网络模块的结构。在标准 RNN 中，这个重复的结构模块只有一个非常简单的 tanh 层，如图 4-7 所示。输入的 $x^{(t)}$ 与 $t-1$ 时间步的隐藏状态向量 $h^{(t-1)}$ 运算后经过 tanh 激活函数得到隐藏状态向量 $h^{(t)}$。

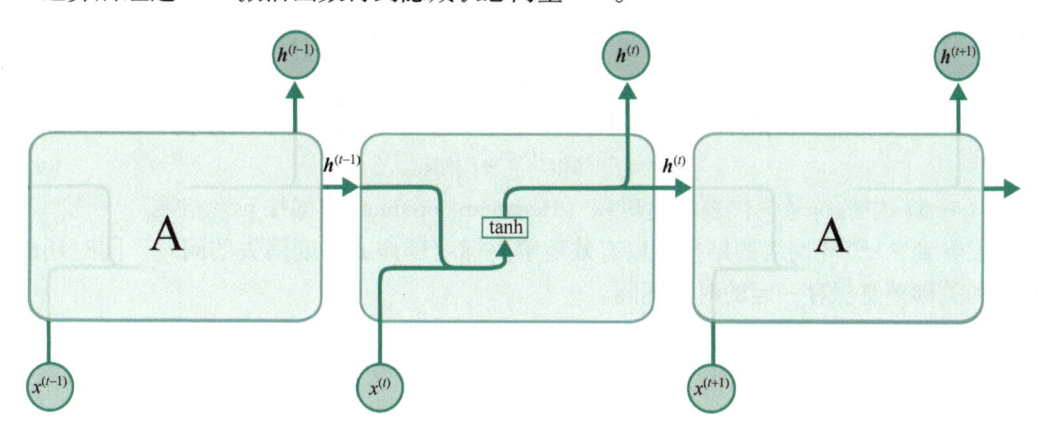

图 4-7 标准 RNN 结构

LSTM 网络在此基础上增加了细胞状态 $C^{(t)}$，用于在序列链中传递"记忆"，并且通过门控机制向细胞状态中添加或删除信息，如图 4-8 所示。LSTM 网络的门控机制包括三个门控单元：遗忘门、输入门和输出门。

（1）遗忘门

遗忘门（Forget Gate）的作用是决定 $t-1$ 时间步的细胞状态 $C^{(t-1)}$ 需要遗忘的比例。图 4-8 中的 σ 表示 Sigmoid 激活函数，将函数值映射到 [0,1] 区间，从而控制 $C^{(t-1)}$ "遗忘"的程度。一个遗忘门的结构，可以表示为式（4-3）

$$f^{(t)} = \sigma(W_f x^{(t)} + U_f h^{(t-1)}) \tag{4-3}$$

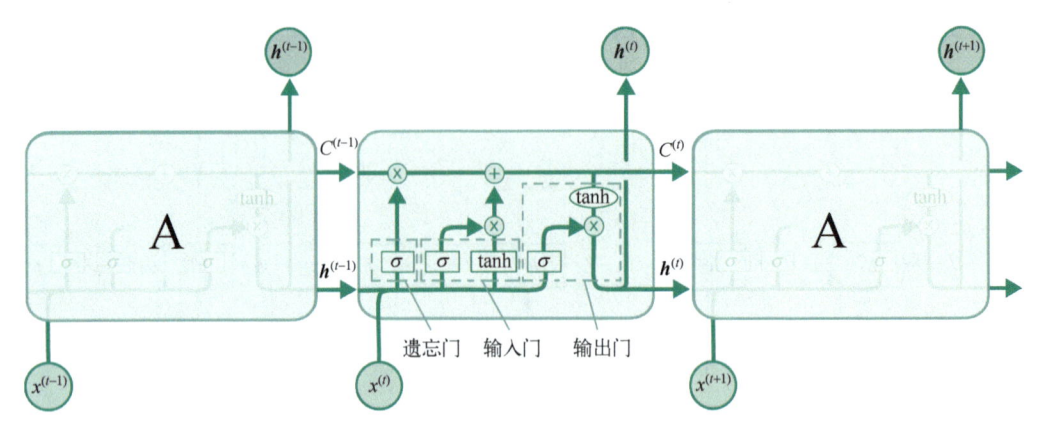

图 4-8　LSTM 网络结构

(2) 输入门

输入门 (Input Gate) 的作用是决定 t 时间步的候选细胞状态 $\widetilde{C}^{(t)}$ 需要保存的比例，由两个神经元构成。

第一个神经元的 Sigmoid 激活函数计算新的信息中哪些重要，哪些不重要，并将函数值映射到 [0,1] 区间，从而控制 $\widetilde{C}^{(t)}$ "重要"的程度，计算过程见式 (4-4)。

$$i^{(t)} = \sigma(W_i x^{(t)} + U_i h^{(t-1)}) \tag{4-4}$$

第二个神经元的 tanh 激活函数用于获取候选细胞状态 $\widetilde{C}^{(t)}$，并将函数值映射到 [-1,1] 区间，从而控制向量的取值，避免向量内部各值之间差距过大，计算过程见式 (4-5)。

$$\widetilde{C}^{(t)} = \tanh(W_c x^{(t)} + U_c h^{(t-1)}) \tag{4-5}$$

在完成遗忘门和输入门的计算后，便可以对细胞状态 $C^{(t)}$ 进行更新，可以表示为式 (4-6)。

$$C^{(t)} = f^{(t)} \otimes C^{(t-1)} + i^{(t)} \otimes \widetilde{C}^{(t)} \tag{4-6}$$

式 (4-6) 中的符号 $\otimes$ 代表阿达玛积 (Hadamard product)，即按元素相乘。

可以看到，LSTM 网络的结构可以有效地解决梯度爆炸或梯度消失的问题，同时还能将捕捉到的关键信息保存一定的时间间隔。

(3) 输出门

输出门 (Output Gate) 的作用是决定 t 时间步的细胞状态 $\widetilde{C}^{(t)}$ 需要输出给隐藏状态 $h^{(t)}$ 的比例，计算过程见式 (4-7)。

$$h^{(t)} = \tanh(C^{(t)}) \otimes \sigma(W_o x^{(t)} + U_o h^{(t-1)}) \tag{4-7}$$

此外，通过引入门控机制控制信息更新方式的 RNN 还有门控循环单元 (Gated Recurrent Unit, GRU) 网络，它的结构比 LSTM 网络更简单。GRU 网络只包含两个门：更新门 (Update Gate) 和重置门 (Reset Gate)，并且也没有引入额外的细胞状态，涉及的张量操作更少，训练速度更快，更适合构建大型网络。限于篇幅，本书不对 GRU 网络展开说明，有兴趣的读者可以查阅相关资料，类比 LSTM 网络进行学习。

3. 序列到序列模型基本结构与注意力机制

在讲解 RNN 基本结构时，介绍了 RNN 的非等长的多对多结构，这是一种异步的序列到序列模型，下面将进一步介绍这种使用编码-解码架构构建的序列到序列模型。

(1) 序列到序列模型基本结构

序列到序列（Sequence-to-Sequence，Seq2Seq）**模型**架构能够根据给定的序列生成另一个序列，输入、输出序列的长度不确定但元素之间有顺序关系。Seq2Seq 模型主要由编码器（Encoder）和解码器（Decoder）组成，通常基于一对 RNN 或其变种（如 LSTM 网络、GRU 网络）的结构实现，如图 4-9 所示。该模型常用于处理序列数据的转换任务，如机器翻译、对话生成、自动摘要等。

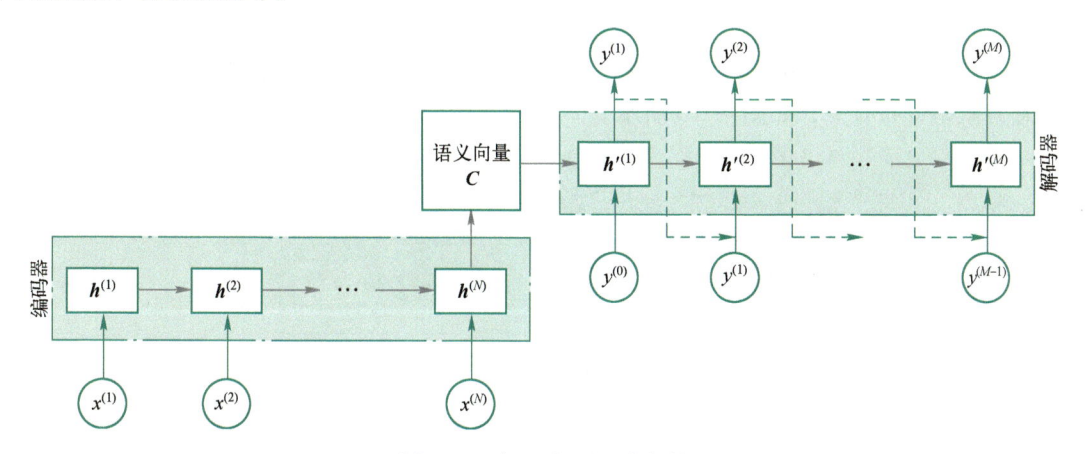

图 4-9　编码-解码基本架构

图 4-9 中的不定长输入序列由编码器变换成一个定长的语义向量 C，这个过程称为编码。在编码过程中，可以直接将最后一个输入的隐藏状态作为语义向量 C，即 $C=h^{(N)}$；也可以对最后一个隐藏状态做一次变换，得到语义向量 C，即 $C=g(h^{(N)})$；还可以将输入序列的全部隐藏状态做一次变换，得到语义向量 C，即 $C=g(h^{(1)},h^{(2)},\cdots,h^{(N)})$。

语义向量 C 可以看作包含了全部输入序列信息的集合，将语义向量 C 生成指定序列的过程称为解码。在解码的过程中，语义向量 C 可以只作为初始状态传入解码器，不参与每一个时间步的输入；也可以参与解码器序列所有时间步的运算，每一时间步的输出 $y^{(t')}$ 由前一时间步的输出 $y^{(t'-1)}$、前一时间步的隐藏状态 $h'^{(t'-1)}$ 和语义向量 C 共同决定。

(2) 注意力机制

注意力是指人的心理活动指向和集中于某种事物的能力。人脑可以从视觉、听觉、嗅觉、味觉、触觉等大量输入信息中选择小部分的有用信息来重点处理，并忽略其他信息，这才使得人们能够专注于工作和学习。

在 Seq2Seq 模型中，也需要引入类似的注意力，因而人们提出了**注意力机制**（Attention Mechanism）。例如，在语言翻译的时候，待翻译文本的每一个词在句子中都有不同的地位，解码器在生成输出序列中的每一个词时，可能只需要利用输入序列中某一部分的信息，若不加以区别地将信息全部利用，那么反而会造成干扰，导致翻译出来的句子效果不佳。通过引入注意力机制，让解码器在每一时间步对输入序列中不同时间步的表征或编码信息分配不同的注意力，从而聚焦重点，提升模型效果。

从 Seq2Seq 模型结构中，我们不难发现它的局限性。解码器在各个时间步都依赖一个固定长度的语义向量 C 来获取输入序列信息，这使得解码器生成的每个词条所依据的"上下文"都是相同的，并没有注意力的分配。如果待翻译序列很长，固定长度的语义向量 C 可能难以完整地保存输入序列信息。解码器的输出可以表示为式（4-8）。
$$y^{(t')}=f(y^{(t'-1)},h'^{(t'-1)},C) \quad (4-8)$$

引入注意力机制，通过对编码器所有时间步的隐藏状态做加权平均来得到语义向量。解码器在每一时间步调整注意力权重，从而能够在不同的时间步分别关注输入序列中的不同部分，并将其编码到相应时间步的语义变量中。在引入注意力机制后，解码器的输出可以表示为式（4-9）。
$$y^{(t')}=f(y^{(t'-1)},h'^{(t'-1)},C^{(t')}) \quad (4-9)$$

式（4-9）中的 $C^{(t')}$ 是与时间步 t' 相关的语义向量，与输出词条和输入语句中各个词条的注意力概率分布有关，如图 4-10 所示。

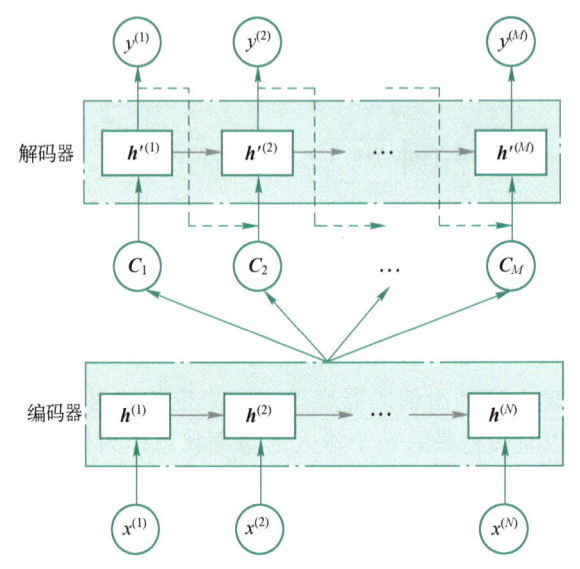

图 4-10　引入注意力机制的编码-解码基本架构

在编码-解码模型中，注意力机制主要用于处理输入和输出序列之间的对应关系，而自注意力机制（Self-Attention Mechanism）则用于序列内部不同位置之间的关系建模。在自注意力机制中，每个输入位置都可以关注到其他位置的信息，并且权重是根据输入序列中不同位置之间的相似度计算得到的。自注意力机制最常用于 Transformer 模型中，用于捕捉输入序列中不同位置之间的语义关系，从而提高模型对长距离依赖的建模能力。

4.2.4　Transformer 模型

2017 年，Google 提出了 Transformer 模型，它是对 Seq2Seq 模型的改进，对 NLP 领域的影响尤为巨大，目前主流的预训练模型均以 Transformer 模型为基础进行修改。

Transformer 模型采用的是编码-解码架构，其基本架构如图 4-11 所示。可以看到，在编码器网络块中，包含一个多头注意力（Multi-Head Attention）层和一个前馈神经网络层。解码器网络块比编码器网络块多了一个 Mask 机制的多头注意力层。为了让模型更好地学习两个词之间的相对位置关系，还在词向量中添加了位置编码（Positional Encoding）。

在论文"Attention Is ALL You Need"中以翻译模型为例给出了 Transformer 模型的总体架构，它是由 6 个结构相同但权值不同的编码器和解码器相互堆叠而成的，如图 4-12 所示。

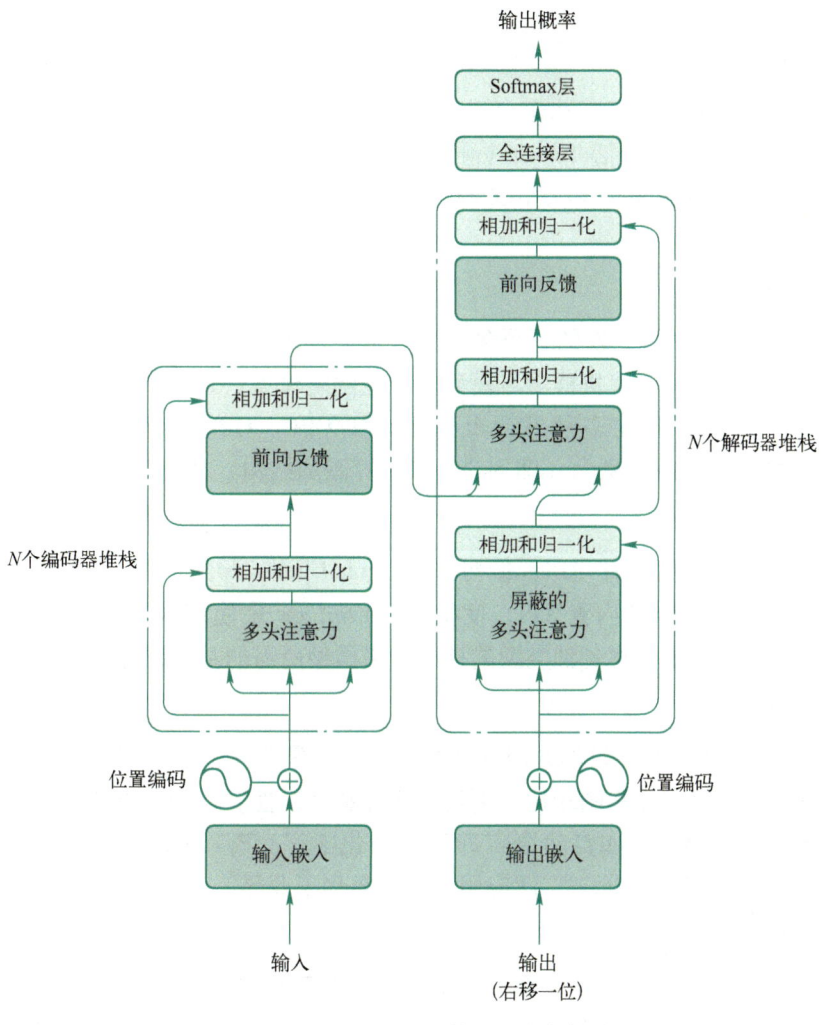

图 4-11　Transformer 模型基本架构

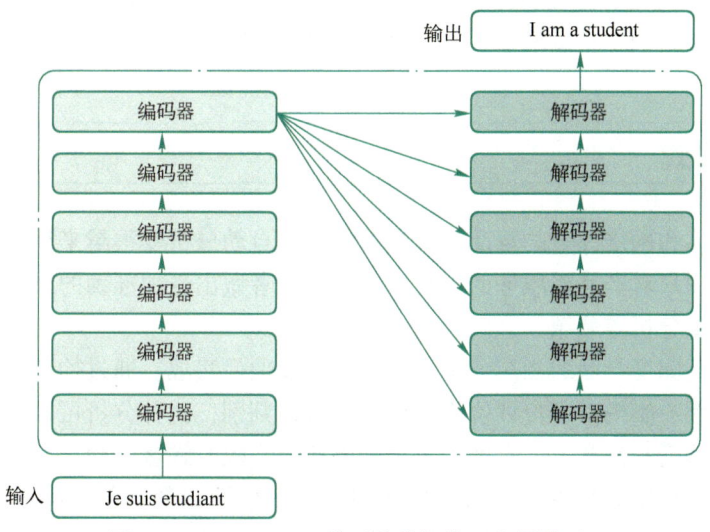

图 4-12　Transformer 模型总体架构（翻译模型）

4.2.5 深度学习框架

在进行项目开发之前，应当选定合适的深度学习框架，便于实现神经网络的构建和训练。常见的深度学习框架包括 TensorFlow、Keras、PyTorch、PaddlePaddle、Caffe、Theano、CNTK、MXNet、Deeplearning4j 和 ONNX 等，它们各有所长，各具特色。以下介绍几个较为流行的框架。

1. TensorFlow

TensorFlow 是由 Google 开发的开源深度学习框架，最初发布于 2015 年。它提供了丰富的工具和库，用于构建和训练机器学习模型、神经网络模型。TensorFlow 具有灵活性和可扩展性，支持分布式计算和在多种平台上运行，如 CPU、GPU 和 TPU（Tensor Processing Unit）。它使用静态计算图的概念（即用户定义计算图的结构）执行计算。

2. Keras

Keras 是一个高级神经网络 API，最初由 François Chollet 开发。从 TensorFlow 2.0 版本开始，Keras 成为 TensorFlow 的内置 API，使得在 TensorFlow 中使用 Keras 更加方便。Keras 设计简单易用，同时提供了构建各种类型的神经网络模型所需的基本组件。

3. PyTorch

PyTorch 是由 Facebook 开发的开源深度学习框架，最初发布于 2017 年。PyTorch 采用动态计算图的方式，与静态计算图相比，更具灵活性和直观性。这使得 PyTorch 在动态计算需求较高的任务中表现出色，如自然语言处理和强化学习。PyTorch 还提供了丰富的工具和库，并且支持 GPU 加速，因此被广泛应用于学术界和工业界。

4. PaddlePaddle

PaddlePaddle（飞桨）是由百度开发的开源深度学习平台，最初发布于 2016 年。它提供了端到端的深度学习解决方案，包括模型开发、训练、部署和服务化。PaddlePaddle 具有易用性和高效性的特点，支持分布式计算和多种硬件（如 CPU、GPU 和 ASIC）加速。它还提供了飞桨框架和飞桨 PaddleX 等工具，使得深度学习任务更加简单和高效。

4.3 项目实战

随着社交媒体和网络评论的普及，对文本情感的自动分析变得越来越重要。文本情感分析可以帮助了解用户对产品或服务的态度，帮助决策者做出更加准确的决策，也可以用于舆情监控、用户情感分析等领域。

本节针对实现深度学习的酒店评价情感分析开展项目实战。通过构建基于 LSTM 网络的文本情感分析模型，实现对客户评价文本情感的自动判别，这种分析可以帮助酒店管理者了解顾客对酒店的感受和满意度，有助于改善服务质量、提升顾客体验。

本项目中文本情感分析的基本流程主要包括：读取语料数据集、语料预处理和特征提取、模型定义、模型训练、模型评估和模型测试。

4.3.1 读取语料数据集

酒店评价文本语料数据集"ChnSentiCorp_htl_all.csv"存储于项目的 data 文件目录中。该数据集内容来源于某在线酒店预订平台，包含 7000 多条酒店评论数据，其中正面评论有 5000 多条，分类标签为"1"；负面评论有 2000 多条，分类标签为"0"。

读取并分析语料数据，如代码清单 4-1 所示。

代码清单 4-1　读取并分析语料数据

```
import pandas as pd

# 读取酒店评价文本语料数据集
dataset = pd.read_csv('../data/ChnSentiCorp_htl_all.csv').dropna()
print(dataset)
print('总体评论数目：%d' % dataset.shape[0])
print('正向评论数目：%d' % dataset[dataset.label==1].shape[0])
print('负向评论数目：%d' % dataset[dataset.label==0].shape[0])
```

运行代码清单 4-1，获取指定文件的语料数据并对数据进行展示，查看数据的标签（label）分布情况。dropna 方法的作用是删除包含缺失值（NaN）的行或列。

```
        label                                            review
0           1  前台和楼层服务员都不错，房间安静整洁、交通方便、周围餐饮店也挺多。
1           1  商务大床房，房间很大，床有 2 米宽，整体感觉经济实惠！
2           1  闹中取静的一个地方，在窗前能看到不错的风景。酒店价格较为合理。
...       ...                                            ...
7771        0  该酒店卫生情况较差，特别是早晨 6 点多，我听到卫生间有两只老鼠在嘶叫，感觉特别差，硬件设施与价...
7772        0  网上的介绍比较好，但是实际却是另一番景象。交通非常不便，晚上除非包车否则根本没法出行；另外酒...
7773        0  卫生条件太差，卫生间小，并且房间也不隔音，窗外人来人往影响休息。

[7773 rows x 2 columns]
总体评论数目：7773
正向评论数目：5326
负向评论数目：2447
```

4.3.2 语料预处理和特征提取

使用 jieba 分词库对每条评论文本进行分词，并去除停用词，得到经过处理的词汇表。将每条评论文本中的词汇根据词汇表映射为数字 ID 序列，表示该评论的数字特征。为了方便模型的训练，需要将评论数据索引的长度标准化，每条评论取 50 个词作为标准，如果评论长度不足，则用 0 填充至指定长度。将处理好的数据集划分为训练集和测试集，其中 80% 的数据作为训练集，20% 的数据作为测试集。

将评论文本进行预处理和特征提取，如代码清单 4-2 所示。

代码清单 4-2　语料预处理和特征提取

```python
import jieba
import numpy as np

# 分词，去除停用词，生成词汇表
with open('../data/stopwordsHIT.txt', 'r', encoding='utf-8') as f:
    stopwords_list = [line.strip() for line in f.readlines()]  # 加载停用词表并去重
vocab = []                                                      # 词汇表

df = dataset[['label', 'review']]
reviews = df.review.values.tolist()
labels = df.label.values.tolist()

for review in reviews:
    text = review
    # 使用jieba分词库对文本进行分词
    disease_List = list(set(jieba.cut(text)))
    # 去除停用词
    filtered = [w for w in disease_List if(w not in stopwords_list)]
    vocab.extend(filtered)                                      # 将分词结果加入词汇表
vocab = list(set(vocab))                                        # 去重
# 将词汇表中的词语映射为数字ID
Vocab = dict()
Vocab.setdefault(' ', 0)
for i in range(len(vocab)):
    Vocab[vocab[i]] = i+1
# 将评论文本转化为数字ID序列
def generate_ids(review):
    text = review
    disease_List = list(set(jieba.cut(text)))
    filtered = [w for w in disease_List if(w not in stopwords_list)]
    res = [Vocab[val] for val in filtered]
    return res
# 将评论的数字ID序列标准化，使它们具有相同的长度
pad_size = 50                                                   # 每条评论的长度
input_ids = []                                                  # 记录评论的数字ID序列
label = []                                                      # 记录评论的标签
for i in range(len(df)):
    ids = generate_ids(reviews[i])                              # 将评论文本转化为数字ID序列
    if len(ids) < pad_size:
        ids = ids + [0] * (pad_size - len(ids))                 # 在数字ID序列末尾填充0
    else:
        ids = ids[:pad_size]                # 如果数字ID序列超过了指定的长度，那么将其截断
    input_ids.append(ids)
    label.append([int(labels[i])])                              # 将标签加入列表中
```

项目 4　实现深度学习的酒店评价情感分析

```
# 划分训练集和测试集
# 将样本随机打乱
random_order = list(range(len(input_ids)))
np.random.seed(2024)         # 设置随机种子,以确保每次运行时结果相同
np.random.shuffle(random_order)
# 将样本分成训练集和测试集
input_ids_train = np.array([input_ids[i] for i in random_order[:int(len(input_ids) * 0.8)]])
y_train = np.array([label[i] for i in random_order[:int(len(input_ids) * 0.8)]])
input_ids_test = np.array([input_ids[i] for i in random_order[int(len(input_ids) * 0.8):]])
y_test = np.array([label[i] for i in random_order[int(len(input_ids) * 0.8):]])

print('训练集样本量: ',len(input_ids_train))
print('测试集样本量: ',len(input_ids_test))
```

运行代码清单 4-2,输出训练集和测试集样本量如下。

```
训练集样本量:6218
测试集样本量:1555
```

4.3.3　模型定义

　　定义一个基于 PyTorch 的 LSTM 模型,用于文本情感分类任务,包括词嵌入层、LSTM 层和全连接层,通过前向传播将文本向量转化为情感分类结果。

　　代码中设置了模型相关参数,包括词汇表的大小、词嵌入向量的维度、LSTM 层隐藏状态的维度、情感分类的类别数等,最后构建 LSTM 模型,如代码清单 4-3 所示。

代码清单 4-3　模型定义

```
import torch
import torch.nn as nn

# 定义 LSTM 模型
class LSTMModel(nn.Module):
    def __init__(self, vocab_size, embed_size, hidden_size, num_classes):
        super(LSTMModel, self).__init__()
        # 定义词嵌入层
        self.embedding = nn.Embedding(vocab_size, embed_size)
        # 定义 LSTM 层
        self.lstm = nn.LSTM(embed_size, hidden_size, batch_first=True)
        # 定义全连接层
        self.fc = nn.Linear(hidden_size, num_classes)

    def forward(self, x):
        # 将输入的单词索引转换为对应的词向量
        embedded = self.embedding(x)
        # 处理嵌入层输出的序列数据,提取序列中的特征信息
        out, _ = self.lstm(embedded)
```

```
# 将 LSTM 层输出的特征映射到分类结果
    out = self.fc(out[:, -1, :])
    return out
# 设置模型的参数
vocab_size = len(vocab)              # 词汇表的大小
embed_size = 100                     # 词嵌入向量的维度
hidden_size = 128                    # LSTM 层隐藏状态的维度
num_classes = 2                      # 情感分类的类别数
# 创建 LSTM 模型
model = LSTMModel(vocab_size, embed_size, hidden_size, num_classes)
```

在定义基于 LSTM 的情感分类模型时，涉及 3 个关键的神经网络层，主要为词嵌入层、LSTM 层和全连接层，它们的作用如下。

- 词嵌入层。将输入的单词索引转换为对应的词向量，每个词向量是一个高维空间中的向量，用于捕捉单词之间的语义关系。
- LSTM 层。处理嵌入层输出的序列数据，提取序列中的特征信息。LSTM（长短期记忆网络）是一种特殊的 RNN（循环神经网络），能够很好地捕捉序列中的长期依赖关系。
- 全连接层。将 LSTM 层输出的特征映射到分类结果。全连接层通常用于分类任务的最后一层。

设置以上 3 个神经网络层的方法分别是 nn.Embedding 方法、nn.LSTM 方法和 nn.Linear 方法，它们的参数说明分别见表 4-1~表 4-3。

表 4-1　nn.Embedding 方法的参数及其说明

参 数 名 称	参 数 说 明
vocab_size	词汇表的大小，即模型能够识别的不同单词的总数
embed_size	每个词的词向量的维度

表 4-2　nn.LSTM 方法的参数及其说明

参 数 名 称	参 数 说 明
embed_size	输入到 LSTM 层的特征维度，这里是嵌入层输出的词向量维度
hidden_size	LSTM 层的隐藏层大小，即 LSTM 层输出的特征维度
batch_first	指定输入和输出的形状为（batch, seq, feature）

表 4-3　nn.Linear 方法的参数及其说明

参 数 名 称	参 数 说 明
hidden_size	输入到全连接层的特征维度，即 LSTM 层的输出维度
num_classes	分类任务的类别数量，即模型需要预测的不同类别的数量

4.3.4　模型训练

想要实现一个完整的训练过程，首先需要定义一个自定义数据集类 SentimentDataset，然后将训练数据和测试数据分别转换成 TensorDataset 对象,并使用 RandomSampler 方法和 SequentialSampler 方法定义数据采样方式,最后通过 DataLoader 方法将数据集对象封装成可迭代对象,以便在训练和测试过程中按批次(batch)加载数据。其中,损失函数设为交叉熵损失函数 CrossEntropyLoss、优化器设为 Adam、每批次训练样本数 batch_size 设为 32、遍历数据集的轮数(epochs)num_epochs 设为 10。

在每轮(epoch)训练中,通过数据加载器加载数据进行训练,计算损失函数并进行反向传播优化模型参数,同时输出训练状态信息,如代码清单 4-4 所示。

代码清单 4-4 模型训练

```python
import torch.optim as optim
from torch.utils.data import Dataset, DataLoader
from torch.utils.data import TensorDataset, RandomSampler, DataLoader, SequentialSampler

# 定义一个自定义数据集类
class SentimentDataset(Dataset):
    def __init__(self, data, labels):
        self.data = data
        self.labels = labels
    def __getitem__(self, index):
        return self.data[index], self.labels[index]
    def __len__(self):
        return len(self.data)

# 设置超参数
batch_size = 32           # 每批次训练样本数
num_epochs = 10           # 遍历数据集的轮数

# 初始化数据集和数据加载器
# 将训练数据和训练标签组合成一个数据集对象,便于后续的数据加载
train_data = TensorDataset(torch.LongTensor(input_ids_train), torch.LongTensor(y_train))
# 每轮开始时,在训练数据中随机选取样本以组成一批,有助于提高模型的泛化能力
train_sampler = RandomSampler(train_data)
# 将数据集对象封装成一个可迭代对象,以便在训练过程中按批次加载数据
train_loader = DataLoader(train_data, sampler=train_sampler, batch_size=batch_size)

# 将测试数据和测试标签组合成一个数据集对象,便于后续的数据加载
test_data = TensorDataset(torch.LongTensor(input_ids_test), torch.LongTensor(y_test))
# 在测试数据中按顺序选取样本以组成一批,确保结果的可重复性和一致性
test_sampler = SequentialSampler(test_data)
# 将数据集对象封装成一个可迭代对象,以便在测试过程中按批次加载数据
test_loader = DataLoader(test_data, sampler=test_sampler, batch_size=batch_size)

# 初始化模型、损失函数和优化器
model = LSTMModel(vocab_size, embed_size, hidden_size, num_classes)
criterion = nn.CrossEntropyLoss()                                    # 交叉熵损失函数
optimizer = optim.Adam(params=model.parameters(), lr=0.001)          # Adam 优化器
```

```python
# 训练模型
total_step = len(train_loader)          # 计算总的训练步数
for epoch in range(num_epochs):
    for i, (data, labels) in enumerate(train_loader):
        # 正向传播
        outputs = model(data)
        loss = criterion(outputs, labels.squeeze())
        # 反向传播和优化
        optimizer.zero_grad()
        loss.backward()
        optimizer.step()
        # 输出状态信息
        if (i+1) % 100 == 0:
            print('Epoch [{}/{}], Step [{}/{}], Loss: {:.4f}'.format(epoch+1, num_epochs, i+1, total_step, loss.item()))
```

在深度学习中，Adam（Adaptive Moment Estimation）是一种常用的优化算法。它结合了两种经典的优化算法：动量（Momentum）和 RMSProp，自适应地调整每个参数的学习率（Learning Rate），从而加速收敛并改善模型的性能。

Adam 优化器的作用是在训练过程中调整模型的参数，以最小化损失函数。相比于传统的梯度下降方法，Adam 在处理稀疏梯度和非平稳目标上表现更好，适用于大多数深度学习任务。

Adam 优化器的参数及其说明见表 4-4。

表 4-4　Adam 优化器的参数及其说明

参 数 名 称	参 数 说 明
params	待优化的参数列表或生成器，通常使用 model.parameters() 来获取模型的所有参数
lr	学习率。控制每次参数更新的步长。默认值通常是 0.001

运行代码清单 4-4，进行模型训练，训练过程输出的相关信息如下。

```
Epoch [1/10], Step [100/195], Loss: 0.5653
Epoch [2/10], Step [100/195], Loss: 0.4132
Epoch [3/10], Step [100/195], Loss: 0.2658
Epoch [4/10], Step [100/195], Loss: 0.1986
Epoch [5/10], Step [100/195], Loss: 0.0593
Epoch [6/10], Step [100/195], Loss: 0.0184
Epoch [7/10], Step [100/195], Loss: 0.0621
Epoch [8/10], Step [100/195], Loss: 0.0148
Epoch [9/10], Step [100/195], Loss: 0.0397
Epoch [10/10], Step [100/195], Loss: 0.0640
```

可以看出，模型在测试集上的损失值随着模型训练轮数的增加，整体呈下降趋势。

4.3.5 模型评估

对训练好的模型使用测试数据进行评估，输出模型的评估结果，如代码清单4-5所示。

代码清单4-5 模型评估

```
from sklearn import metrics
import matplotlib.pyplot as plt
import seaborn as sns

# 使用测试数据进行模型评估
model.eval()
predict = []
with torch.no_grad():
    for data, labels in test_loader:
        outputs = model(data)
        _, predicted = torch.max(outputs.data, 1)
        predict.extend(predicted.detach().numpy())
acc = metrics.accuracy_score(y_test, predict)
print('测试集的准确率为：', acc)
print('精确率、召回率、F1值分别为：')
print(metrics.classification_report(y_test, predict))

# 定义绘制混淆矩阵的方法
def plot_confusion_matrix(y_true, y_pred, labels):
    # 计算混淆矩阵
    cm = metrics.confusion_matrix(y_true, y_pred)
# 创建热力图
    plt.figure(figsize=(4, 3))
    sns.set(font_scale=1.2)          # 设置字体大小
    sns.heatmap(cm, annot=True, fmt='d', cmap='Blues', xticklabels=labels, yticklabels=labels)
    plt.xlabel('Predicted Label')
    plt.ylabel('True Label')
    plt.title('Confusion Matrix')
    plt.show()
# 绘制混淆矩阵图
plot_confusion_matrix(y_test, predict, labels=['Negative', 'Positive'])
```

运行代码清单4-5，输出模型的评估结果如下。同时输出模型的混淆矩阵，如图4-13所示。

可以看出，模型在测试集上的准确率达到了约0.835。然而，模型对于负面评论的预测准确率较差，从LSTM模型的混淆矩阵可知，测试集中有471条负面评论样本数据，而模型预测错误的多达125个。

出现上述问题的原因之一是训练语料的不平衡，训练语料数据中正面评论数目明显多于负面评论数目，模型可能会倾向于学习较多样本的类别，从而导致对少数类别的识别能力不足。

```
测试集的准确率为：0.8353697749196142
精确率、召回率、F1值分别为：
              precision    recall  f1-score   support

           0       0.73      0.73      0.73       471
           1       0.88      0.88      0.88      1084

    accuracy                           0.84      1555
   macro avg       0.80      0.81      0.81      1555
weighted avg       0.84      0.84      0.84      1555
```

Confusion Matrix

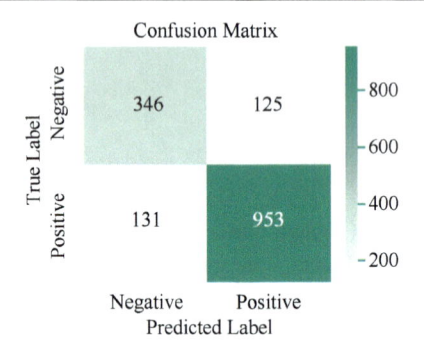

	Negative	Positive
Negative	346	125
Positive	131	953

图 4-13　混淆矩阵

为了解决训练语料不平衡带来的问题，可以采取以下方法。

- 过采样（Oversampling）：增加少数类别样本的副本或生成新的合成样本，使得各个类别之间的样本数量更加均衡。
- 欠采样（Undersampling）：减少多数类别样本的数量，使得各个类别之间的样本数量更加均衡。

构造平衡语料数据集，如代码清单4-6所示。调用get_balance_corpus方法构造样本数为6000的平衡语料数据集dataset_6000，其中正向评论样本数欠采样为3000，负面评论样本数过采样为3000。sample方法对原语料数据集进行采样，并且当样本数不足时会进行替换采样，即从原始数据集中随机选择样本，并且可能多次选择同一个样本。

代码清单 4-6　构造平衡语料数据集

```
pd_positive = dataset[dataset.label==1]
pd_negative = dataset[dataset.label==0]

def get_balance_corpus(corpus_size, corpus_pos, corpus_neg):
    sample_size = corpus_size // 2
    pd_corpus_balance = pd.concat([corpus_pos.sample(sample_size, replace=corpus_pos.shape[0]<sample_size), \
                                   corpus_neg.sample(sample_size, replace=corpus_neg.shape[0]<sample_size)])
    print('总体评论数目：%d' % pd_corpus_balance.shape[0])
    print('正面评论数目：%d' % pd_corpus_balance[pd_corpus_balance.label==1].shape[0])
```

项目 4　实现深度学习的酒店评价情感分析

```
        print('负面评论数目：%d' % pd_corpus_balance[pd_corpus_balance.label==0].shape[0])
        return pd_corpus_balance
# 构造平衡语料数据集
dataset_6000 = get_balance_corpus(6000, pd_positive, pd_negative)
```

运行代码清单 4-6，输出平衡语料数据集的样本标签情况如下。

```
总体评论数目：6000
正面评论数目：3000
负面评论数目：3000
```

将平衡语料数据集 dataset_6000 进行语料预处理和特征提取（参照代码清单 4-2），用于新的 LSTM 模型的训练（参照代码清单 4-4），再进行模型评估（参考代码清单 4-5）。此过程的代码实现不再赘述，请读者自行思考并编写对应代码。

基于 dataset_6000 语料数据集的 LSTM 模型评估结果如下。同时输出模型的混淆矩阵，如图 4-14 所示。

```
测试集的准确率为：0.8716666666666667
精确率、召回率、F1值分别为：
              precision    recall  f1-score   support

           0       0.83      0.93      0.88       597
           1       0.93      0.81      0.86       603

    accuracy                           0.87      1200
   macro avg       0.88      0.87      0.87      1200
weighted avg       0.88      0.87      0.87      1200
```

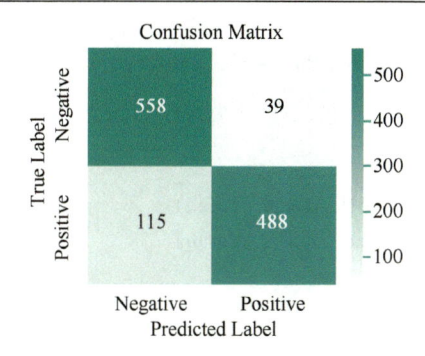

图 4-14　LSTM 模型混淆矩阵（基于平衡语料）

可以看出，模型在测试集上的准确率达到了约 0.872，并且对于正面、负面评论样本的预测准确率都较高，总体性能良好。可将此训练好的模型应用于新的酒店评价文本，进行情感分析预测。

4.3.6　模型测试

分别构造评价文本"酒店前台服务热情周到，提出的问题都能用心解决。环境整体温馨幽静，房间卫生整洁。下次还会选择。"和"真的是一言难尽啊，下次应该不会再选择这家酒店了。"，使用训练好的模型进行测试，输出预测结果，如代码清单4-7所示。

代码清单4-7 模型测试

```python
import jieba

# 构造评价文本
text1 = "酒店前台服务热情周到，提出的问题都能用心解决。环境整体温馨幽静，房间卫生整洁。下次还会选择。"
text2 = "真的是一言难尽啊，下次应该不会再选择这家酒店了。"

# 定义文本情感分类函数
def predict_sentiment(text, model, vocab, max_seq_len=50):
    # 分词并转化为数字ID序列
    word_ids = [vocab.get(word, 0) for word in jieba.cut(text)]
    # 截断或者填充到指定的长度
    if len(word_ids) < max_seq_len:
        word_ids.extend([0] * (max_seq_len - len(word_ids)))
    else:
        word_ids = word_ids[:max_seq_len]
    # 将数字ID序列转化为Tensor格式
    word_ids = torch.tensor([word_ids], dtype=torch.int64)
    # 模型预测
    with torch.no_grad():
        logits = model(word_ids)
    # 获取预测结果
    probs = torch.nn.functional.softmax(logits, dim=-1)
    # 获取概率最大的类别
    pred_label = torch.argmax(probs, dim=-1).item()
    return pred_label

# 模型预测
pred_label1 = predict_sentiment(text1, model, Vocab)
pred_label2 = predict_sentiment(text2, model, Vocab)
# 展示输出
print("酒店评价：", text1)
if pred_label1 == 1:
    print("文本情感分析结果：正面评价")
else:
    print("文本情感分析结果：负面评价")
print("\n酒店评价：", text2)
if pred_label2 == 1:
    print("文本情感分析结果：正面评价")
else:
    print("文本情感分析结果：负面评价")
```

运行代码清单4-7，输出的模型的预测结果如下。

> 酒店评价：酒店前台服务热情周到，提出的问题都能用心解决。环境整体温馨幽静，房间卫生整洁。下次还会选择。
> 文本情感分析结果：正面评价
>
> 酒店评价：真的是一言难尽啊，下次应该不会再选择这家酒店了。
> 文本情感分析结果：负面评价

可以看出，模型正确地预测出了新的酒店评价文本情感类别。

4.4 项目小结

在本项目中，我们学习了自然语言处理的常见特征抽取器，分别是CNN、RNN及其变体和Transformer。CNN在处理视觉任务方面表现更出色，RNN的缺点在于无法有效学习到远距离的依赖关系，LSTM网络则在一定程度上解决了RNN的梯度消失问题。需要注意的是，梯度消失不会导致参数无法更新，但会使得前面部分的输入对网络参数的更新影响减弱，从而难以学习到远距离的依赖关系。此外，无论是RNN的后续状态还是LSTM网络的后续状态，都依赖于前面的状态，因此难以实现并行运算，导致训练速度较慢。2017年以前，NLP领域中效果较好的网络往往都采用了RNN结构（包括LSTM网络以及其他改进的RNN）。2017年，Google团队在论文"Attention Is All You Need"中提出了Transformer模型，抛弃了CNN、RNN、LSTM等网络结构，提出了使用Attention机制来进行机器翻译任务。目前，Transformer结构广泛应用于BERT、GPT系列的网络，并取得了很好的效果，成为目前NLP中主流的特征抽取器。

在项目实战中，以基于LSTM网络的文本情感分析为例，详细展示了从数据读取、评论词语向量化到模型构建、训练、评估和测试的完整流程。通过这个项目，读者可以深入理解深度学习模型在文本情感分析中的应用和优势。

4.5 知识拓展

深入了解深度学习模型：学习更多关于卷积神经网络、循环神经网络以及Transformer模型的原理和应用，探索它们在文本处理任务中的优势和适用场景。

探索其他情感分析模型：除了LSTM网络以外，还可以尝试使用其他深度学习模型，如GRU、BERT（双向编码器表示转换器）等，进行文本情感分析，比较不同模型的性能和效果。

数据增强与迁移学习：了解数据增强技术（如数据清洗、数据扩增等）对情感分析模型的影响，以及如何利用迁移学习提升模型的泛化能力。

模型解释和可解释性：探索深度学习模型的解释性方法，如LIME（局部识别和模型解释）等，以便更好地理解模型预测结果的依据和可信度。

4.6 习题

一、选择题

1. 深度学习通过多层神经网络自动学习文本表示，无须手动设计特征。以下哪种模型不属于常见的深度学习模型？（ ）
   A. RNN   B. LSTM
   C. SVM   D. Transformer
2. 前馈神经网络（FNN）中每个圆圈代表（ ）。
   A. 一个输入数据   B. 一个权重
   C. 一个人工神经元   D. 一个偏置量
3. 以下哪项不是卷积神经网络（CNN）的特点？（ ）
   A. 局部连接   B. 权重共享
   C. 带有自反馈的神经元 D. 前馈神经网络
4. 循环神经网络（RNN）增加了（ ）机制，使其具有短期记忆能力。
   A. 激活函数   B. 卷积计算
   C. 自反馈神经元   D. 权重共享
5. 在 RNN 中，以下哪种结构适用于序列分类任务？（ ）
   A. 多对一结构   B. 等长的多对多结构
   C. 非等长的多对多结构 D. 一对多结构
6. LSTM 网络通过（ ）机制解决了 RNN 的梯度消失和梯度爆炸问题。
   A. 卷积层   B. 池化层
   C. 门控机制   D. 前馈神经网络
7. 在 Transformer 模型中，为了更好地学习词之间的相对位置关系，引入了（ ）。
   A. 多头注意力   B. 位置编码
   C. 遗忘门   D. 细胞状态
8. 【多选】深度学习在 NLP 中的应用有哪些优势？（ ）
   A. 自动学习文本表示   B. 无须手动设计特征
   C. 高效处理非线性问题 D. 依赖专家知识和领域经验
9. 【多选】LSTM 网络的门控机制包括哪些门？（ ）
   A. 遗忘门   B. 输入门
   C. 输出门   D. 更新门
10. 【多选】Transformer 模型的主要组成部分有哪些？（ ）
    A. 编码器   B. 解码器
    C. 多头注意力层   D. 位置编码
11. 【多选】常见的深度学习框架有哪些？（ ）
    A. TensorFlow   B. Keras
    C. PyTorch   D. PaddlePaddle

二、操作题

在本项目的实战中，我们发现由于训练语料的不平衡，会导致模型对于负面评论的预测准确率较差。文中通过调用 get_balance_corpus 方法构造样本数为 6000 的平衡语料数据集 dataset_6000，其中正面评论样本数欠采样为 3000，负面评论样本数过采样为 3000。请基于平衡语料数据集 dataset_6000，完成以下任务。

1）进行语料预处理和特征提取。

2）训练新的 LSTM 模型。

3）进行模型评估，并与原模型对比。

4）对指定的评价文本进行模型预测。

项目 5　提取语音数据的 MFCC 特征

5.1　项目导入

随着智能手机、智能音箱等智能设备的普及，语音交互成为人机交互的重要方式，语音信号处理技术已经成为人机交互领域中至关重要的一部分。从语音识别和语音合成到说话人识别和情感识别，语音信号处理技术被广泛应用于各种应用场景中。

本项目重点介绍语音信号的表征、数字化、预处理、时频域分析、倒谱分析及特征提取的基本知识。在项目实战中，利用 Python 相关工具库实现语音数据预处理和提取 MFCC 特征，为进一步的语音信号处理和机器学习任务打下基础。

知识目标

- 了解语音信号时频表示的基本原理和应用。
- 理解语音信号数字化的采样、量化和编码等关键步骤。
- 掌握语音信号预处理的常用技术，如预加重、分帧与加窗、端点检测和音频分割等，能够对原始音频数据进行预处理。
- 掌握语音的 MFCC 特征的原理、提取方法。

能力目标

- 能够使用 Python 编程语言和相关的音频处理库 librosa，对音频数据进行预处理和特征提取。
- 具备基本的音频数据分析和特征提取的实践能力，能够应用所学知识解决实际问题。

素质目标

培养对语音信号处理领域的兴趣，提高科学分析和处理数据的素养。

5.2　知识链接

本节主要针对提取语音数据的 MFCC 特征项目实战所需的基本知识进行介绍。

5.2.1　语音的物理基础

语音是人的发音器官发出的具有一定社会意义的声音，以声波的方式在介质中传播。声波是一种纵波：它的振动方向和传播方向是一致的。响度、音高和音色是声音的"三要素"，在主观上可以描述具有振幅、频率和相位三个物理量的任何复杂的声音。

- 响度（Loudness）用来评价声音的强弱等级。它与声波振动的振幅有关，振幅越大，声音的响度越高；振幅越小，声音的响度越低。可以用强度来表征振幅的物理测量，单位是分贝（dB）。
- 音高（Pitch）用来评价声音的音调高低。它与声波振动的频率有关，频率越高，声音的音调越高；频率越低，声音的音调越低。频率的单位是赫兹（Hz），音高的单位是梅尔（Mel）。
- 音色（Timbre）用来评价声音的感觉特性。它与声波的谐波频谱和包络有关，不同频率成分的相对强度和相位关系决定了声音的音色。音色是衡量声音质地、品质和特色的特征，也是人声和乐器之间的区别之处。

5.2.2 语音信号的表征

人说话所产生的语音信息必须经过数字化才能被计算机存储和处理。数字化后的语音可以由时域波形图、频域波形图和语谱图表征，它们提供了不同角度的音频信息，帮助人们更好地理解和分析语音信号的特性。

1. 时域波形图

时域波形图是最基本的语音表示方式，它显示了语音信号的波形形状。通常情况下，横轴表示时间，纵轴表示信号的幅度。时域波形图展示了语音信号随时间的变化，能够直观地观察声音的起伏、强度和持续时间等特征。

语音信号的时域波形图，如图5-1所示。

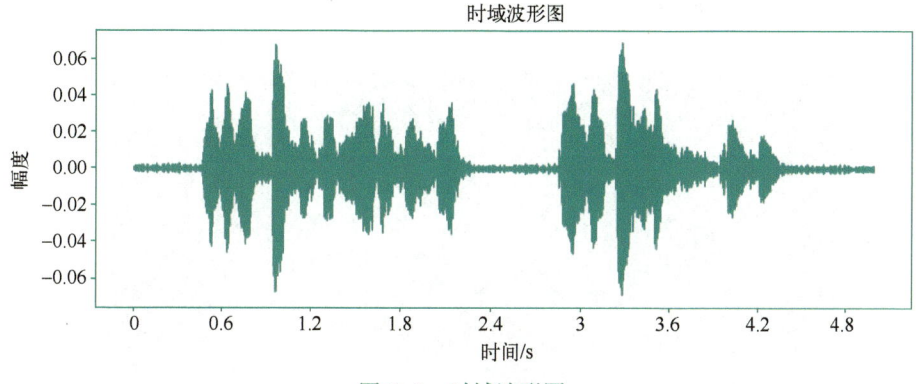

图5-1 时域波形图

2. 频域波形图

通过对语音信号进行傅里叶变换，可以将其从时域转换为频域而得到频谱（傅里叶谱），包含幅度和相位信息。

如果对该频谱进行取模操作，则可以得到幅度信息。幅度频谱图显示了语音信号在某一时刻的频率成分及其强度，图中横轴表示频率，纵轴表示该频率的幅度（强度），如图5-2所示。幅度频谱图主要用于观察信号的频率成分的强度，以及了解哪些频率成分在信号中占主导地位。此外，如果对该频谱进行取相位角操作，则可以得到相位信息，进而得到相位频谱图。

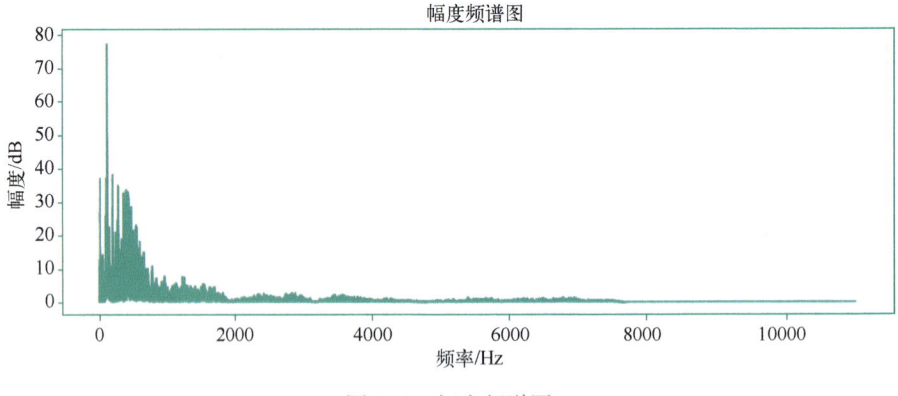

图 5-2 幅度频谱图

3. 语谱图

语谱图（spectrogram）是通过对语音信号进行分帧、加窗、傅里叶变换、计算功率谱等一系列步骤生成的图像。它能很好地展示语音信号随时间变化的频谱信息，因此广泛用于语音分析和处理。在语谱图中，横轴表示时间，纵轴表示频率，而像素的灰度值则表示语音信号在相应时刻和相应频率上的能量（频谱幅度的平方）。有时，为了更好地显示能量值，特别是在动态范围很大的情况下，可以将其转换为分贝尺度或将纵轴采用对数尺度。语谱图展示出的纹理特征可以用来区分不同的说话人、不同的语种、不同的音色、不同的情感等说话人的关键信息。这种反映语音信号动态频谱特性的时频图在语音分析中有重要的使用价值，被视为"可视语言"。

语音信号的语谱图，如图 5-3 所示。

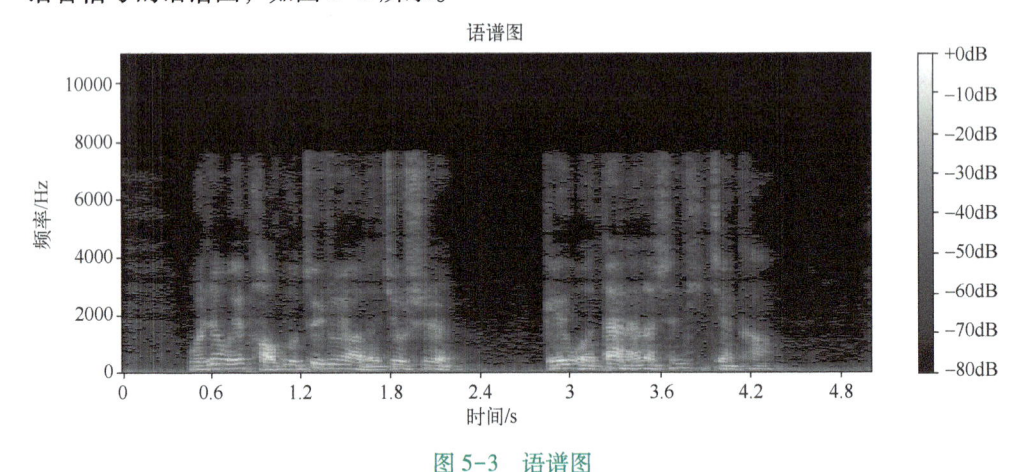

图 5-3 语谱图

从图 5-3 可以看出，语谱图借助二维平面图来表达三维信息，形成三维频谱。明亮的颜色区域代表这个时间段对应的频率范围有明显振幅更高的能量信息出现，而深色的区域代表音量分贝值（能量）很低。对应纵轴可以看出该段语音信号的频率和能量主要集中在 8000 Hz 以内。

5.2.3 语音信号的数字化

语音信号数字化的主要目的是将模拟的语音信号转换为数字形式，以便于计算机和数字系统的处理、存储与传输。语音信号数字化是现代通信和信息处理领域的重要基础，为语音通信、语音识别、语音合成、语音分析等应用提供了可靠的数据基础和技术支持。

语音信号的数字化流程涉及采样、量化和编码，其流程如图 5-4 所示。

1. 采样

采样（Sampling）过程是进行模拟信号数字化的第一步，模拟信号被采样后，称为采样信号，采样信号在时间上是离散的，但在取值上仍然是连续的，因此仍然是模拟信号。

在采样过程中，需要按照一定的时间间隔对模拟信号进行测量和记录。这个时间间隔也称为采样周期，它决定了数字信号的精度和质量。采样过程如图 5-5 所示。

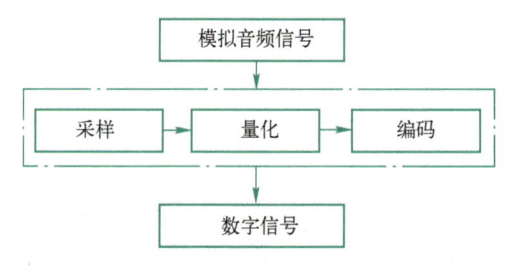

图 5-4 语音信号的数字化流程

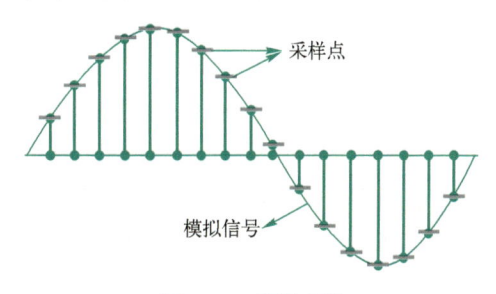

图 5-5 采样过程

图 5-4 中的连续曲线是模拟信号的波形，它的振幅随时间而变化，可以在任意时刻获得信号的振幅。图中标记的采样点表示在特定时间点对信号进行采样而得到该时刻的测量值，采样点之间的间距固定，反映了采样周期（采样率的倒数）。在采样过程中，只有采样点处的信号值被保留，其他时间点的信号值被丢弃。

在采样过程中，采样率是一个关键参数，对音频的还原和处理效果有重要影响。采样率是指每秒对模拟音频信号进行取样的次数，通常以赫兹（Hz）为单位。较高的采样率可提高音频的还原度和保真度，但也会增加文件大小和处理复杂度。常见的采样频率包括 8 kHz、16 kHz、44.1 kHz 和 48 kHz。语音信号通常使用较低的采样频率（如 8 kHz 或 16 kHz），而音乐信号通常使用较高的采样频率（如 44.1 kHz 或 48 kHz），以捕捉更丰富的频率成分。

根据奈奎斯特-香农采样定理（Nyquist-Shannon Sampling Theorem），模拟信号数字化需要采用高于信号最大频率两倍的采样频率，以避免混叠（aliasing）现象导致信号失真，确保采样后的数字信号能够较为准确地保留原始信号各频率的成分。

2. 量化

量化（Quantization）是指将采样得到的连续音频信号划分为一系列离散的数字振幅，是对信号的振幅轴进行离散化的过程。量化过程如图 5-6 所示。

在量化过程中，信号的振幅被划分为多个等间隔的量化等级，每个采样点的信号振幅近似为最接近的量化等级。这样，原始的连续振幅信号被转换为具有有限数量离散振幅的信号。

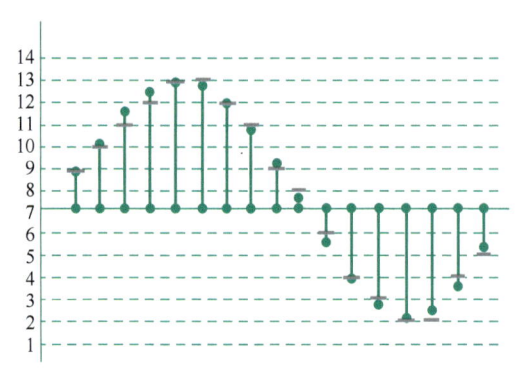

图 5-6　量化过程

- **量化精度**（Quantization Precision）指的是用于将模拟信号的连续振幅映射到离散数字值的量化级别的数量和精细程度。通常用位数来表示，如 8 位、16 位、24 位等。较高的量化精度意味着更多的量化级别，信号的振幅可以进行更精细的表示，从而提高了信号的分辨率和动态范围。例如，16 位量化相比 8 位量化，具有更高的动态范围和更低的量化误差。量化精度越高，信号的数字表示越接近原始模拟信号，但同时也会增加存储空间和处理复杂度。
- **量化误差**（Quantization Error）是指模拟信号的连续振幅被映射到离散数字值时产生的误差。即使是在高精度的量化情况下，量化过程也会引入一定程度的误差。量化误差的大小取决于量化精度以及模拟信号的动态范围和振幅变化。通常情况下，量化误差越小，信号的数字表示就越接近原始模拟信号。量化误差可以通过增加量化精度来减小，但在实际应用中需要权衡存储空间和处理复杂度。

3. 编码

编码（Encoding）是语音信号数字化过程的最后一步。尽管模拟语音信号在经过采样和量化后已经转换成数字形式，但数据量依然庞大。因此，语音信号在传输和存储之前，通常需要进行压缩编码，以减少传输码率或存储量，该过程可以用如图 5-7 所示的数字传输系统模型来概括。

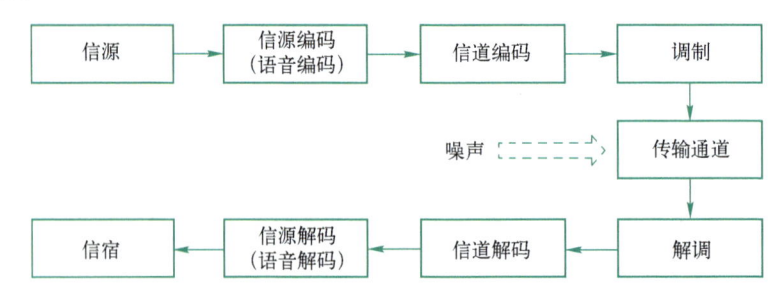

图 5-7　数字传输系统模型

传输码率也称为编码速率，表示传输每秒语音信号所需的比特数。语音编码的目的是在保证语音音质和可理解性的前提下，使用尽可能少的比特数来表示语音。

语音编码有多种分类方法。按传输码率可分为五类：高速率（32 kbit/s 以上）、中高速率（16~32 kbit/s）、中速率（4.8~16 kbit/s）、低速率（1.2~4.8 kbit/s）和极低速率

（1.2 kbit/s 以下）；按编码方法可分为三类：波形编码、参数编码和混合编码。
- 波形编码。基于语音信号的波形导出相应的数字编码形式，目的是尽量保持波形不变，使接收端能够完整再现原始语音。波形编码的抗噪性能强、语音质量好，但数据率较高，一般为 16~64 kbit/s。
- 参数编码。它又叫声码器技术，通过对语音信号进行分析，提取参数并对其进行编码。接收端用解码后的参数重构语音信号。参数编码注重听觉感知的重现，使解码语音听起来与输入语音相同，而不是保证波形相同。参数编码的数据率要求比波形编码低得多。
- 混合编码。结合波形编码和参数编码，从两个方面构造语音编码，既增加语音的自然度和质量，又可以比波形编码有较低的数据率。

语音信号可以在大幅压缩后仍保持可理解性，这是因为语音信号中存在大量冗余信息。语音编码利用各种技术减少这些冗余，以实现有效的压缩。

5.2.4 语音信号的预处理

在对语音信号进行分析和处理之前，需要对其进行预加重、分帧、加窗等预处理操作。这些操作的目的是消除人类发声器官本身和采集语音信号的设备所带来的混叠、高次谐波失真、高频等因素对语音信号质量的影响，尽可能保证后续语音处理所得到的信号更均匀、平滑，为信号参数提取提供优质的参数，从而提高语音处理质量。

1. 预加重

对于语音信号来说，大部分的信号能量一般集中在低频（8000 Hz）范围内，这导致了语音信号在高频段的信噪比可能较差，即高频部分的信息相对较弱。然而，高频的信息对语音特征的提取往往是有帮助的。为了突出语音信号中的高频成分，可以采用预加重技术。

预加重技术通过对语音信号进行高通滤波（一阶滤波），提升了语音信号中高频部分的能量，使得信号的频谱变得更加平坦，从而在低频到高频的整个频带中都能以更一致的信噪比求取频谱。其原理是将语音信号的每个采样点的数值减去其前一个采样点的数值，再乘以一个预设的预加重系数来更新原采样点的数值。一般来说，预加重系数的取值范围为 0.9~1。这种预处理操作有助于提高语音信号的整体信噪比和可分辨性，为后续的语音处理任务提供更可靠的基础。

2. 分帧与加窗

虽然语音信号具有时变特性，但是在一个短时间范围内（一般认为在 10~30 ms 的短时间范围内），其特性相对稳定。所以，在短时间范围内，可以将语音信号看作一个准稳态过程，即短时平稳性。任何语音信号的分析和处理必须建立在"短时"基础上，即进行"短时分析"，将语音信号分为短的时间片段——语音帧来分析其特征参数，这个过程称为分帧。

通常，取帧长（每帧的长度）为 10~30 ms，相邻帧之间存在一定的重叠，以保证帧与帧之间平滑过渡，保持其连续性。前一帧和后一帧的交叠部分称为帧叠。相邻两帧的起始位置差称为帧移。帧移与帧长的比值一般为 0~0.5。此时，对于整体的语音信号来讲，分析出的参数应该是由每一帧特征参数组成的特征参数时间序列。

图 5-8 给出了语音信号分帧示意图。

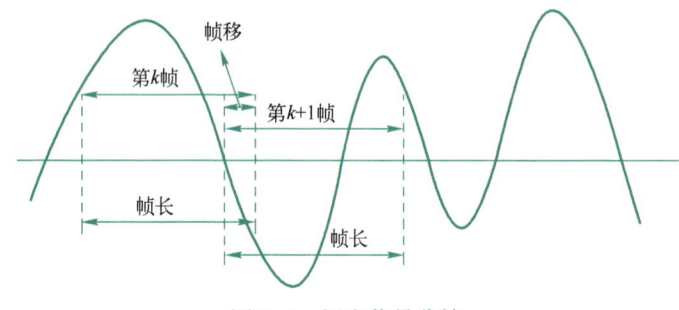

图 5-8 语音信号分帧

分帧是用可移动的有限长度窗口进行加权的方法来实现的，即用窗函数乘以语音信号以将语音信号分成帧，如图 5-9 所示。

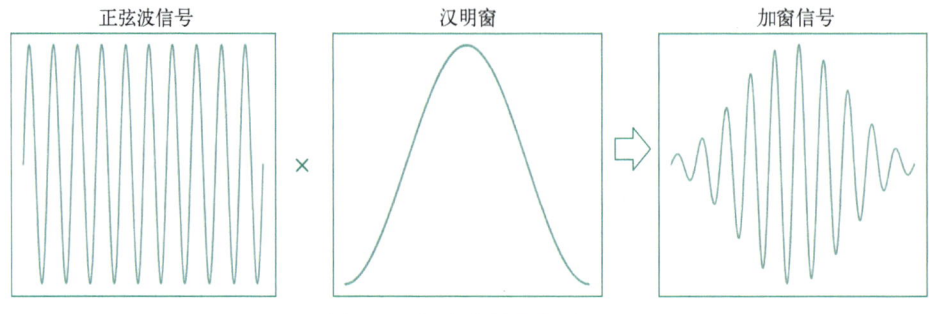

图 5-9 语音信号加窗过程

窗口的选择将影响语音信号分析的结果，此时主要考虑窗函数形式和窗函数长度这两个方面的影响因素。

窗函数的选择有很多种，如矩形窗（Rectangular Window）、汉宁窗（Hanning Window）、汉明窗（Hamming Window）、布莱克曼窗（Blackman Window）等。常用的窗函数如图 5-10 所示。

这些窗函数都具有低通的频率响应特性，主要在窗口的形状上有所区别，这将会影响分帧后短时特征。表 5-1 展示了常见窗函数的主要特性以及它们的适用场景。总体而言，矩形窗适用于频谱分辨率要求不高的场景，而汉宁窗、汉明窗和布莱克曼窗则适用于对频谱分析精度要求较高的场景，具体选择取决于应用需求和性能要求。

表 5-1 常见窗函数的主要特性以及它们的适用场景

窗函数	主 要 特 性	适 用 场 景
矩形窗	矩形窗函数在时域上为常数，频域上为 sinc 函数，具有宽主瓣和高旁瓣的特点，频谱泄漏严重	用于快速频谱分析，要求频率分辨率较低的情况
汉宁窗	汉宁窗在时域上比汉明窗更加平滑，频域上的主瓣较宽、旁瓣较低，频谱泄漏相对较小	适用于需要平滑信号的场景，如频谱分析和频率测量
汉明窗	汉明窗在时域上呈现出较好的平滑曲线，频域上具有较小的旁瓣，频谱泄漏相对较小，但主瓣宽度较大	适用于需要平衡主瓣宽度和旁瓣幅度的场景，如语音处理和音频处理
布莱克曼窗	布莱克曼窗在时域和频域上都具有较好的性能，具有最小的主瓣宽度和旁瓣幅度，频谱泄漏最小	适用于对频谱分析精度要求较高的场景，如信号处理中的高精度频率测量和谱估计

图 5-10　常用窗函数的时域波形

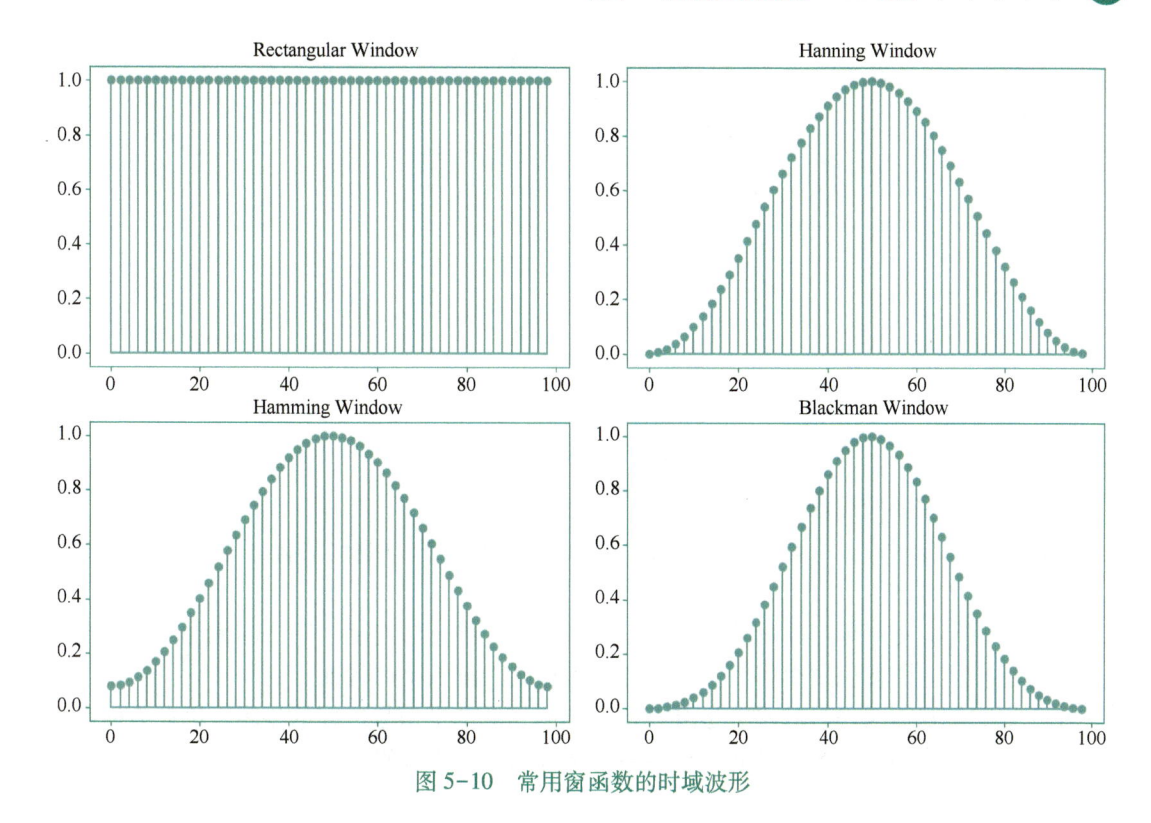

在窗函数长度方面，合适的窗口长度能更好地反映语音信号的幅度变化。如果窗函数长度特别大，那么窗函数相当于很窄的低通滤波器，此时信号短时信息将缓慢变化，因而不能充分反映波形变化的细节；如果窗函数长度特别小，那么滤波器的通带变宽，信号的能量将按照信号波形的细微状况而很快起伏，但不能得到较为平稳的短时信息。一般地，在采样频率为 10 kHz 的情况下，窗函数长度选择为 10~20 ms 的持续时间比较合适。

5.2.5　语音信号的时域分析

语音信号的时域分析即分析和提取语音信号的时域特征，通常应用于基本的特征分析及应用，如语音端点检测、语音分割等。

语音信号的时域特征主要有短时能量、短时过零率、短时自相关函数和短时平均幅度差函数等。

1. 短时能量分析

从图 5-1 所示的语音信号时域波形图可以看出，语音信号的能量随时间变化较为明显。语音信号的短时能量分析给出了反映这些幅度变化的合适的描述方法。第 n 帧语音信号 $x_n(m)$ 的短时能量 E_n 可以表示为式（5-1）

$$E_n = \sum_{m=0}^{N-1} x_n^2(m) \tag{5-1}$$

式中，$x_w(m)$ 表示 $x(m)$ 经过加窗处理后的语音信号，窗函数的长度为 N。

语音信号的短时能量图如图 5-11 所示。可以看出，短时能量图的包络变化和原信号时域波形图的包络变化相似。

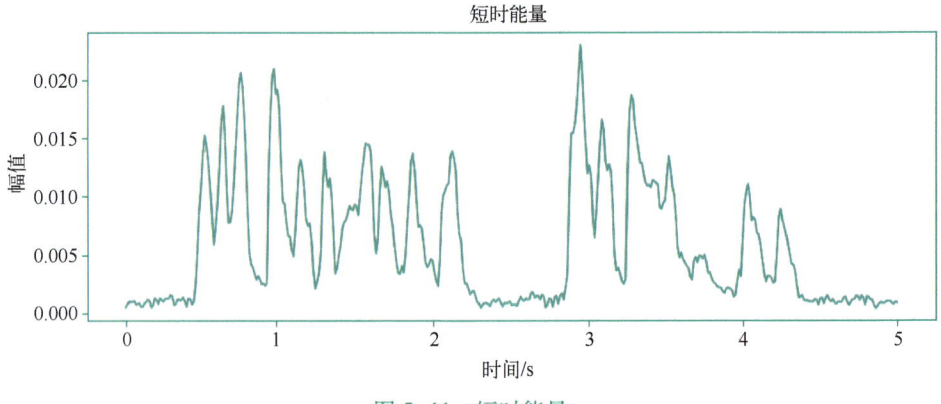

图 5-11 短时能量

短时能量的主要应用如下。
- **区分清音与浊音**。浊音（伴有声带振动的音）的能量一般比清音（不伴有声带振动的音）大很多。
- **边界划分**。对声母与韵母分界，对有声与无声分界，对连字（字之间无间隙）分界。
- **特征表示**。语音识别中作为一种超音段信息或能量大小的特征。

由于短时能量涉及信号的平方运算，增加了高、低电平信号之间的差距，因此有时会采用**短时平均幅值**来表示能量的变化，用绝对值运算代替平方运算。

2. 短时过零率

短时过零率是指每帧语音信号时域波形穿过坐标横轴（时间轴）的次数。对于连续信号，过零意味着波形通过时间轴；而对于离散信号，过零则是指相邻采样点的符号改变。一般地，高频信号（如清音、高频噪音等）有较高的短时过零率，低频信号（如浊音等）的短时过零率较低。

语音信号的短时过零率，如图 5-12 所示。

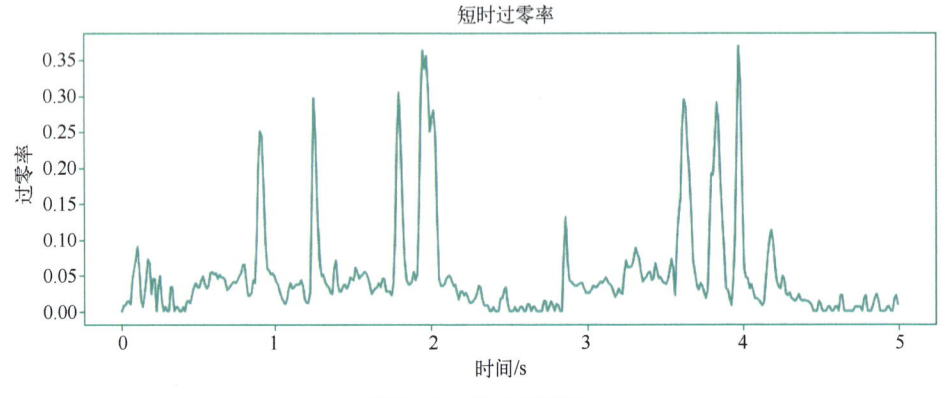

图 5-12 短时过零率

短时过零率的主要应用如下。
- **区分清音与浊音**。清音的短时过零率往往较高。
- **分割词的起止位置**。从强背景噪音中找出语音信号并分割出每一个词的起始和终止位置。背景噪音较小时用短时能量分析较为有效。

3. 端点检测

端点检测是指确定一段声音信号中有效语音信号的起始点和终止点。若采集到的声音信号中含有无效的语音片段，那么通过端点检测确定语音信号的起始点与终止点，可以排除大量的干扰信号，剪除非语音片段，为后续的特征参数提取减少了运算量，缩短了提取时间。

常用的端点检测方法如下。

- 双门限法。短时能量分析适用于区分浊音和静音；短时过零率适用于区分清音和静音。将两种特征结合起来，可以较好地检测出语音段及静音段：对短时能量和短时过零率分别确定高低门限，当低门限被超过时，有可能是很小的噪音所引起的，未必是语音的开始；当高门限被超过并且持续一定时间时，则可以认为是语音的开始。
- 自相关法。利用噪音信号和含噪语音信号的自相关函数差异，提取语音端点。噪音信号的自相关函数图像幅值往往较小且波动频率较高；含噪语音信号的自相关函数图像幅值往往较大且波动频率较低。
- 谱熵法。谱熵度量的是信号频谱的复杂度或不确定性。语音信号的频谱通常比背景噪音更复杂，因此语音段的谱熵通常较噪音段的平坦程度低。通过计算频谱的平坦程度，可以区分语音段和非语音段。
- 比例法。语音段能量的数值大，过零率的数值小，谱熵值小；噪音段能量的数值小，过零率的数值大，谱熵值大。因此可以通过能量与过零率的比例或能量与谱熵的比例检测出语音端点。

4. 语音分割

语音分割是将连续的语音信号分割成更小的单元，如单词、音节或音素。这对于许多语音处理任务（如自动语音识别、语音合成、语音情感分析等）都非常重要。

常用的语音分割方法如下。

- 基于时间分割。将语音信号按固定的时间间隔切分，适用于粗略的分析。
- 基于特征分割。利用语音信号的特征（如频谱特征、音高、能量等）来检测音素或音节边界。常用的方法包括短时傅里叶变换（STFT）、梅尔频率倒谱系数（MFCC）等。
- 基于语言模型分割。使用统计语言模型（如 HMM）来分割语音信号。这种方法通常用于更精细的语音分割，如单词或音素级别的分割。
- 基于深度学习分割。使用监督学习或无监督学习的方法，通过训练模型自动学习分割规则。现代深度学习方法（如 CNN、RNN、LSTM 等）在语音分割任务中表现出色。

5.2.6 语音信号的频域分析

时域分析方法简单、计算量小、物理意义明确，但由于语音信号最重要的感知特性在功率谱中，而人耳对相位变化并不敏感，因此频域分析显得尤为重要。

语音信号的频域分析即分析和提取语音信号的频域特征，主要包括语音信号的频谱、功率谱等的分析。

1. 短时傅里叶变换

信号可以分为平稳信号和非平稳信号。平稳信号指的是随时间变化而其统计特性保持不变的信号，如正弦波；非平稳信号的统计特性（频率成分和能量分布等）会随时间而变化，如语音信号。

傅里叶变换（Fourier Transform，FT）是一个连续信号分析工具，它将时域信号转换到频域，描述了信号中各个频率分量的幅度和相位。

离散傅里叶变换（Discrete Fourier Transform，DFT）是对离散时间信号进行频谱分析的工具，可以看作傅里叶变换在离散时间域和离散频率域的离散化版本，适用于有限长的离散时间信号。

FT 和 DFT 都是分析信号频域特性的方法，适用于处理频谱不随时间变化的确信信号及平稳的随机信号。然而，对于有很强时变性的语音信号，它们无法提供信号在时域和频域上的详细信息，不能反映信号随时间的变化情况。为了准确分析语音信号，需要一种方法能够同时捕获信号在时域和频域上的信息。这就是短时傅里叶变换产生的原因。

短时傅里叶变换（Short-Time Fourier Transform，STFT）在傅里叶变换的基础上，通过引入窗函数，使得傅里叶变换适用于分析时变信号（即频率成分随时间变化的信号）。

在数字信号处理中，STFT 通常使用 DFT 来计算每个窗口的频谱，因此可以看作傅里叶变换、DFT 和窗函数的结合。它能够观察信号在时间上的演变和频率上的特性。

STFT 的步骤如下。

1) 选定窗函数。选择一个适当的窗函数 $\omega(n)$ 和窗口长度 N。
2) 计算傅里叶变换。将窗函数滑动到信号的不同位置，对每个窗口内的信号进行傅里叶变换。
3) 时频表示。计算每个窗口内的频谱，得到时间-频率表示。

对第 n 帧语音信号 $x_n(m)$ 进行离散傅里叶变换，得到的短时傅里叶变换见式（5-2）。

$$X_n(e^{j\omega}) = \sum_{m=0}^{N-1} x_n(m) e^{-j\omega m} = \sum_{m=0}^{N-1} x(m)\omega(n-m) e^{-j\omega m} \tag{5-2}$$

式（5-2）中，$\omega(n-m)$ 是一个"可滑动"的窗口，它随着语音帧序号 n 的变化沿着语音信号序列 $x(m)$ 滑动。短时傅里叶变换实际是窗选语音信号的标准傅里叶变换。

不难得出，若语音信号 $x(m)$ 的离散傅里叶变换是 $X(e^{j\omega})$，且窗函数 $\omega(m)$ 的离散傅里叶变换是 $W(e^{j\omega})$，那么 $X_n(e^{j\omega})$ 是 $X(e^{j\omega})$ 和 $W(e^{j\omega})$ 的周期卷积。

2. 短时功率谱

短时功率谱是短时傅里叶变换幅度的平方，也是信号的短时自相关函数 $R_n(k)$ 的傅里叶变换，见式（5-3）。

$$P_n(e^{j\omega}) = |X_n(e^{j\omega})|^2 = \sum_{k=-N+1}^{N-1} R_n(k) e^{-j\omega k} \tag{5-3}$$

短时功率谱是一个二维非负的实值函数。若用横轴表示时间，纵轴表示频率，则将短时功率谱的值转换为相应的灰度级生成的二维图像就是前面提到的语谱图。

在语谱图中，时间分辨率和频率分辨率是两个关键参数，它们决定了语音信号在时间和频率两个维度上的分析精度。两者之间存在一个基本的权衡关系：提高时间分辨率通常会降低频率分辨率，反之亦然。

时间分辨率指的是语谱图在时间轴上能够分辨出的最小时间间隔，也就是能够精确定位信号在时间轴上变化的能力。

频率分辨率指的是语谱图在频率轴上能够分辨出的最小频率间隔，也就是能够区分不同频率成分的能力。

上述两种分辨率主要受窗口长度的影响。较短的窗口长度对应较高的时间分辨率，因为每个窗口只包含较少的数据点，可以更好地捕捉信号的快速变化；较长的窗口长度包含更多的数据点，导致较窄的频率主瓣，从而提高频率分辨率。此外，窗函数的类型会通过影响频谱特性（频谱的主瓣宽度和旁瓣高度）来间接影响信号中频率成分的区分能力。

因此，在实际应用中，窗函数的长度（窗口长度）和类型需要根据具体的分析需求进行选择，以在时间分辨率和频率分辨率之间找到适当的平衡。短窗函数适合分析快速变化的信号，但频率分辨率差，频谱细节可能模糊；长窗函数适合分析稳定频率成分，但时间变化细节可能丢失。

5.2.7 语音信号的倒谱分析

语音信号是由声门激励信号（声源信号）与声道响应（滤波器冲击响应）卷积产生的，在时域属于卷积信号。它在经过短时傅里叶变换之后，变换为声门激励信号频谱与声道频率响应的乘积，在频域属于乘积信号。无论是卷积信号还是乘积信号，均不能用线性系统来处理，因为难以分离出系统的响应和信号的本身特征。把各卷积分量分开的操作称为解卷。语音信号解卷有助于改善语音信号的清晰度、提高语音识别性能、减少噪声干扰、提升语音通信质量等。通过有效的解卷技术，可以恢复和增强语音信号的质量，提升语音处理系统的性能和用户体验。解卷算法可以分成两类，一类是"非参数解卷"，即同态信号处理；另一类是"参数解卷"，即线性预测。

语音信号的倒谱分析即分析和提取语音信号的倒谱特征，通常基于同态信号处理来实现。同态信号处理是一种将非线性问题转化为线性问题进行处理的方法，分为乘积同态信号处理和卷积同态信号处理。由于语音信号属于卷积信号，因此下文只讨论卷积同态信号处理。

语音信号的倒谱特征主要有倒谱系数、梅尔频率倒谱系数（MFCC）及其差分特征（Delta MFCC、Delta-Delta MFCC）等。

1. 卷积同态信号处理

卷积同态信号处理，也称同态信号分析、倒谱分析、同态滤波等。在语音信号处理中，同态分析可以将语音信号的卷积分解为两个独立的加性成分，即声门激励信号与声道响应。

设声门激励信号为 $x_1(n)$，声道响应信号为 $x_2(n)$，则语音信号可表示为式（5-4）。注意，符号 * 、+和·分别表示卷积、加法与乘法运算。

$$x(n)=x_1(n)*x_2(n) \tag{5-4}$$

卷积同态信号处理的主要步骤如下。

1) 通过特征系统 $D^*[\ ]$，将卷积信号 $x(n)$ 转换为加性信号 $\hat{x}(n)$，运算见式（5-5）。

$$D^*[\ ]:\begin{cases} Z[x(n)] = X(e^{j\omega}) = X_1(e^{j\omega}) \cdot X_2(e^{j\omega}) \\ \hat{X}(e^{j\omega}) = \ln[X(e^{j\omega})] = \ln[X_1(e^{j\omega})] + \ln[X_2(e^{j\omega})] = \hat{X}_1(e^{j\omega}) + \hat{X}_2(e^{j\omega}) \\ \hat{x}(n) = Z^{-1}[\hat{X}(e^{j\omega})] = Z^{-1}[\hat{X}_1(e^{j\omega}) + \hat{X}_2(e^{j\omega})] = \hat{x}_1(n) + \hat{x}_2(n) \end{cases} \quad (5\text{-}5)$$

通过 Z 变换（傅里叶变换的推广），将时域语音信号转换为频域的乘积信号，再利用对数运算将乘法运算转化为加法运算，最后通过 Z^{-1} 变换恢复为时域信号。由于加性信号的 Z 变换及 Z^{-1} 变换的结果仍是加性信号，因此经过上述操作得到的时域信号是加性信号，这就将原本时域卷积信号转换成了时域加性信号，从而可以使用适当设计的线性系统将声门激励信号与声道响应分离并进行处理。

2) 通过线性系统 $L[\ ]$，根据需要对加性信号 $\hat{x}(n)$ 进行线性变换，得到 $\hat{y}(n) = L[\hat{x}(n)] = \hat{y}_1(n) + \hat{y}_2(n)$。常见的线性处理方式是将语音声门激励信号与声道响应分离。

3) 通过特征系统 $D^{*-1}[\ ]$，将加性信号 $\hat{y}(n)$ 恢复为卷积信号 $y(n)$，运算见式（5-6）。

$$D^{*-1}[\ ]:\begin{cases} \hat{Y}(e^{j\omega}) = Z[\hat{y}(n)] = \hat{Y}_1(e^{j\omega}) + \hat{Y}_2(e^{j\omega}) \\ Y(e^{j\omega}) = \exp[\hat{Y}(e^{j\omega})] = Y_1(e^{j\omega}) \cdot Y_2(e^{j\omega}) \\ y(n) = Z^{-1}[Y(e^{j\omega})] = Z^{-1}[Y_1(e^{j\omega}) \cdot Y_2(e^{j\omega})] = y_1(n) * y_2(n) \end{cases} \quad (5\text{-}6)$$

将时域加性信号转换为卷积性的时域语音恢复信号。

2. 复倒谱和倒谱

在特征系统 $D^*[\ ]$ 和 $D^{*-1}[\ ]$ 中，$\hat{x}(n)$ 与 $\hat{y}(n)$ 均是时域序列，但是它们与 $x(n)$ 和 $y(n)$ 所处的离散时域不一样，称之为复倒频谱域。$\hat{x}(n)$ 是 $x(n)$ 的复倒频谱，简称复倒谱。同样地，$\hat{y}(n)$ 也是 $y(n)$ 的复倒谱。

设 $X(e^{j\omega}) = |X(e^{j\omega})| e^{j\arg[X(e^{j\omega})]}$，则其取对数运算得式（5-7）。

$$\hat{X}(e^{j\omega}) = \ln[X(e^{j\omega})] = \ln|X(e^{j\omega})| + j\arg[X(e^{j\omega})] \quad (5\text{-}7)$$

此时，若只考虑 $\hat{X}(e^{j\omega})$ 的实部，则得式（5-8）。

$$c(n) = F^{-1}[\ln|X(e^{j\omega})|] \quad (5\text{-}8)$$

式（5-8）中的 $c(n)$ 是 $x(n)$ 对数幅度频谱的短时傅里叶逆变换，称为 $x(n)$ 的倒频谱，简称倒谱，量纲是时间。$c(n)$ 实际就是语音信号的倒谱特征（倒谱系数、倒谱参数），其所处的离散时域称为实倒频谱域。

3. 梅尔频率倒谱系数

梅尔频率倒谱系数（Mel-Frequency Cepstral Coefficient，MFCC）又称梅尔倒谱系数，是一种常用的语音信号倒谱特征，它考虑了人类听觉系统的非线性特性，更符合人类的语音感知。由于其良好的性能和较低的计算复杂度，因此许多研究工作都是基于 MFCC 特征进行的，如自动语音识别、说话人验证等。

（1）梅尔滤波器组

人的耳蜗是传导并感受声波的结构，它相当于一个滤波器组，而这种滤波作用是在对数频率尺度上进行的，这就使得人耳对低频信号的分辨能力要强于高频信号。对于这种对数频率尺度的非线性描述，相关研究者给出了式（5-9）。

$$F_{\mathrm{mel}} = 2595\lg\left(1+\frac{f}{700}\right) \tag{5-9}$$

式（5-9）中，f 代表实际频率（客观音高），单位是 Hz；F_{mel} 代表感知频率（主观音高），即转换后的梅尔频率，单位是梅尔（Mel）。显然，当 f 很大时，F_{mel} 的变化趋于平缓，这与人类的语音感知相符。

根据式（5-9）得到的实际频率与感知频率的转换关系曲线，如图 5-13 所示。

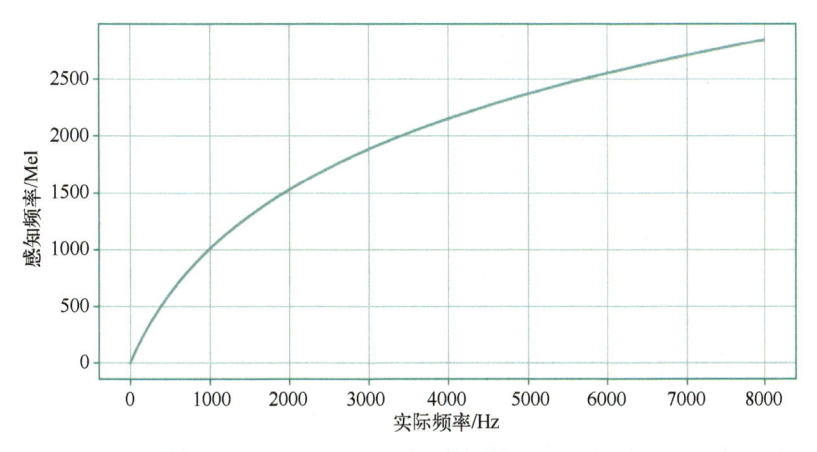

图 5-13　实际频率与感知频率的转换关系曲线

按照上述的频率转换关系，设计了类似于耳蜗作用的滤波器组，称之为梅尔滤波器组，这是一种由若干个三角形滤波特性的带通滤波器组成的滤波器组，每个滤波器在梅尔频率尺度中是等带宽的，且中心频率是均匀排列的。但是在实际频率尺度下，梅尔滤波器组的中心频率和带宽呈现非均匀分布，低频部分滤波器密集且带宽窄，高频部分滤波器稀疏且带宽宽。这种非均匀性使得梅尔滤波器组能够更好地捕捉语音信号中的低频特征，而这些特征对于能量主要集中在低频段的语音信号来说更为重要。

（2）MFCC 特征提取

在实际应用中，MFCC 的计算过程如下。

1）语音预处理。该过程主要对语音信号进行预加重、分帧和加窗，得到语音帧。
2）短时傅里叶变换。对语音帧进行短时傅里叶变换，得到频谱。
3）计算功率谱。求出频谱平方值，得到功率谱。
4）梅尔滤波器组滤波。在频域中，把每个语音帧的功率谱与每个梅尔滤波器的频率响应相乘后相加，得到梅尔功率谱。
5）计算 DCT 倒谱。将梅尔功率谱取对数，得到相应的对数功率谱，再通过离散余弦变换（Discrete Cosine Transform，DCT）求其倒谱（DCT 后的谱线），便得到了 MFCC 特征，见式（5-10）。

$$\mathrm{mfcc}(i,n) = \sqrt{\frac{2}{M}} \sum_{m=0}^{M-1} \log[S(i,m)] \cos\left(\frac{\pi n(2m-1)}{2M}\right) \tag{5-10}$$

在式（5-10）中，i 是指第 i 个语音帧；n 是指第 n 阶 MFCC 特征（共有 L 阶），$n = 0, 1, \cdots, L$；m 是指第 m 个梅尔滤波器（共有 M 个）；$S(i,m)$ 是梅尔滤波器组滤波后的梅尔功率谱。

这种方式直接得到的是每一个语音帧的 MFCC 特征，属于静态特征，而实际声音是连续的，帧与帧之间是有联系的，因而有时需要增加特征来表示这种帧间的动态变化。对静态特征进行一阶和二阶差分，得到相应的动态特征：Delta MFCC 和 Delta-Delta MFCC。

例如，MFCC 特征通常提取 13 个维度（在特征向量中包含的 MFCC 系数的数量），每个维度都反映了语音信号不同频段的信息。MFCC 的第 1 维度（对应第 0 阶 MFCC 特征，以此类推）取语音帧的对数能量，反映了语音信号的整体强度。MFCC 的第 2~13 维度对应 DCT 的倒谱特征，低阶系数反映较大的频谱结构，高阶系数捕捉细节。在这 13 维 MFCC 特征的基础上，加上它们的一阶差分和二阶差分，形成 39 维的特征向量。

相关研究表明，如果将 MFCC 特征的维度增加至 13 维以上，那么对系统识别性能影响不大，但采用一阶和二阶动态特征，误识率可以下降 20%。继续增加动态特征的阶数，系统性能没有明显提高。

（3）MFCC 特征可视化

从 MFCC 特征提取的过程可知，在语谱图的基础上进行梅尔滤波器组转换并取对数，便得到了梅尔语谱图（Mel-spectrogram）。

将图 5-3 所示的语谱图转换为梅尔语谱图，如图 5-14 所示。

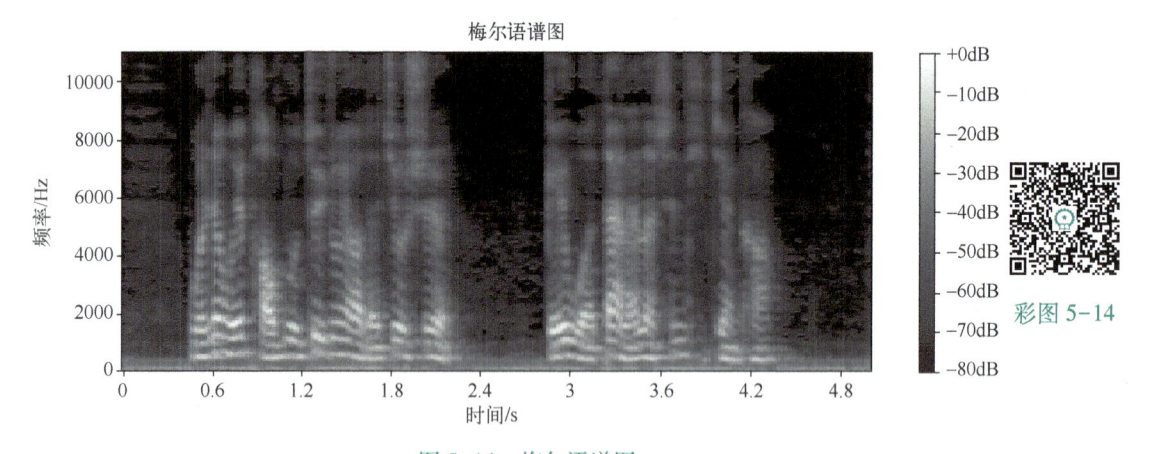

图 5-14　梅尔语谱图

可以看出，相比图 5-3 所示的语谱图，图 5-14 所示的梅尔语谱图在低频段的分辨率得到了明显增强。

将梅尔语谱图中的每一行作为特征向量来表示语音，得到对数梅尔频谱系数（MFSC），也称 Log-Mel 频谱系数或 FBank 特征。再对 FBank 特征应用离散余弦变换，便得到 MFCC 特征。

由此，将图 5-14 所示的梅尔语谱图转换为 MFCC 特征图，如图 5-15 所示。

与倒谱域中的 MFCC 相比，处于频域的 FBank 特征是一种更加原始的特征表示，因为它保留了更多的频率信息，这使得 FBank 特征在某些情况下能够提供更好的性能。FBank 特征在现代深度学习模型中具有广泛的应用，如 CNN、RNN 和 LSTM 等模型。这些模型可以利用 FBank 特征完成环境音识别、语音识别等任务。

图 5-15　MFCC 特征图

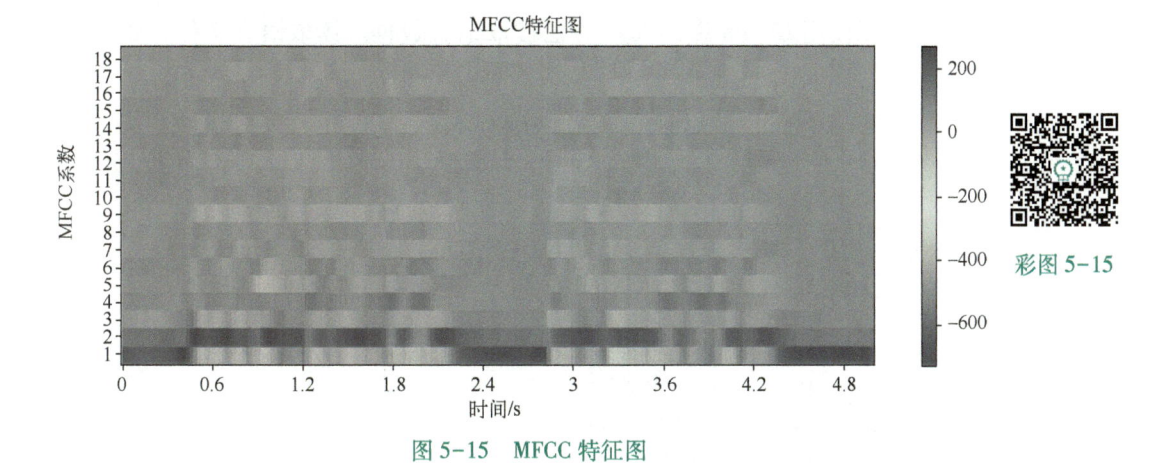

5.3　项目实战

语音信号是一种时间序列信号，对其进行深度学习或机器学习处理时，常常需要将其转换为能够表征其重要特征的形式。MFCC 是一种常用且有效的语音特征表示方法，能够捕捉语音信号的频谱特征并用于语音识别、情感分析、语音合成等。

本节针对提取语音数据的 MFCC 特征开展项目实战。本项目将语音数据预处理后，经过短时傅里叶变换（STFT）、离散余弦变换（DCT）等处理，提取出语音信号中有助于理解语言内容的部分，即 MFCC 特征。

本项目中 MFCC 特征提取的基本流程，如图 5-16 所示。

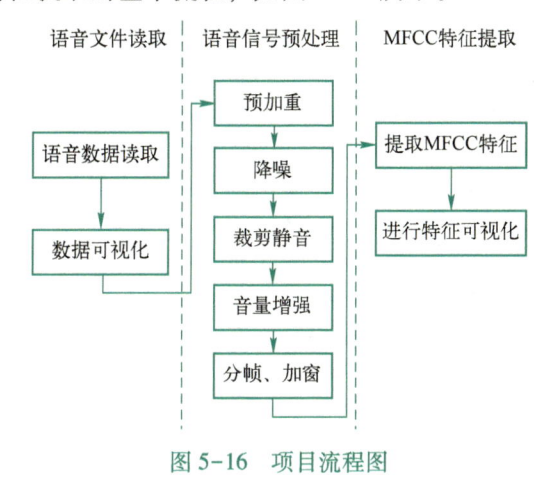

图 5-16　项目流程图

5.3.1　语音文件读取

语音文件读取是指将音频文件按指定的方式读取到计算机内存中，以便进行进一步的处理和分析。

1. 语音数据读取

本项目使用的人声朗诵音频文件"Rec.wav"存储于项目的

data 文件目录中，可以使用 librosa 库的 load 方法读取语音数据。读取语音文件，如代码清单 5-1 所示。

代码清单 5-1　读取语音文件

```
import librosa

# 设置语音文件位置
audio_file = './data/Rec.wav'
# 加载语音文件
    # 参数 sr=None 表示保持原始语音文件的采样率
    # y 是一个包含语音数据的 NumPy 数组
    # sr 是语音数据的采样率，单位是 Hz（赫兹）
y, sr = librosa.load(audio_file, sr=None)
print('语音数据的 NumPy 数组：', y)
print('语音数据的采样率：', sr)
```

运行代码清单 5-1，得到语音数据相关信息。

```
语音数据的 NumPy 数组：[ 0.  0.  0.  ... -0.00285339 -0.00279236 -0.00280762]
语音数据的采样率：48000
```

可以看出，语音数据的采样率为 48000 Hz。

2. 语音数据可视化

为了更直观地观察语音数据，对语音数据进行可视化，如代码清单 5-2 所示。

代码清单 5-2　语音数据可视化

```
import numpy as np

# 创建一个 Matplotlib 图形
plt.figure(figsize=(12, 4))
# 使用 waveshow 方法显示语音信号波形
librosa.display.waveshow(y, sr=sr, color="blue")

# 设置图形的标题、x 轴标签和 y 轴标签
plt.title('原始语音信号波形图', fontsize='18')
plt.xlabel('时间/s', fontsize='18')
plt.ylabel('振幅', fontsize='18')

# 设置 x 轴刻度为整数
x_ticks = np.arange(0, len(y)/sr, step=1)
plt.xticks(x_ticks)

# 显示图形
plt.show()
```

运行代码清单 5-2，得到原始语音信号的波形，如图 5-17 所示。

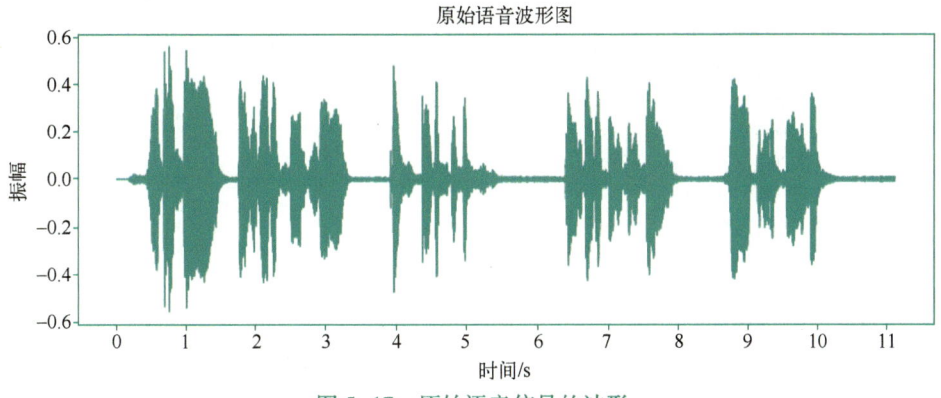

图 5-17 原始语音信号的波形

5.3.2 语音信号预处理

语音数据可能包含各种类型的噪声,如自然噪声、电磁噪声、操作噪声、污染噪声和信号损失噪声等,这些噪声可能对分析结果产生负面影响。预加重、降噪、裁剪静音、音量增强、分帧与加窗等预处理技术可以减少不必要的干扰因素,突出有效的语音部分。

1. 预加重

预加重的过程,使用高通滤波器处理原始语音数据,可以强化高频段的信号功率谱。代码中同时定义了 plt_waveshow 和 plt_specshow 方法,便于分别进行语音数据处理前后的波形图和语谱图的可视化比较。

使用定义的预加重方法处理语音数据,如代码清单 5-3 所示。

代码清单 5-3　语音数据预加重

```
import numpy as np

# 定义预加重的方法
def preemphasis(signal, coeff):
    # signal:语音信号;coeff:预加重系数,0 表示不加重,默认为 0.97
    return np.append(signal[0], signal[1:] - coeff * signal[:-1])


# 定义绘制处理前后波形图的方法
# y1 是处理前的数据,y2 是处理后的数据,sr 是音频采样率,text 是绘图标签
def plt_waveshow(y1, y2, sr, text):
    plt.figure(figsize=(12, 8))
    # 绘制处理前的波形图
    plt.subplot(2, 1, 1)
    librosa.display.waveshow(y=y1, sr=sr, color="blue")
    plt.title(text + '前的波形图', fontsize='18')
    plt.xlabel('时间/s', fontsize='18')
    plt.ylabel('振幅', fontsize='18')
    # 设置 x 轴刻度为整数
    x_ticks = np.arange(0, len(y1)/sr, step=1)
    plt.xticks(x_ticks)
```

```python
    # 绘制处理后的波形图
    plt.subplot(2, 1, 2)
    librosa.display.waveshow(y=y2, sr=sr, color="blue")
    plt.title(text + '后的波形图', fontsize='18')
    plt.xlabel('时间/s', fontsize='18')
    plt.ylabel('振幅', fontsize='18')
    # 设置 x 轴刻度为整数
    x_ticks = np.arange(0, len(y2)/sr, step=1)
    plt.xticks(x_ticks)
    plt.tight_layout()
    plt.show()

# 定义绘制处理前后语谱图的方法
# y1 是处理前的数据, y2 是处理后的数据, sr 是音频采样率, text 是绘图标签
def plt_specshow(y1, y2, sr, text):
    plt.figure(figsize=(12, 8))
    # 绘制处理前的语谱图
    plt.subplot(2, 1, 1)
    # 计算处理前的梅尔语谱图, 每个矩阵元素表示在该时间窗口和梅尔频率上的能量或功率
    S1 = librosa.feature.melspectrogram(y=y1, sr=sr, n_mels=128, fmax=8000)
    librosa.display.specshow(librosa.power_to_db(S1, ref=np.max), sr=sr, x_axis='time', y_axis='hz')
    plt.colorbar(format='%+2.0f dB')
    plt.title(text + '前的语谱图', fontsize='18')
    plt.xlabel('时间/s', fontsize='18')
    plt.ylabel('频率/Hz', fontsize='18')
    # 设置 x 轴刻度为整数
    x_ticks = np.arange(0, len(y1)/sr, step=1)
    plt.xticks(x_ticks)
    # 绘制处理后的语谱图
    plt.subplot(2, 1, 2)
    S2 = librosa.feature.melspectrogram(y=y2, sr=sr, n_mels=128, fmax=8000)
    librosa.display.specshow(librosa.power_to_db(S2, ref=np.max), sr=sr, x_axis='time', y_axis='hz')
    plt.colorbar(format='%+2.0f dB')
    plt.title(text + '后的语谱图', fontsize='18')
    plt.xlabel('时间/s', fontsize='18')
    plt.ylabel('频率/Hz', fontsize='18')
    # 设置 x 轴刻度为整数
    x_ticks = np.arange(0, len(y2)/sr, step=1)
    plt.xticks(x_ticks)
    plt.tight_layout()
    plt.show()

# 预加重系数为 0.97
alpha = 0.97
signal = preemphasis(y, coeff=alpha)          # 语音信号预加重

# 绘制预加重前后波形图
plt_waveshow(y, signal, sr, "预加重")
# 绘制预加重前后语谱图
plt_specshow(y, signal, sr, "预加重")
```

运行代码清单 5-3，得到语音数据预加重前后的波形图和语谱图，分别如图 5-18、图 5-19 所示。

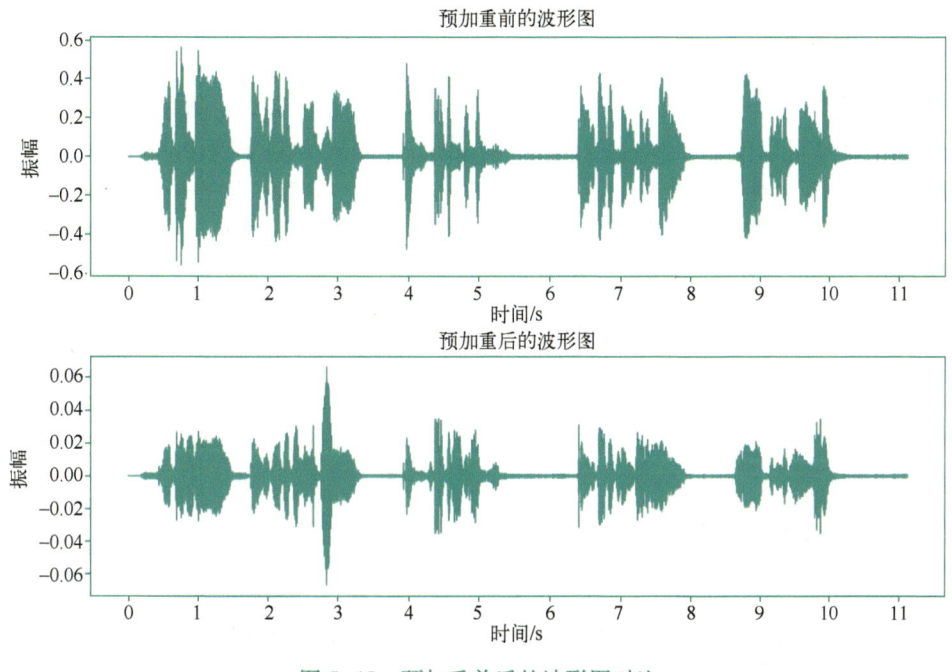

图 5-18　预加重前后的波形图对比

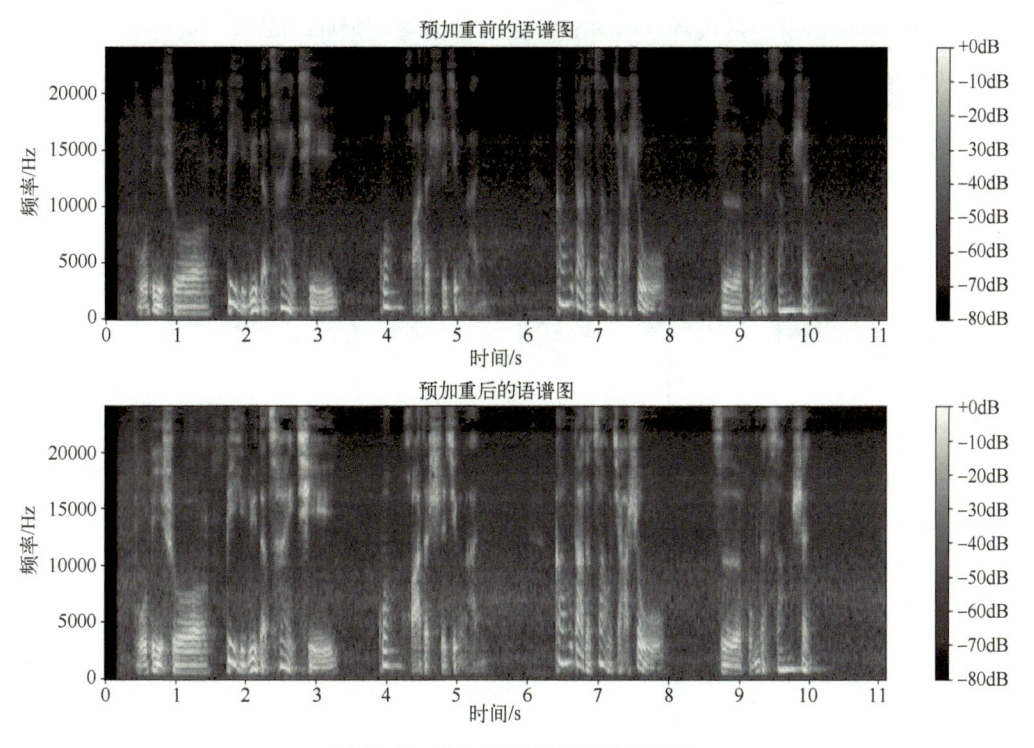

图 5-19　预加重前后的语谱图对比

可以看出，语音数据经过预加重处理后，波形图中高频部分产生的振幅变大；语谱图中高频段的语音、背景音、底噪的颜色变得更为明亮，高频段的信号能量得到加强。

2. 降噪

语音数据降噪在语音信号处理和分析中具有重要意义。降噪的主要目的是减少或消除语音信号中的背景噪声、干扰和其他不需要的声音成分，从而提高语音质量。

语音数据降噪可以使用 noisereduce 库中的 reduce_noise 方法实现。noisereduce 是由 timsainb 开发的一个轻量级库，基于 librosa 和 PyTorch 框架，实现了基于频域的噪声估计和减少算法。其核心功能是通过分析一段静默期（如录音开始或结束时）的音频特征，识别并去除背景噪声，同时尽可能保持原始音频的质量。

使用 reduce_noise 方法实现语音数据降噪，如代码清单 5-4 所示。

代码清单 5-4　语音数据降噪

```
import noisereduce as nr

# 语音数据降噪
y_denoised = nr.reduce_noise(y=signal, sr=sr)
# 绘制降噪前后波形图
plt_waveshow(signal, y_denoised, sr, "降噪")
plt.xticks(np.arange(0, len(signal)/sr, step=1))    # 设置 x 轴刻度为整数
# 绘制降噪前后语谱图
plt_specshow(signal, y_denoised, sr, "降噪")
plt.xticks(np.arange(0, len(signal)/sr, step=1))    # 设置 x 轴刻度为整数
```

运行代码清单 5-4，得到语音数据降噪前后的波形图和语谱图，分别如图 5-20、图 5-21 所示。

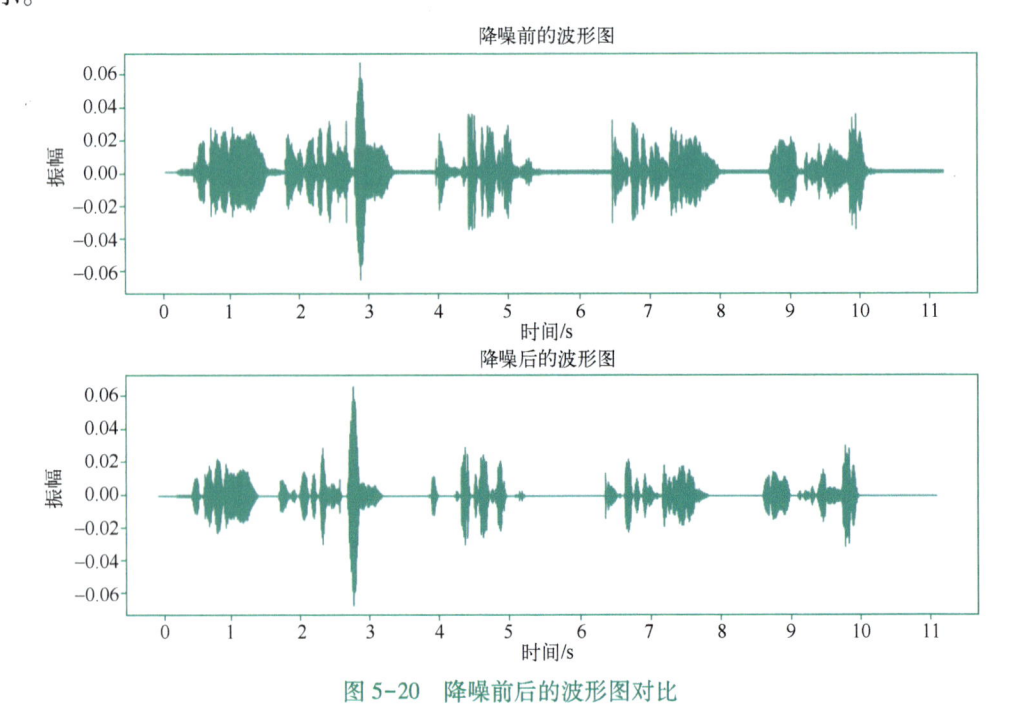

图 5-20　降噪前后的波形图对比

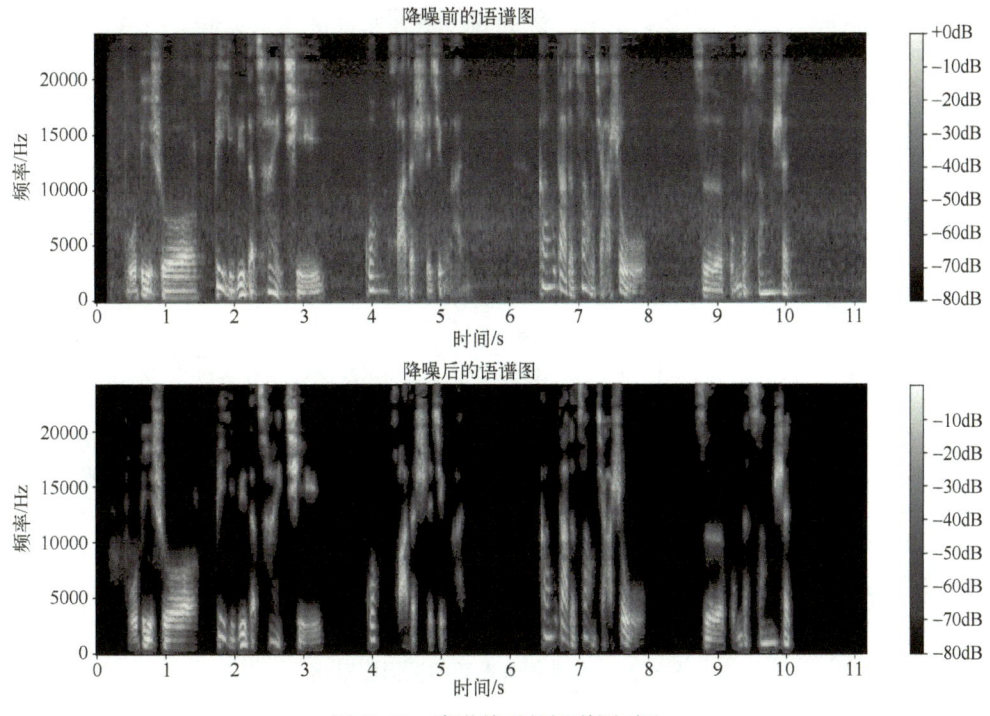

图 5-21　降噪前后的语谱图对比

可以看出，语音数据经过降噪处理后，波形图中非语音的波形部分的振幅明显降低，波形包络缩小；语谱图中底噪的频谱能量明显降低，语音能量得到突出。

3. 裁剪静音

移除语音数据中的静音部分是一种常见的数字信号处理技术，旨在从语音信号中识别出有声部分的起始点和结束点，即去除静音部分。在移除静音部分时，可以使用 librosa 库中 effects 模块的 trim 方法对语音数据进行裁剪。trim 方法的目的是移除语音信号中的静音部分。

使用 trim 方法移除语音数据中的静音部分，如代码清单 5-5 所示。

代码清单 5-5　语音数据裁剪静音

```
# 裁剪静音部分
#    top_db：静音阈值，小于此阈值的部分将被视为静音并被裁剪
audio_data_trimmed, _ = librosa.effects.trim(y_denoised, top_db=35)
# 绘制裁剪静音前后波形图
plt_waveshow(y_denoised,audio_data_trimmed,sr,"裁剪静音")
```

运行代码清单 5-5，得到语音数据裁剪静音前后的波形图，如图 5-22 所示。

可以看出，语音数据经过裁剪静音处理后，波形图的时间长度减少，静音部分已经被裁剪掉。

4. 音量增强

音量增强的主要目的是调整语音信号的响度，可以提高语音信号的分辨率和可理解性。音量增强使用语音数据的 NumPy 数组乘以增益因子的方式实现。

使用 NumPy 数组的运算实现音量增强，如代码清单 5-6 所示。

图 5-22 裁剪静音前后的波形图对比

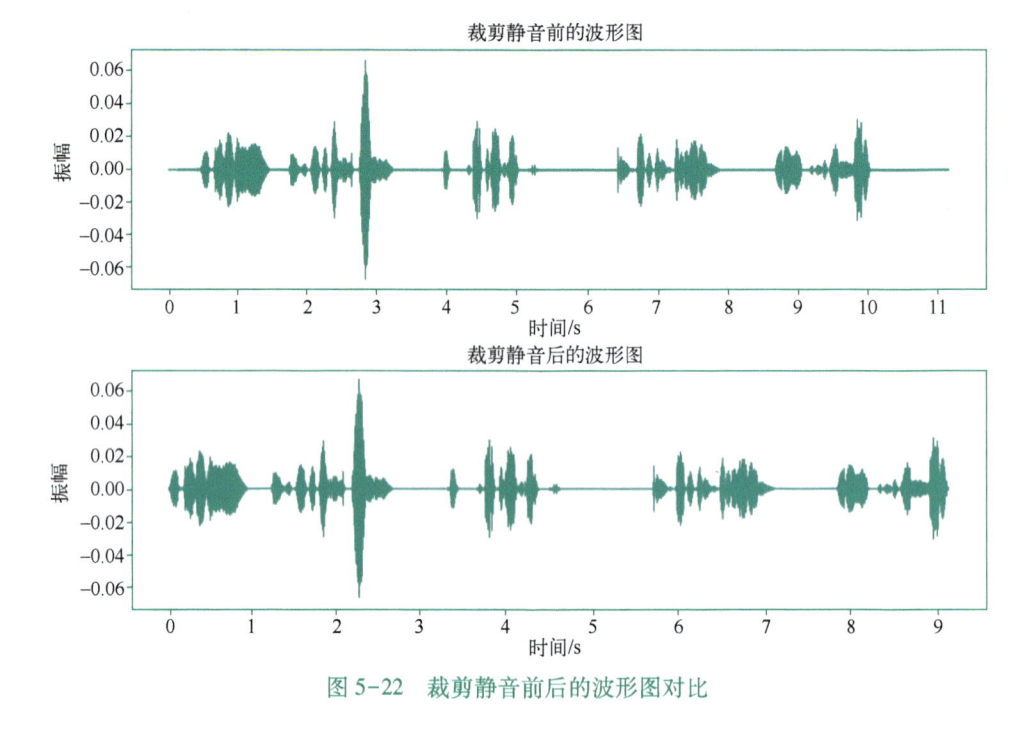

代码清单 5-6　语音数据音量增强

```
# 音量增强
# 通过将语音数据乘以增益因子来提高音量
gain = 30
audio_data_louder = audio_data_trimmed * gain
# 绘制音量增强前后波形图
plt_waveshow(audio_data_trimmed,audio_data_louder,sr," 音量增强 ",ylim_1 = ( -0.5,0.5),ylim_2 = ( -0.5,0.5))
```

运行代码清单 5-6，得到语音数据音量增强前后的波形图，如图 5-23 所示。

可以看出，语音数据经过音量增强处理后，波形的振幅明显增加。

读者可以尝试使用 soundfile 库的 write 方法，将上述处理后的语音数据保存至本地的 WAV 文件中，播放对比未经处理的原始语音数据，可以明显地发现处理后的语音音量基本保持一致，而且噪声明显降低，人声更清晰。

5. 分帧与加窗

分帧与加窗可以使用 NumPy 库处理数组和矩阵，如创建帧矩阵、进行加窗操作等，通过定义 enframe 方法，将语音信号按照固定长度的帧进行分帧，并对每一帧应用汉明窗进行加窗处理。分帧与加窗的结果通过语音帧热力图进行可视化展示。

语音帧热力图是通过对语音信号进行分帧与加窗处理，并将处理后的帧信号进行可视化展示的一种图表形式。它可以帮助用户直观地了解语音信号在时间和频率上的变化情况。在语音帧热力图中，横轴表示语音信号的时间轴，通常是帧的索引；纵轴表示语音帧中的采样点分布，通常按照采样点的顺序排布；绘图的颜色深浅表示语音信号在相应时间点和频率下的振幅（能量）大小，通常较深的颜色表示较大的振幅（能量）。

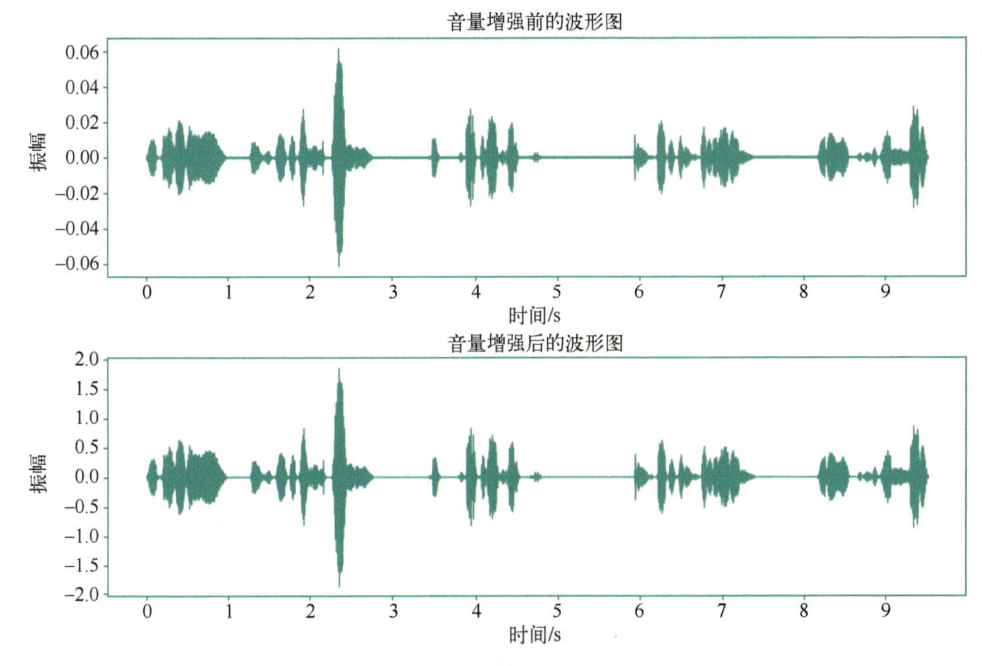

图 5-23　音量增强前后的波形图对比

使用 NumPy 库处理数组和矩阵来实现分帧与加窗，并通过热力图可视化处理后的语音帧，如代码清单 5-7 所示。

代码清单 5-7　语音数据分帧与加窗

```python
# 定义分帧与加窗（汉明窗）的方法
def enframe(signal, frame_len, frame_shift, win=np.hamming(M=400)):
    num_samples = signal.size  # 语音信号的大小
    num_frames = np.floor((num_samples - frame_len) / frame_shift) + 1  # 帧数
    frames = np.zeros((int(num_frames), frame_len))
    for i in range(int(num_frames)):
        frames[i, :] = signal[i * frame_shift: i * frame_shift + frame_len]
        frames[i, :] = frames[i, :] * win
    return frames

# 帧设置
# 帧长 = 1s×0.025 = 25 ms；采样率 sr = 48 kHz；一帧有 48000×0.025 = 1200 个采样点
frame_len = int(sr * 0.025)
# 帧移 = 1 s×0.01 = 10 ms；采样率 sr = 48 kHz，帧移为 48000×0.01 = 480 个采样点
frame_shift = int(sr * 0.010)

# 分帧与加窗
frames = enframe(audio_data_louder, frame_len=frame_len, frame_shift=frame_shift, win=np.hamming(M=frame_len))

# 查看分帧与加窗后得到的语音帧矩阵形状
```

```
print("分帧与加窗后得到的语音帧矩阵形状:",frames.shape)

# 可视化语音数据的帧
plt.figure(figsize=(12,4))
plt.imshow(frames.T, aspect='auto', origin='lower', cmap='viridis')
plt.title('语音帧热力图', fontsize='18')
plt.xlabel('帧索引', fontsize='18')
plt.ylabel('采样点', fontsize='18')
plt.colorbar()
plt.show()
```

运行代码清单5-7,输出语音数据分帧与加窗后得到的语音帧矩阵形状,并绘制出语音帧热力图,如图5-24所示。

```
分帧与加窗后得到的语音帧矩阵形状:(951, 1200)
```

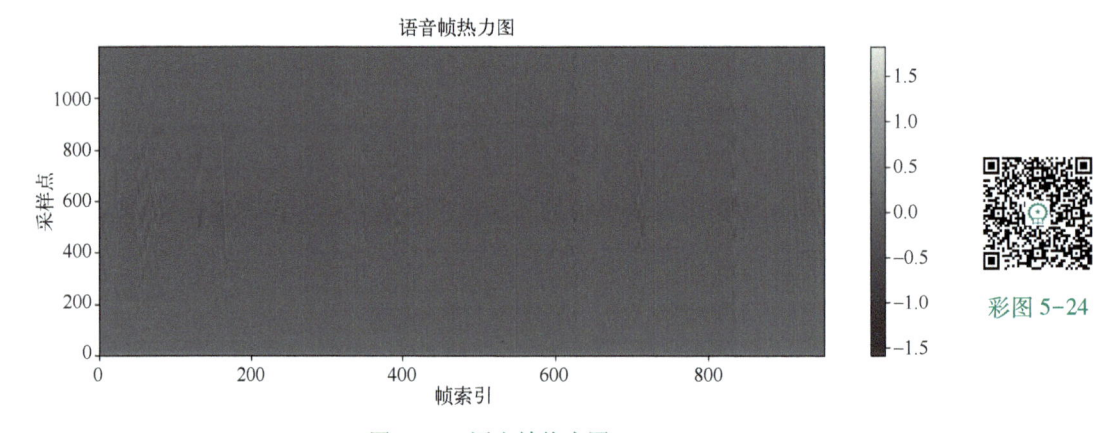

图 5-24 语音帧热力图

可以看出,语音数据分帧与加窗后形成了951个语音帧,帧长为1200个采样点。查看帧索引0~8的语音帧,如图5-25所示。全部的语音帧按采样点刻度对齐叠加后,即图5-24所示的语音帧热力图。

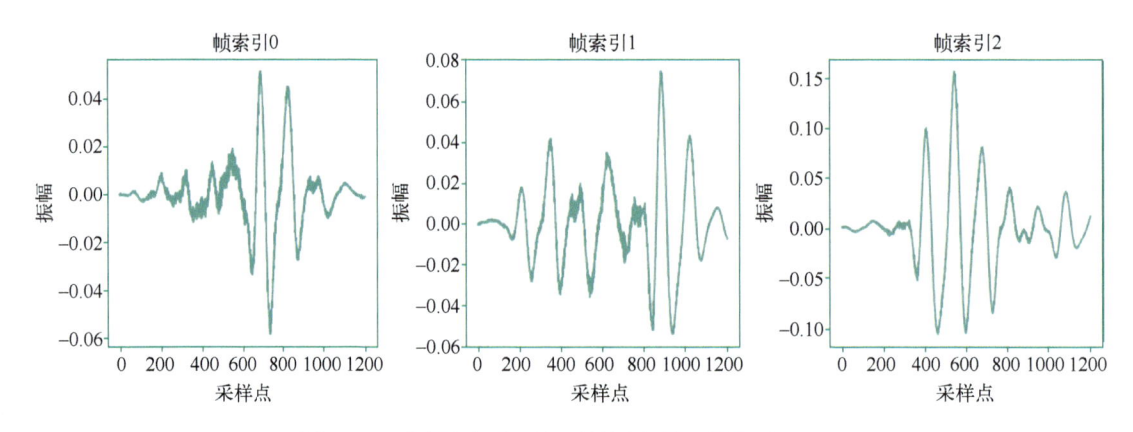

图 5-25 分帧与加窗后得到的语音帧(帧索引0~8)

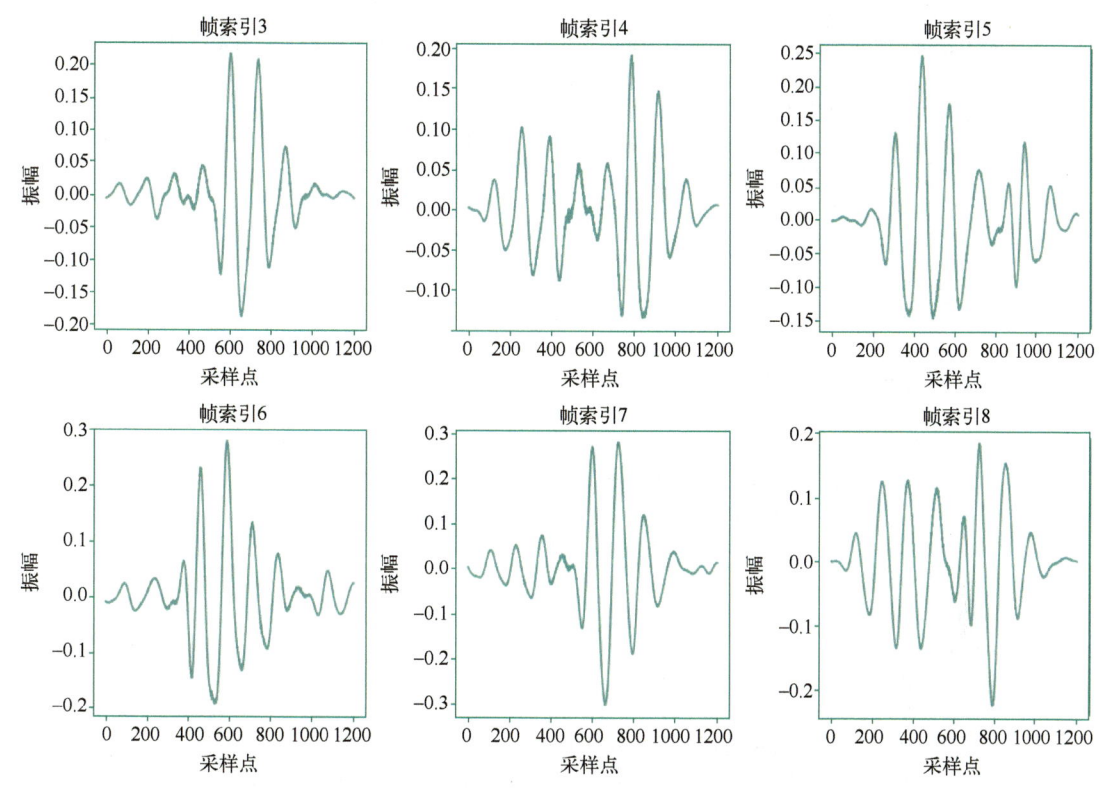

图 5-25　分帧与加窗后得到的语音帧（帧索引 0~8）（续）

5.3.3　MFCC 特征提取

利用 MFCC 特征可以抽取出语音信号的语音内容、语音特征等重要信息，为后续的语音识别、语音合成等任务提供有力支持。

使用 SciPy 库中 fftpack 模块的 dct 方法实现离散余弦变换，将 FBank 特征变换为 MFCC 特征，如代码清单 5-8 所示。

代码清单 5-8　提取 MFCC 特征

```
from scipy.fftpack import dct

# 定义快速傅里叶变换的方法，获得已分帧的语音信号频谱的方法
def get_spectrum(frames, fft_len=512):
    cFFT = np.fft.fft(frames, n=fft_len)
    valid_len = int(fft_len / 2) + 1
    spectrum = np.abs(cFFT[:, 0:valid_len])
    return spectrum
# 定义从频谱中获得梅尔滤波器组特征的方法
def fbank(spectrum, num_filter=23, fft_len=512, sample_size=16000):
    # 1. 获取一个梅尔滤波器组
    low_freq_mel = 0
    high_freq_mel = 2595 * np.log10(1 + (sample_size / 2) / 700)    # 转换到梅尔尺度
```

```python
    mel_points = np.linspace(low_freq_mel, high_freq_mel, num_filter + 2)  # 梅尔空间中线性取点
    hz_points = 700 * (np.power(10., (mel_points / 2595)) - 1)              # 转回线性谱
    # 把原本的频率对应值缩放到FFT窗口长度上
    bin = np.floor(hz_points / (sample_size / 2) * (fft_len / 2 + 1))
    # 2. 用滤波器组对每一帧特征滤波,计算特征与滤波器的乘积,使用np.dot
    fbank = np.zeros((num_filter, int(np.floor(fft_len / 2 + 1))))
    for m in range(1, 1 + num_filter):
        f_left = int(bin[m - 1])          # 左边界点
        f_center = int(bin[m])            # 中心点
        f_right = int(bin[m + 1])         # 右边界点
        for k in range(f_left, f_center):
            fbank[m - 1, k] = (k - f_left) / (f_center - f_left)
        for k in range(f_center, f_right):
            fbank[m - 1, k] = (f_right - k) / (f_right - f_center)
    filter_banks = np.dot(spectrum, fbank.T)
    filter_banks = np.where(filter_banks == 0, np.finfo(float).eps, filter_banks)
    # 3. 取对数操作
    filter_banks = 20 * np.log10(filter_banks)
    return filter_banks
# 定义基于FBank特征获取MFCC特征的方法
def mfcc(fbank, num_mfcc=22):
    # 从上一步获得的FBank特征,通过DCT计算获取MFCC特征
    mfcc = dct(fbank, type=2, axis=1, norm='ortho')[:, 1:(num_mfcc + 1)]
    return mfcc
# 保存特征到文件中
def write_file(feats, file_name):
    f = open(file_name, 'w')
    (row, col) = feats.shape
    for i in range(row):
        f.write('[')
        for j in range(col):
            f.write(str(feats[i, j]) + ' ')
        f.write(']\n')
    f.close()

# 帧设置
fft_len = 512   # 快速傅里叶变换的采样信号长度为512(2的9次方)

# 梅尔滤波器组设置
num_filter = 21                              # 滤波器个数
num_mfcc = 20                                # 倒谱的个数

# 使用快速傅里叶变换获得语音信号的频谱
spectrum = get_spectrum(frames, fft_len=fft_len)
# 从频谱中获得梅尔滤波器组特征
fbank_feats = fbank(spectrum, num_filter=num_filter, fft_len=fft_len, sample_size=sr)
mfcc_feats = mfcc(fbank_feats, num_mfcc=num_mfcc)    # 基于FBank特征获取MFCC特征
```

```python
# 显示 MFCC 特征
plt.figure(figsize=(12, 4))
librosa.display.specshow(mfcc_feats.T)
# 添加 MFCC 系数的索引标注
plt.yticks(np.arange(0, 20), ['{}'.format(i+1) for i in range(20)])
plt.colorbar()
plt.title('MFCC 特征', fontsize='18')
plt.xlabel('帧索引', fontsize='18')
plt.ylabel('MFCC 系数', fontsize='18')

# 设置 x 轴刻度为索引号, 步长为 100
num_frames = mfcc_feats.shape[0]
plt.xticks(np.arange(0, num_frames, 100), np.arange(0, num_frames, 100))

plt.show()
```

运行代码清单 5-8,输出得到的 MFCC 特征图,如图 5-26 所示。

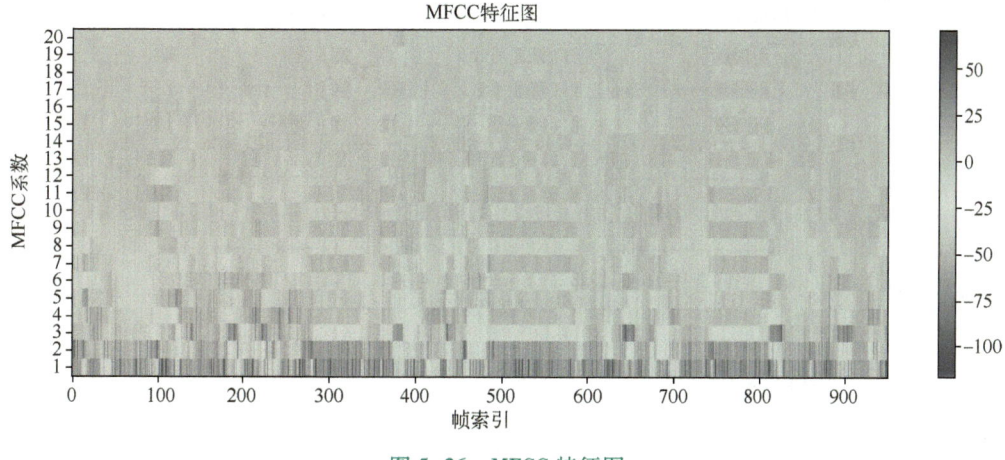

图 5-26 MFCC 特征图

MFCC 特征图是将提取得到的 MFCC 系数可视化展示的图表,通常用于直观地展示语音信号的频谱特性和语音特征,反映了语音数据的频谱信息与特征在时间与频率上的变化。图中的每一行代表一个 MFCC 系数,每一列代表语音信号的时间片段,而每个像素点则表示该时间片段中相应 MFCC 系数的强度或权重。

5.4 项目小结

本项目聚焦语音信号处理技术,介绍了语音信号的表征、数字化、预处理和特征提取等知识。本项目的目标是掌握语音信号的时频表示、预处理技术和 MFCC 特征提取方法,并能够利用 Python 工具进行实际操作,培养相关领域的分析和解决问题的能力。在项目实战环节,详细介绍了 MFCC 特征提取的过程,包括语音数据读取、预处理和具体的 MFCC 计算步骤。掌握语音数据处理和特征提取的基本方法，可为后续的语音识别、语音合成等任务打好基础。

基音周期估计可以分为基于帧的基音周期估计和基于事件的基音周期估计。其中，基于帧的基音周期估计可进一步分为时域、频域和时频域三类，信号在几种域之间的变换关系如图 5-27 所示。

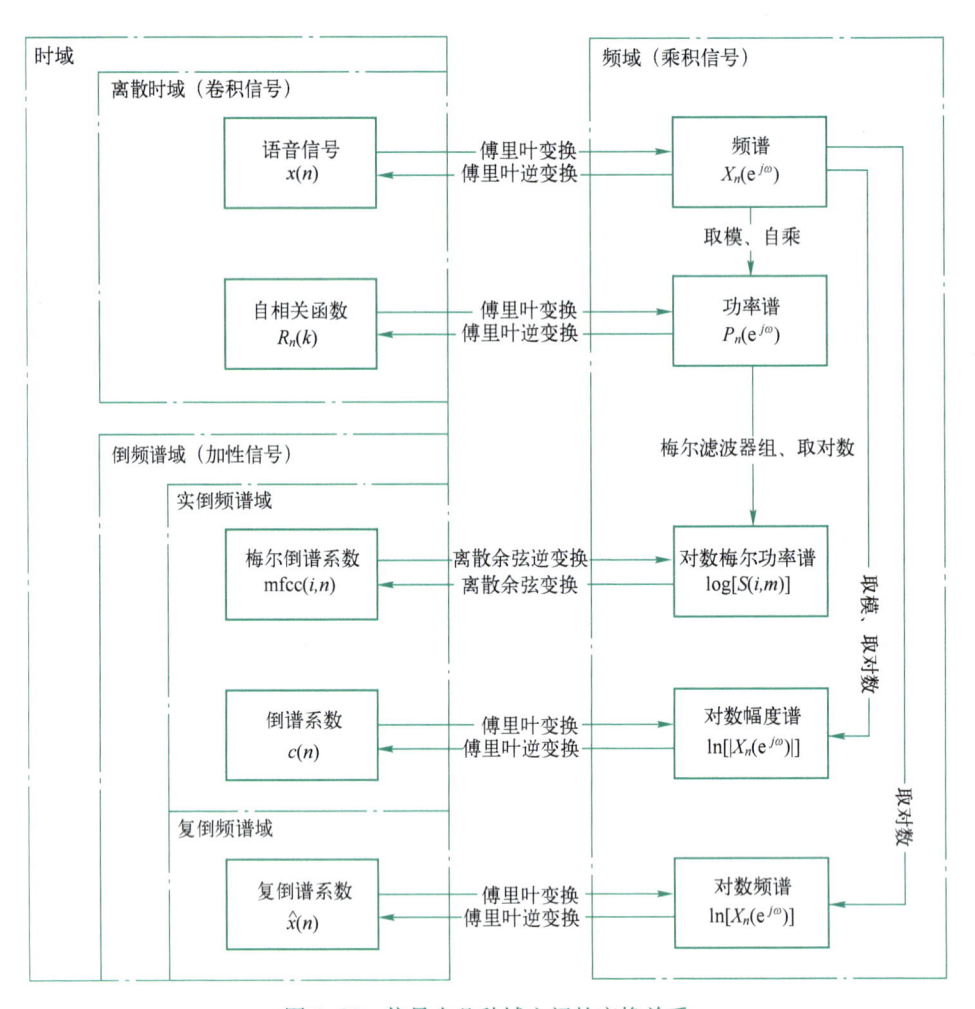

图 5-27　信号在几种域之间的变换关系

5.5　知识拓展

更深入的 MFCC 特征理解：深入学习 MFCC 特征提取背后的原理和数学基础，了解其在语音处理领域中的应用和优势。

其他语音特征提取方法：探索其他语音特征提取方法，如 LPCC、PLP 等，比较它们与 MFCC 的差异，了解它们各自的适用场景。

5.6 习题

一、选择题

1. 语音信号的响度主要与以下哪个物理量有关？（　　）
   A. 频率　　　　　　　　　B. 相位
   C. 振幅　　　　　　　　　D. 时间

2. 在采样过程中，采样率是指（　　）。
   A. 每秒采样的频率　　　　B. 采样信号的振幅
   C. 信号的时间间隔　　　　D. 采样信号的相位

3. 以下哪种窗函数通常用于对频谱分析精度要求较高的场景？（　　）
   A. 矩形窗　　　　　　　　B. 汉宁窗
   C. 布莱克曼窗　　　　　　D. 汉明窗

4. 语音信号的频谱图通过（　　）变换得到。
   A. 拉普拉斯变换　　　　　B. 小波变换
   C. 傅里叶变换　　　　　　D. Z 变换

5. 下列哪项技术可以用于提高语音信号的高频信息？（　　）
   A. 分帧　　　　　　　　　B. 加窗
   C. 预加重　　　　　　　　D. 量化

6. 语音信号的短时平稳性通常是指语音信号在（　　）内保持稳定。
   A. 1～5 ms　　　　　　　　B. 10～30 ms
   C. 50～100 ms　　　　　　D. 100～200 ms

7. 【多选】在进行语音信号预处理时，哪些操作是常用的？（　　）
   A. 预加重　　　　　　　　B. 采样
   C. 分帧与加窗　　　　　　D. 量化

8. 【多选】关于语音信号数字化，下列哪些步骤是正确的？（　　）
   A. 采样是将模拟信号转换为离散时间的信号
   B. 量化将信号幅值转换为离散值
   C. 编码用于减少数据传输量
   D. 采样率越高越好

9. 【多选】关于语谱图的描述，下列哪些是正确的？（　　）
   A. 横轴表示时间
   B. 纵轴表示频率
   C. 灰度值或颜色表示能量
   D. 可以用来区分不同的语音情感

10. 在语音信号处理中，常用的倒谱域特征是（　　）。
    A. 时域能量　　　　　　　B. 短时能量
    C. 短时过零率　　　　　　D. 梅尔倒谱系数

11. 下列哪项不是 MFCC 特征提取过程中需要进行的步骤？（　　）

A. 预加重　　　　　　　　B. 分帧
C. 加窗　　　　　　　　　D. 逆傅里叶变换

二、操作题

1. 语音信号的预处理有助于提高系统的识别准确率。现对一段街头采访语音文件"interview.wav"进行降噪、音量增强、分帧与加窗等预处理操作，需要实现的具体过程如下。

1）读取语音数据。

2）对语音数据进行降噪。

3）对语音数据进行音量增强。

4）对语音数据进行分帧与加窗。

5）保存预处理后的语音数据。

2. MFCC 特征是常用的语音信号特征，常用于语音识别任务。针对新闻广播语音文件"news.wav"，使用 librosa 库的工具提取其 MFCC 特征，具体过程如下。

1）读取语音数据。

2）使用 librosa 库的工具提取语音文件的 MFCC 特征。

3）将提取的 MFCC 特征进行可视化展示。

4）保存得到的 MFCC 特征图。

项目 6　实现单句语音和复杂环境音识别

6.1　项目导入

语音识别技术在人机交互（智能语音）领域具有重要地位，它可以将口述语言转换为文本或控制指令，为人机交互提供了便利。语音识别技术在智能音箱、语音助手、智能车载系统等领域有着广泛的应用，为人们提供了便捷的交互方式。

环境音识别技术旨在识别环境中不同声音，如交通噪声、警报声、动物声等。环境音识别技术在智能安防、智能家居、智能交通等领域具有重要应用价值。

尽管语音识别和环境音识别在任务与应用场景上有所不同，但它们都依赖于有效的特征提取和分类算法。同时，随着深度学习技术的发展，深度学习算法在语音识别和环境音识别中的应用越来越广泛，取得了很好的效果。

本项目重点介绍语音识别技术和环境音识别技术的基本概念、常见算法以及实现流程，探索利用机器学习和深度学习处理语音数据的方法。在项目实战中，实现基于机器学习的隐马尔可夫模型对单句语音的识别，以及基于深度学习的 PANNs 模型对复杂环境声音的准确识别。

知识目标

- 了解语音识别和环境音识别的基本概念与工作原理。
- 掌握常见的识别算法，包括高斯混合模型（GMM）、隐马尔可夫模型等。
- 掌握语音信号预处理、特征提取和模型训练，以及深度学习框架 PaddlePaddle 的基本使用方法。

能力目标

- 能够实现基于隐马尔可夫模型的简单语音识别系统。
- 能够使用深度学习框架搭建基于 PANNs 模型的环境音识别系统。
- 具备分析语音信号、提取特征并进行模型训练的能力。
- 能够进行模型训练、调优和评估，选择合适的损失函数、优化器和评估指标，提升模型的性能。

素质目标

- 培养良好的数据处理和模型设计思维，能够从实际问题出发设计合理的解决方案。

- 树立自主学习和持续学习的意识，能够不断学习和掌握新的技术与方法，保持技术竞争力。

6.2 知识链接

本节主要针对单句语音识别和复杂环境音识别项目实战所需的基本知识进行介绍。

6.2.1 语音识别简介

自动语音识别（Automatic Speech Recognition，ASR）也称为语音识别，是指将语音信号转换为文本的过程。语音识别技术涉及语音信号的采集、预处理、特征提取、建模、解码和后处理等多个环节。通过语音识别技术，可以实现人机交互、语音搜索、智能家居、语音翻译等应用。

语音识别涉及的关键技术如下。

- **语音信号处理**。对原始语音信号进行预处理，使用特征提取技术（如 MFCC）将信号转换为适合后续识别的特征向量。
- **声学建模**。采用隐马尔可夫模型或深度神经网络对语音信号进行建模，捕捉语音的时序动态特性，提升识别的准确性。
- **语言建模**。通过 N-gram、神经网络语言模型（NNLM）等方法，预测语言中的词序关系，以提高语音到文本转换的上下文准确性。
- **解码技术**。利用维特比算法或束搜索（Beam Search）算法等技术，找到语音信号到文本的最优转换路径，实现高效、精确的语音识别。
- **语音识别系统架构**。结合端到端模型与传统的 HMM-DNN 架构，实现从语音到文本的高效映射，简化识别流程并提高准确性。
- **自适应技术**。通过说话人和环境自适应技术，调整模型以适应特定的说话人特征和环境噪声，从而提高识别的稳健性和精度。
- **大数据与训练**。利用大规模语音数据集进行模型训练，并通过迁移学习技术，进一步优化模型在特定任务中的表现。

语音识别项目开发的主要流程如下。

1）语音信号采集。收集获取语音数据，构建数据集。

2）信号预处理。对语音信号进行去除噪声、增强、分段等预处理，以提高语音信号的质量和可识别性。

3）特征提取。将语音信号转换为数字信号，提取出与语音特征相关的参数，如 MFCC 等。

4）建模。使用预处理和特征提取后的语音数据来训练语音识别模型。这些模型可以是基于统计的模型（如隐马尔可夫模型）或基于深度神经网络的模型（如卷积神经网络、循环神经网络等）。这些模型被训练用于将声音特征映射到相应的文字或语言单位。

5）解码。将建模得到的语音识别模型应用到新的语音信号中，通过解码算法计算出最有可能的文本或命令结果。

6）后处理。对识别结果进行后处理，如错误校正、拼音转汉字等。

语音识别技术具有交互自然、效率高等优势，但仍面临识别准确性、语境理解和隐私安全等方面的挑战。未来，随着深度学习和硬件技术的进步，语音识别有望实现更高的准确性和个性化服务，并加强隐私保护，为众多领域带来更智能、更便捷的应用。

6.2.2 环境音识别简介

环境音识别旨在通过分析环境中的声音来识别特定的环境或场景。这项技术可以应用于多个领域，包括智能家居、智能城市、安全监控等。通过分析环境中的声音，系统可以识别出交通噪声、动物叫声、机器运行声等，并据此进行相应的响应或控制。环境音识别技术的发展将为智能化生活和工作提供更多可能性。

环境音识别技术在过去几年中得到了广泛的研究和应用。随着深度学习技术的不断发展，语音识别的准确率和鲁棒性得到了大幅度提升，促进了环境音识别技术的发展。在早期的环境音识别技术中，通常采用传统机器学习算法，如支持向量机和高斯混合模型等。虽然传统方法在处理简单的音频任务时表现良好，但是在处理复杂多变的环境声音时效果不尽如人意。近年来，深度学习技术在环境音识别领域取得了巨大的进展。卷积神经网络和循环神经网络等深度神经网络模型被广泛应用于环境音识别任务中，通过学习数据中的模式和特征，自动地从输入数据中提取出有用的信息，从而实现对复杂环境音的准确识别和分类。

语音识别与环境音识别的异同介绍如下。

- 目标和应用场景。语音识别旨在将人类语言的语音信号转化为文本，常用于语音助手、语音输入等场景；而环境音识别则用于检测和分类环境中的非语音音频事件，应用于安全监控、智能家居等领域。
- 输入数据。语音识别处理的是包含人类语言的音频信号，频率范围较集中；环境音识别则处理多样化的环境声音，频率和声学特征更为复杂。
- 关键技术。两者都使用特征提取技术，如 MFCC、FBank 等，但语音识别更关注语言特征，常用模型包括循环神经网络和 Transformer；环境音识别则侧重于捕捉各种环境声音的独特特征，常用卷积神经网络和循环神经网络模型。
- 数据标注和训练。语音识别需要详细的语音-文本对齐标注和大量数据训练，涵盖不同语言和口音；环境音识别则标注音频片段中的事件，面临多种环境音的标注挑战。
- 项目开发流程。语音识别和环境音识别的开发流程相似，包括数据收集，以及模型开发、评估和部署，但语音识别更注重复杂的语言模型，环境音识别则关注多样环境音的分类能力。
- 主要挑战。语音识别的挑战在于如何应对口音、噪音和多语种支持等；环境音识别则面临复杂声音环境的处理、音频事件多样性和跨设备鲁棒性方面的挑战。

6.2.3 语音和环境音识别算法

想要准确且高效地识别和理解语音信号中的语音内容以及环境中的声音类别，有许多算法和模型可供选择，常见的有隐马尔可夫模型、高斯混合模型和基于深度学习的模型。

1. 隐马尔可夫模型（HMM）

HMM 是一种统计模型，用于建模序列数据的概率分布。在语音识别中，HMM 被用于建模语音信号和文本之间的对应关系，即将语音信号映射到最可能的文本序列，是语音识别系统中声学模型的重要组成部分。在 HMM 中，观测序列是可见的语音特征序列（如 MFCC 特征），而状态序列则是不可见的文本序列。HMM 的目标是通过观测序列推断出最有可能的状态序列，从而实现语音识别。

在环境音识别中，HMM 可以用来建模环境中的各种噪声或声音，如车辆噪声、机器声、人声等。通过对这些环境声音的建模，系统可以更准确地区分语音信号和环境噪声。此外，HMM 可以用来对环境中的声音进行分类，识别出不同的声音类型，如交通噪声、自然噪声等。

HMM 通常与其他机器学习方法或深度学习方法结合使用，以提高识别性能和系统的鲁棒性。

2. 高斯混合模型

高斯混合模型（Gaussian Mixture Model，GMM）是一种统计模型，用于描述一个数据集的概率分布。GMM 由多个高斯分布组成，用于描述具有多个子类的复杂数据集，如图 6-1 所示。每个高斯分布对应数据中的一个子类，可用于聚类和分类任务。每个高斯分布由均值向量和协方差矩阵组成，描述数据空间分布特征。

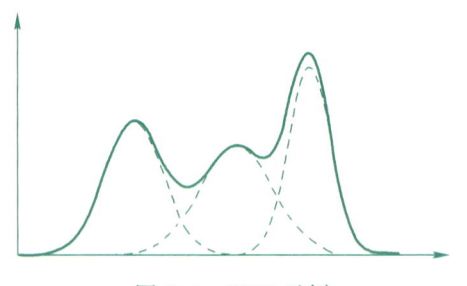

图 6-1 GMM 示例

在语音识别方面，GMM 主要应用于声学模型，因为声学特征是多维连续的，适合用多元高斯分布建模。语音中的每个音素都可以用 GMM 描述，其中每个高斯分布对应一个音素状态，这些状态具有各自的均值向量和协方差矩阵，用于描述声学特征。

GMM 常与 HMM 结合，形成 HMM-GMM 经典组合，GMM 用于语音特征建模，而 HMM 则用于时序关系建模，如图 6-2 所示。HMM-GMM 通过比较每个音素不同声学特征的概率，可以确定输入声学特征序列最可能对应的音素序列，实现从声学特征到文本的映射，提高了对语音信号时序关系的建模能力。

使用 HMM-GMM 实现语音识别的主要步骤如下。

1）特征提取。从语音信号中提取 MFCC 或其他声学特征，作为后续建模的输入。

2）声学建模。使用 GMM 来表示每个音素的概率分布，结合 HMM 来描述音素的时间动态特性。

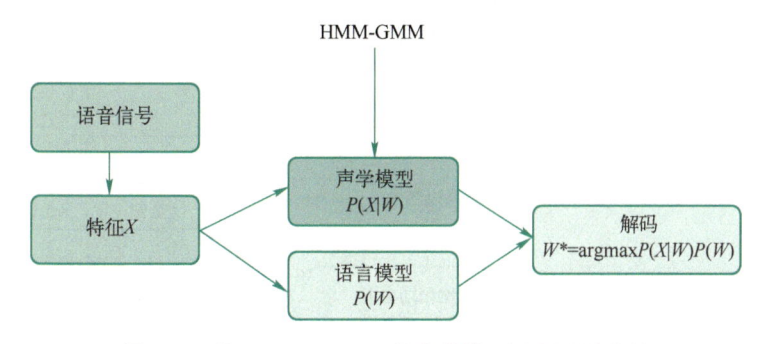

```
                        HMM-GMM
                           │
                           ▼
┌────────┐       ┌──────────────┐
│语音信号│       │  声学模型    │
└────┬───┘   ┌──▶│   P(X|W)     │──┐
     ▼       │   └──────────────┘  │   ┌──────────────────────┐
┌────────┐   │                     └──▶│       解码           │
│ 特征X  │───┤                         │ W*=argmaxP(X|W)P(W)  │
└────────┘   │   ┌──────────────┐  ┌──▶└──────────────────────┘
             │   │  语言模型    │  │
             └──▶│    P(W)      │──┘
                 └──────────────┘
```

图 6-2 基于 HMM-GMM 的声学模型语音识别流程

3）训练模型。通过 EM 算法对 HMM-GMM 进行参数训练，利用大量标注的语音数据进行模型参数的优化。

4）解码识别。利用维特比算法解码语音数据，计算最有可能的音素序列，从而得出最终的识别结果。

在环境音识别方面，与 HMM 类似，GMM 的应用也主要集中在噪声建模和声音分类两个方面。通过收集和分析环境中的各种声音，可以构建一个包含多个高斯分布的 GMM，每个高斯分布代表一种噪声类型的声学特征分布或声音类型的声学特征分布。

3. 基于深度学习的模型

传统的机器学习方法通常依赖于人工设计的特征和模型，如 GMM、SVM、HMM 等。在语音识别任务中，通常需要将语音信号转换为特征向量，然后使用这些特征向量进行分类或序列建模。机器学习方法在语音识别任务中取得了一定的成功，但其性能受限于人工设计的特征和模型的能力，难以充分挖掘语音数据的复杂特征。

深度学习方法通过神经网络模型来自动学习数据的特征表示，而不需要人工设计特征，可以处理大规模数据和复杂模型，有良好的模型性能和泛化能力。

在语音识别方面，深度学习方法通常使用 RNN 及其变体（如 LSTM 或 GRU 等）来学习语音数据的特征表示和序列建模。

在环境音识别方面，也有很多优秀的基于深度学习的模型可供选择。PANNs（Pretrained Audio Neural Networks）是基于大规模 AudioSet 数据集预训练的深度神经网络。它基于 CNN 和 DNN 的架构，旨在识别环境中的各种声音类别，如狗吠、汽车鸣笛、咖啡机声等。

PANNs 模型的核心思想是使用 CNN 从原始音频信号中提取特征，然后通过 DNN 进行分类。相较于传统的人工设计特征和分类器的方法，PANNs 能够端到端地学习从原始音频到声音类别的映射，从而更好地适应不同的环境和声音条件。

PANNs 分为 6 层、10 层和 14 层结构，分别记为 PANNs-CNN6、PANNs-CNN10、PANNs-CNN14。6 层结构由 4 个卷积层组成，卷积核大小为(5,5)。10 层和 14 层结构分别由 4 个与 6 个卷积块组成，每个卷积块由两个卷积层组成，卷积核大小为(3,3)。PANNs-CNN 在每个卷积层之间应用批量归一化（BN），并使用 ReLU 激活函数。卷积块之后使用平均池化下采样，池化核大小为(2,2)。

PaddleSpeech 库提供了 PANNs-CNN14 预训练模型，该模型主要包含 12 个卷积层和两个全连接层，模型参数的数量为 79.6M（M 表示百万），embedding 维度是 2048，其模型结构如图 6-3 所示。

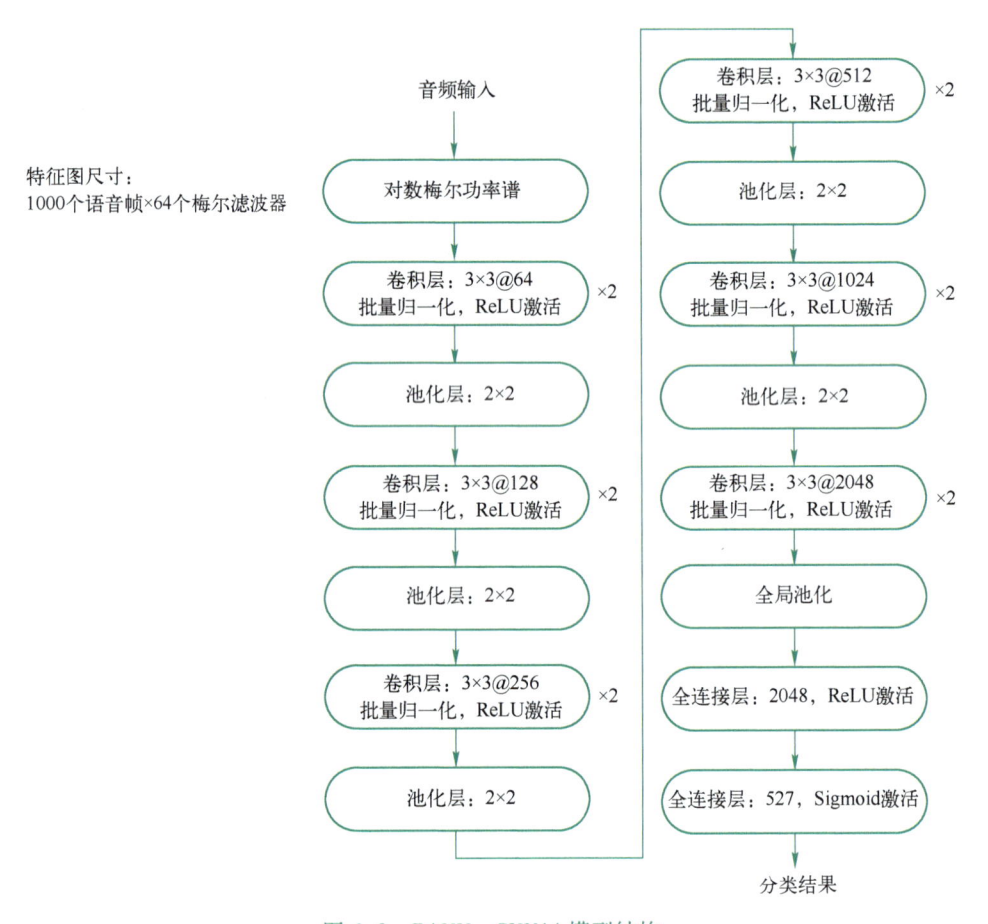

图 6-3　PANNs-CNN14 模型结构

6.3 项目实战

本节提供了基于机器学习的 HMM 的 0~9 数字语音识别实战项目和基于深度学习的 PANNs 模型的复杂环境音识别实战项目。

6.3.1 单句语音识别

单句语音识别是指从单个语音片段中识别出对应的文本内容，通常应用于语音交互式系统、语音控制系统、语音助手等领域。

下面针对单句语音识别开展项目实战。本项目利用基于机器学习的 HMM 实现一个 0~9 数字语音的分类器，将语音内容识别后自动分类为对应的数字标签。

基于 HMM 的单句语音识别的基本流程，如图 6-4 所示。

项目 6　实现单句语音和复杂环境音识别

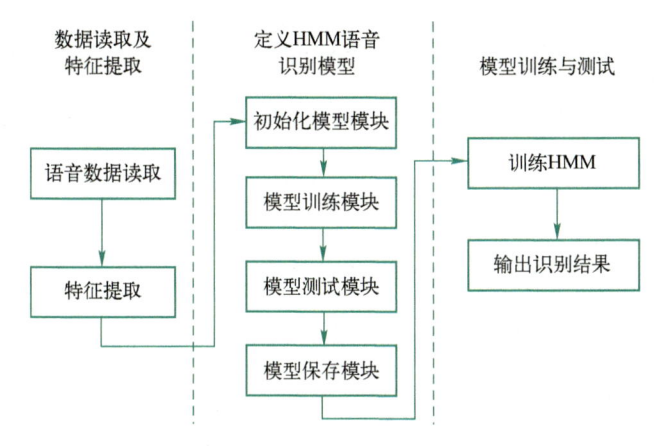

图 6-4　基于 HMM 的单句语音识别的基本流程

1. 数据读取及特征提取

在单句语音识别中，数据读取和特征提取是两个非常关键的步骤，它们对于整个语音识别系统的性能和准确度具有重要影响。对于语音识别任务来说，首先需要获取原始的语音数据。数据读取是将原始音频文件转换成计算机可以处理的数字信号的过程。特征提取是从原始语音信号中提取对语音识别任务有用的特征的过程。

本项目使用的数据集内共有 110 个 WAV 格式的语音文件，涵盖 1~10 的单音节中文发音，训练集和测试集分别存储于项目的 data/training_data 与 data/test_data 文件目录中。数据集部分数据展示如图 6-5 所示。

图 6-5　语音数据集（部分）

生成字典存储路径信息和存储标签信息，以构建训练集和测试集，如代码清单 6-1 所示。

代码清单 6-1　生成字典存储路径信息和存储标签信息

```
import warnings
warnings.filterwarnings("ignore")

def gen_wavlist(wavpath):
```

```python
# 定义一个空字典，用于存储.wav文件的路径信息，key为文件名，value为文件的完整路径
wavdict = {}
# 定义一个空字典，用于存储标签信息，key为文件名，value为该文件的标签
labeldict = {}
for (dirpath, dirnames, filenames) in os.walk(wavpath):
    # 遍历所有的文件
    for filename in filenames:
        # 若文件扩展名为.wav，则执行以下操作
        if filename.endswith('.wav'):
            # 生成文件的完整路径
            filepath = os.sep.join([dirpath, filename])
            # 获取文件名作为字典的key
            fileid = filename.strip('.wav')
            # 将文件的完整路径存储到字典中，文件名为key
            wavdict[fileid] = filepath
            # 将文件的标签信息存储到字典中，文件名为key
            label = fileid.split('_')[1]
            labeldict[fileid] = label
# 返回存储了.wav文件路径信息和标签信息的两个字典
return wavdict, labeldict

# 准备训练所需数据
CATEGORY = ['1', '2', '3', '4', '5', '6', '7', '8', '9', '10']
wavdict, labeldict = gen_wavlist('./data/training_data')
print('路径字典：\n', wavdict)
print('标签字典：\n', labeldict)
```

运行代码清单6-1，得到的部分结果如下。

```
路径字典：
{'2_4': './data/training_data/2_4.wav', '1_2': './data/training_data/1_2.wav', '10_5': './data/training_data/10_5.wav', '6_10': './data/training_data/6_10.wav', '7_5': './data/training_data/7_5.wav', '2_10': './data/training_data/2_10.wav', …
标签字典：
{'2_4': '4', '1_2': '2', '10_5': '5', '6_10': '10', '7_5': '5', '2_10': '10', '9_3': '3', '10_2': '2', '2_8': '8', '9_1': '1', '1_5': '5', '5_3': '3', '10_10': '10', '8_3': '3', '1_1': '1', '4_1': '1', '5_1': '1', '4_6': '6', '8_7': '7', '3_10': '10', '5_2': '2', '9_9': '9', '4_2': '2', '3_3': '3', '8_8': '8', '3_7': '7', …
```

除了可以通过项目5介绍过的librosa库实现MFCC特征提取以外，还可以利用python_speech_features库实现。python_speech_features库主要关注基本语音特征提取，相对简单且计算速度较快，而librosa库提供了更广泛的语音处理功能和参数选项，具有更高的易用性和适应不同应用场景的能力。

本项目主要通过python_speech_features库中的mfcc方法进行MFCC特征的提取。在自定义的compute_mfcc方法中调用mfcc方法进行MFCC特征的提取，如代码清单6-2所示。

代码清单6-2 MFCC特征提取的方法

```python
# 定义MFCC特征提取的方法
def compute_mfcc(file):
```

```
# 读取语音文件
fs, audio = wavfile.read(file)
# 使用 mfcc 函数计算语音文件的特征
mfcc_feat = mfcc(signal=audio, samplerate=(fs/2), numcep=13)
# 返回 MFCC 特征
return mfcc_feat
```

在代码清单 6-2 中，mfcc 方法的参数说明见表 6-1。

表 6-1　mfcc 方法的参数说明

参 数 名 称	参 数 说 明
signal	接受 NumPy 数组类型，表示输入的语音信号。无默认值
samplerate	接受 int 或 float 类型，表示语音信号的采样率，以 Hz 为单位。无默认值
numcep	接受 int 类型，表示提取的 MFCC 特征的个数，即 MFCC 的维度。默认值为 13

2. 模型定义

在本项目中，HMM 语音识别模型定义为 Model 类，类中包括初始化模型、模型训练、模型测试、模型保存 4 个模块。

各模块的代码实现，如代码清单 6-3 所示。

代码清单 6-3　定义 HMM 语音识别模型

```
class Model():
    def __init__(self,
                 CATEGORY=None,
                 n_comp=3,          # HMM-GMM 模型的组件数量
                 n_mix=3,           # HMM-GMM 模型的混合数量
                 cov_type='diag',   # 协方差类型
                 n_iter=1000):      # 迭代次数

        super(Model, self).__init__()
        self.CATEGORY = CATEGORY
        self.category = len(CATEGORY)
        self.n_comp = n_comp
        self.n_mix = n_mix
        self.cov_type = cov_type
        self.n_iter = n_iter

        # 初始化 models，返回特定参数的模型的列表
        self.models = []
        for k in range(self.category):
            model = hmm.GaussianHMM(n_components=self.n_comp,
                                    covariance_type=self.cov_type,
                                    n_iter=self.n_iter)
            self.models.append(model)
```

```python
# 模型训练
# wavdict:音频数据字典,key 为文件名,value 为音频数据
# labeldict:标签数据字典,key 为文件名,value 为类别标签
def train(self, wavdict=None, labeldict=None):
    for k in range(10):
        subdata = []
        model = self.models[k]
        for x in wavdict:
            if labeldict[x] == self.CATEGORY[k]:
                mfcc_feat = compute_mfcc(wavdict[x])
                model.fit(mfcc_feat)

# 模型测试
def test(self, wavdict=None, labeldict=None):
    result = []
    for k in range(self.category):
        subre = []
        label = []
        model = self.models[k]
        for x in wavdict:
            mfcc_feat = compute_mfcc(wavdict[x])
            # 生成每个数据在当前模型下的得分
            re = model.score(mfcc_feat)
            subre.append(re)
            label.append(labeldict[x])
        # 汇总得分情况
        result.append(subre)
    # 选取得分最高的种类
    result = np.vstack(result).argmax(axis=0)
    # 返回种类的类别标签
    result = [self.CATEGORY[label] for label in result]
    print('识别得到结果:\n', result)
    print('原始标签类别:\n', label)
    # 检查识别准确率=正确识别的个数/总数
    totalnum = len(label)
    correct = sum([1 for i in range(totalnum) if result[i] == label[i]])
    recognition_rate = correct / totalnum
    print('识别准确率:{:.2f}'.format(recognition_rate))

# 保存模型
def save(self, path="models.pkl"):
    # 利用 external joblib 保存生成的 HMM 模型
    joblib.dump(self.models, path)

# 加载模型
def load(self, path="models.pkl"):

    # 导入 HMM 模型
    self.models = joblib.load(path)
```

在代码清单 6-3 中，HMM 模型可以通过 hmmlearn 库中 hmm 模块的 GaussianHMM 方法实现。GaussianHMM 方法的参数及其说明见表 6-2。

表 6-2　GaussianHMM 方法的参数及其说明

参数名称	参数说明
n_components	指定了 HMM 中状态序列可能的取值数量，即模型中假设的潜在状态数
covariance_type	指定了高斯分布的协方差矩阵的类型。它可以取以下值："diag"（对角线协方差矩阵，默认值）、"full"（完整协方差矩阵）和"tied"（所有状态共享一个协方差矩阵）
n_iter	指定了模型训练时的最大迭代次数。训练过程中使用期望最大化（EM）算法，当达到最大迭代次数或满足收敛条件时，训练停止

3. 模型训练与测试

通过自定义的 Model 类实例化 HMM 模型对象，并对 HMM 模型进行训练，输出在测试集上的识别结果，如代码清单 6-4 所示。

代码清单 6-4　模型训练与测试

```
from hmmlearn import hmm
from scipy.io import wavfile
from python_speech_features import mfcc
import joblib
import numpy as np

# 模型训练
models = Model(CATEGORY=CATEGORY)
models.train(wavdict=wavdict, labeldict=labeldict)
# 模型保存
models.save()

# 获取测试集信息
testdict, testlabel = gen_wavlist('../data/test_data')

# 模型加载
models.load()

# 利用测试集测试模型
models.test(wavdict=testdict, labeldict=testlabel)
```

运行代码清单 6-4，输出测试集上的识别结果如下。

```
识别得到结果：
['2', '5', '1', '8', '9', '3', '9', '7', '4', '6']
原始标签类别：
['2', '5', '1', '8', '10', '3', '9', '7', '4', '6']
识别准确率：0.90
```

从测试结果中可以看出，在测试集上，HMM 模型识别准确率可以达到 0.9。基于 HMM 的语音识别方法具有较好的性能。

6.3.2 复杂环境音识别

PaddleSpeech 是基于深度学习框架 PaddlePaddle 的语音处理工具库，提供了丰富的语音处理模型和工具，可以方便地进行语音处理任务的开发和实验。

在环境音识别任务中，PaddleSpeech 提供了多种深度学习模型，可以从语音数据中提取有用的特征，从而实现对不同声音的准确分类和识别。此外，PaddleSpeech 还提供了灵活的模型参数配置和调整方法，支持 GPU 和多卡并行计算，加之庞大的开源社区支持和贡献，使得使用者能够快速开发和优化环境音识别模型。

本节针对复杂环境音识别开展项目实战。本项目利用基于深度学习的 PANNs 模型实现多种类环境音内容分类器，将环境声音自动分类至预定义的类别当中。

本项目进行的环境音识别的基本流程如下。

1）语音数据加载。使用 ESC-50 数据集，通过 librosa 库读取语音文件，生成波形图和梅尔语谱图。

2）模型定义与训练。使用 PaddleSpeech 中的 PANNs-CNN14 预训练模型并微调；训练模型，提高准确率，并绘制准确率和损失曲线。

3）模型评估。使用验证集计算分类准确率，分析混淆矩阵。

4）模型测试。对新语音文件进行测试，输出识别结果及最高概率类别。

1. 加载数据并可视化

本项目使用的 ESC-50 数据集是一个有 2000 个环境音频记录的标记的集合，适用于环境声音分类的基准方法。该数据集包含五大类音频样本，分别是动物（Animals）、自然界产生的声音和水声（Natural soundscapes & water sounds）、人类发出的非语言声音（Human, non-speech sounds）、室内声音（Interior/domestic sounds）以及室外声音和一般噪声（Exterior/urban noises）。每个大类的样本又细分为 10 个小类，见表 6-3。

表 6-3 ESC-50 数据集样本分类

Animals	Natural soundscapes & water sounds	Human, non-speech sounds	Interior/domestic sounds	Exterior/urban noises
Dog	Rain	Crying baby	Door knock	Helicopter
Rooster	Sea waves	Sneezing	Mouse click	Chainsaw
Pig	Crackling fire	Clapping	Keyboard typing	Siren
Cow	Crickets	Breathing	Door, wood creaks	Car horn
Frog	Chirping birds	Coughing	Can opening	Engine
Cat	Water drops	Footsteps	Washing machine	Train
Hen	Wind	Laughing	Vacuum cleaner	Church bells
Insects (flying)	Pouring water	Brushing teeth	Clock alarm	Airplane
Sheep	Toilet flush	Snoring	Clock tick	Fireworks
Crow	Thunderstorm	Drinking, sipping	Glass breaking	Hand saw

ESC-50 数据集部分内容如图 6-6 所示。

1-137-A-32.wav	1-977-A-39.wav	1-1791-A-26.wav	1-4211-A-12.wav	1-5996-A-6.wav	1-7057-A-12.wav	1-7456-A-13.wav	1-7973-A-7.wav	1-7974-A-49.wav	1-7974-B-49.wav
1-11687-A-47.wav	1-12653-A-15.wav	1-12654-A-15.wav	1-12654-B-15.wav	1-13571-A-46.wav	1-13572-A-46.wav	1-13613-A-37.wav	1-14262-A-37.wav	1-15689-A-4.wav	1-15689-B-4.wav
1-17124-A-43.wav	1-17150-A-12.wav	1-17295-A-29.wav	1-17367-A-10.wav	1-17565-A-12.wav	1-17585-A-7.wav	1-17742-A-12.wav	1-17808-A-12.wav	1-17808-B-12.wav	1-17970-A-4.wav

图 6-6　ESC-50 数据集（部分）

以 ESC-50 数据集内动物（Animals）类别中的母鸡（Hen）叫声音频文件 "1-18074-A-6.wav" 为例，读取音频数据并观察其波形图、梅尔语谱图等信息，直观地了解数据集的内容。

使用 librosa 库中的 load 方法读取存储于项目的 data 文件目录中的 "1-18074-A-6.wav" 语音文件，绘制波形图、梅尔语谱图，如代码清单 6-5 所示。

代码清单 6-5　读取语音文件

```python
import librosa
from paddleaudio.features import LogMelSpectrogram
import paddle
import numpy as np

# 加载音频文件
audio_path = '../data/1-18074-A-6.wav'
data, sr = librosa.load(audio_path, sr=None, mono=True, dtype='float32')  # 单通道，float32 音频样本点
print('音频形状：\n {}'.format(data.shape))
print('采样率：\n {}'.format(sr))

# 绘制波形图
plt.figure(figsize=(12, 4))
librosa.display.waveshow(data, sr=sr, color="blue")
plt.title('样本（1-18074-A-6.wav）波形图', fontsize='18')
plt.xlabel('时间/s', fontsize='18')
plt.ylabel('振幅', fontsize='18')
plt.show()

# 定义梅尔语谱图特征提取器
feature_extractor = LogMelSpectrogram(
    sr=sr,              # 音频文件的采样率
    n_fft=1024,         # FFT 窗口大小
```

```
                hop_length = 320,        # 帧移大小
                win_length = 1024,       # 窗口长度
                window = 'hann',         # 窗函数种类
                f_min = 50,              # 最低频率
                f_max = 14000,           # 最高频率
                n_mels = 64)             # 梅尔刻度数量

x = paddle.to_tensor(data).unsqueeze(0)      # [B, L]
log_fbank = feature_extractor(x)             # [B, D, T]
log_fbank = log_fbank.squeeze(0)             # [D, T]

# 计算时间轴上的时间值
frame_time = np.arange(log_fbank.shape[1]) * 320 / sr    # 320 为帧移大小
# 计算梅尔滤波器的中心频率
mel_frequencies = librosa.mel_frequencies(n_mels = 64, fmin = 50, fmax = 14000)

# 绘制梅尔语谱图
plt.figure(figsize = (12, 4))
librosa.display.specshow(log_fbank.numpy(), sr = sr, hop_length = 320, x_axis = 'time', y_axis = 'hz', fmin = 50, fmax = 14000)
plt.colorbar(format = '%+2.0f dB')
plt.title('样本(1-18074-A-6.wav)梅尔语谱图', fontsize = '18')
plt.xlabel('时间/s', fontsize = '18')
plt.ylabel('频率/Hz', fontsize = '18')
plt.show()
```

运行代码清单6-5，得到音频数据相关信息。

```
音频形状：
(220500,)
采样率：
44100
```

可以看出，音频数据的采样率为44100 Hz，采样点数为220500个，计算可知音频长度为5 s。

输出的音频时域波形图和梅尔语谱图，分别如图6-7、图6-8所示。

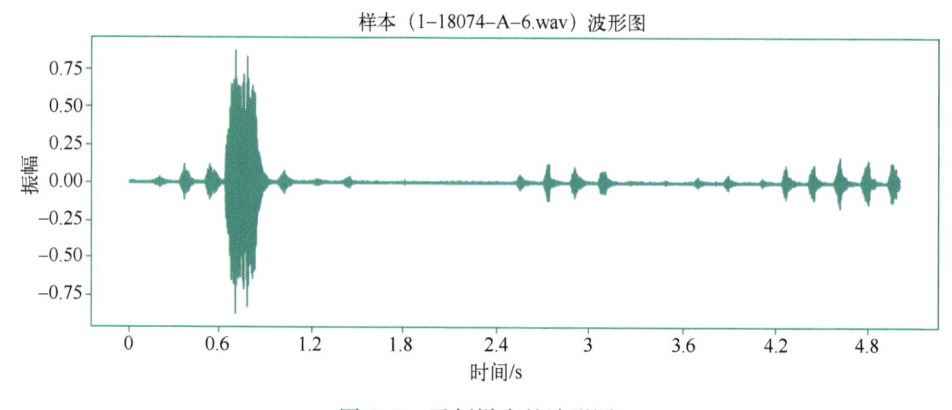

图6-7 示例样本的波形图

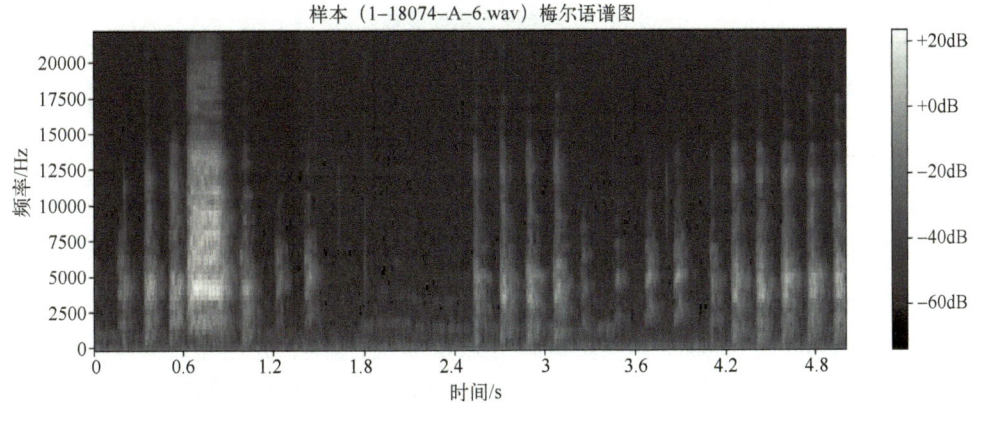

图 6-8　示例样本的梅尔语谱图

2. 模型定义与训练

（1）模型定义

本项目使用 PaddleSpeech 库提供的 PANNs_CNN14 预训练模型，并对模型进行微调（Fine-tune）操作，以便使其更好地适应 ESC-50 数据集。

PANNs_CNN14 预训练模型可以通过 PaddleSpeech 库中的 cls.models 模块进行构建，如代码清单 6-6 所示。

代码清单 6-6　构建 PANNs 模型

```python
from paddlespeech.cls.models import cnn14
import paddle.nn as nn
paddleaudio.datasets import ESC50

# 选取 PANNs_CNN14 作为预训练模型，用于提取音频的特征
backbone = cnn14(pretrained=True, extract_embedding=True)

# SoundClassifer 类接受 PANNs_CNN14，并构建分类模型
class SoundClassifier(nn.Layer):
    def __init__(self, backbone, num_class, dropout=0.1):
        super().__init__()
        self.backbone = backbone
        self.dropout = nn.Dropout(dropout)
        self.fc = nn.Linear(self.backbone.emb_size, num_class)
    def forward(self, x):
        x = x.unsqueeze(1)
        x = self.backbone(x)
        x = self.dropout(x)
        logits = self.fc(x)
        return logits
model = SoundClassifier(backbone, num_class=len(ESC50.label_list))
```

在代码清单 6-6 中，cnn14 方法的参数说明见表 6-4。

表 6-4 cnn14 方法的参数说明

参 数 名 称	参 数 说 明
pretrained	指定是否使用预训练模型。设为 True 表示使用已经在大型数据集上训练好的模型权重,可以提高模型在新任务上的表现,因为预训练模型已经学到通用的特征
extract_embedding	指定是否从模型中提取特征嵌入。设为 True 表示模型将返回中间层或最终的嵌入特征,而不是直接输出分类结果或其他任务特定的输出。这个参数通常用于特征提取任务,如生成音频特征向量或图像特征向量,以便后续的进一步处理或分类

(2) 模型训练

通过 PaddleAudio 的 datasets 模块接口调用 ESC-50 数据集,并创建训练集和验证集。同时,设置模型的训练参数,如 epochs、batch_size 的值,定义优化器和损失函数等,如代码清单 6-7 所示。

代码清单 6-7　初始化数据集并设置训练参数

```python
# 数据集初始化。自动下载并读取数据集音频文件,创建训练集和验证集
train_ds = ESC50(mode='train', sample_rate=sr)
dev_ds = ESC50(mode='dev', sample_rate=sr)

# 设置批大小和数据加载器
batch_size = 16
train_loader = paddle.io.DataLoader(train_ds,
                                    batch_size=batch_size,
                                    shuffle=True)
dev_loader = paddle.io.DataLoader(
    dev_ds,
    batch_size=batch_size,
)
# 定义优化器和损失函数
optimizer = paddle.optimizer.Adam(learning_rate=1e-4,
                                  parameters=model.parameters())
criterion = paddle.nn.loss.CrossEntropyLoss()
# 设置训练的 epoch 数量和步骤数量
epochs = 10
steps_per_epoch = len(train_loader)
# 设置日志频率和评估频率
log_freq = 10
eval_freq = 10
```

在初始化数据集并设置训练参数之后,开始训练模型,并输出训练日志、准确率曲线图和损失值曲线图,如代码清单 6-8 所示。

代码清单 6-8　模型训练

```python
from paddleaudio.utils import logger

# 初始化空列表来存储训练过程中的准确率和损失值
train_losses = []
```

```python
train_accuracies = []
val_losses = []
val_accuracies = []

# 定义计算损失值和准确率的方法
def compute_loss_and_accuracy(model, data_loader, criterion):
    model.eval()    # 设置模型为评估模式
    total_loss = 0.0
    correct_pred = 0
    total_samples = 0

    with paddle.no_grad():
        for batch in data_loader:
            waveforms, labels = batch
            feats = feature_extractor(waveforms)
            feats = paddle.transpose(feats, [0, 2, 1])
            logits = model(feats)
            loss = criterion(logits, labels)

            total_loss += loss.numpy().item() * waveforms.shape[0]    # 计算总损失
            preds = paddle.argmax(logits, axis=1)
            correct_pred += (preds == labels).numpy().sum()            # 计算正确预测数量
            total_samples += waveforms.shape[0]

        avg_loss = total_loss / total_samples                          # 计算平均损失
        accuracy = correct_pred / total_samples                        # 计算准确率

        return avg_loss, accuracy

# 开始训练
for epoch in range(1, epochs + 1):
    # 将模型设置为训练模式
    model.train()
    avg_loss = 0
    num_corrects = 0
    num_samples = 0
    for batch_idx, batch in enumerate(train_loader):
        waveforms, labels = batch
        # 对音频信号进行特征提取,并将特征维度变换为[batch_size, seq_len, feature_dim]
        feats = feature_extractor(waveforms)
        feats = paddle.transpose(feats, [0, 2, 1])    # [B, N, T] -> [B, T, N]
        # 将特征向量送入声音分类器模型以进行分类预测,并计算交叉熵损失
        logits = model(feats)
        loss = criterion(logits, labels)
        # 反向传播求导并更新模型参数
        loss.backward()
        optimizer.step()
        # 学习率调度器
```

```python
            if isinstance(optimizer._learning_rate,
                    paddle.optimizer.lr.LRScheduler):
                optimizer._learning_rate.step()
            optimizer.clear_grad()
            # 计算损失
            avg_loss += loss.numpy()
            # 计算指标
            preds = paddle.argmax(logits, axis=1)
            num_corrects += (preds == labels).numpy().sum()
            num_samples += feats.shape[0]
            # 输出日志信息
            if (batch_idx + 1) % log_freq == 0:
                lr = optimizer.get_lr()
                avg_loss /= log_freq
                avg_acc = num_corrects / num_samples
                print_msg = 'Epoch={}/{}, Step={}/{}'.format(
                    epoch, epochs, batch_idx + 1, steps_per_epoch)
                # 平均损失值,是当前批次训练样本的平均损失值
                print_msg += ' loss={:.4f}'.format(avg_loss)
                # 平均准确率,是当前批次训练样本的平均准确率
                print_msg += ' acc={:.4f}'.format(avg_acc)
                print_msg += ' lr={:.6f}'.format(lr)   # 当前优化器的学习率
                logger.train(print_msg)
                avg_loss = 0
                num_corrects = 0
                num_samples = 0

    # 计算训练集和验证集的损失值与准确率
    train_loss, train_acc = compute_loss_and_accuracy(model, train_loader, criterion)
    val_loss, val_acc = compute_loss_and_accuracy(model, dev_loader, criterion)

    # 将损失值和准确率添加到列表中
    train_losses.append(train_loss)
    train_accuracies.append(train_acc)
    val_losses.append(val_loss)
    val_accuracies.append(val_acc)

# 绘制训练过程中的准确率曲线图
plt.figure(figsize=(6, 4))
plt.plot(train_accuracies, label='训练准确率', linestyle='-')
plt.plot(val_accuracies, label='验证准确率', linestyle='--')
plt.xlabel('轮数', fontsize='12')
plt.ylabel('准确率', fontsize='12')
plt.title('训练和验证准确率', fontsize='12')
plt.legend()
plt.show()

# 绘制训练过程中的损失值曲线图
```

```
plt.figure(figsize=(6,4))
plt.plot(train_losses, label='训练损失值', linestyle='-')
plt.plot(val_losses, label='验证损失值', linestyle='--')
plt.xlabel('轮数', fontsize='12')
plt.ylabel('损失值', fontsize='12')
plt.title('训练和验证损失值', fontsize='12')
plt.legend()
plt.show()
```

运行代码清单6-8，得到训练过程的输出（即训练日志）如下。

```
[2024-05-04 13:04:49,529] [    TRAIN] -Epoch=1/10, Step=10/100 loss=4.8104 acc=0.0250 lr=0.000100
[2024-05-04 13:04:51,919] [    TRAIN] -Epoch=1/10, Step=20/100 loss=4.4189 acc=0.0187 lr=0.000100
...
[2024-05-04 13:07:18,103] [    TRAIN] -Epoch=5/10, Step=50/100 loss=1.1482 acc=0.6625 lr=0.000100
[2024-05-04 13:07:20,385] [    TRAIN] -Epoch=5/10, Step=60/100 loss=1.2382 acc=0.6813 lr=0.000100
...
[2024-05-04 13:10:21,215] [    TRAIN] -Epoch=10/10, Step=90/100 loss=0.2993 acc=0.9250 lr=0.000100
[2024-05-04 13:10:23,492] [    TRAIN] -Epoch=10/10, Step=100/100 loss=0.3287 acc=0.8938 lr=0.000100
```

输出的准确率曲线图和损失值曲线图，如图6-9所示。

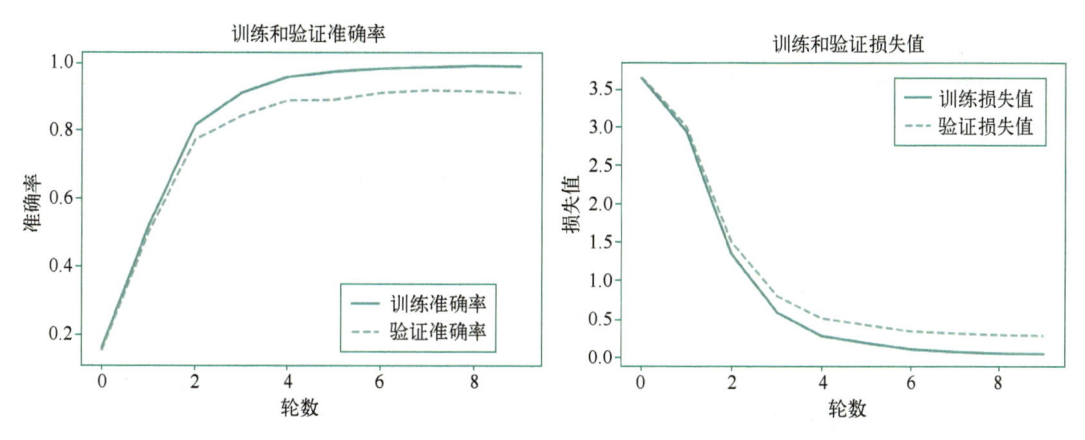

图6-9 在训练集和验证集上的准确率曲线图（左）与损失值曲线图（右）

可以看出，随着训练轮数的增加，模型在验证集上的准确率呈整体提升趋势，损失值呈整体下降趋势。

3. 模型评估

由于在模型训练过程中，没有使用验证集评估调整超参数，因此可以将验证集作为测试集来评估模型效果，输出模型的分类准确率，如代码清单6-9所示。

代码清单6-9　模型在测试集上的准确率

```
from paddleaudio import load
from sklearn.metrics import accuracy_score

# 设置数据集的批大小为batch_size，并将dev_ds传入DataLoader中
dev_ds = ESC50(mode='dev', sample_rate=sr)
dev_loader = paddle.io.DataLoader(dev_ds, batch_size=batch_size)

wav_file_list = dev_ds.files
# 初始化label_list和msg
label_list = []
msg = []
for i in range(len(wav_file_list)):
    # 加载音频文件
    waveform, sr = load(wav_file_list[i], sr=sr)

    # 对音频进行特征提取
    feats = feature_extractor(
        paddle.to_tensor(paddle.to_tensor(waveform).unsqueeze(0)))
    feats = paddle.transpose(feats, [0, 2, 1])  # [B, N, T] -> [B, T, N]

    # 进行模型推理
    logits = model(feats)
    probs = nn.functional.softmax(logits, axis=1).numpy()

    # 获取预测结果并添加到msg中
    sorted_indices = probs[0].argsort()
    name = wav_file_list[i].split('\\')[-1]
    label_list.append(dev_ds.label_list[dev_ds.labels[i]])
    for idx in sorted_indices[-1:-1 - 1:-1]:
        msg.append(ESC50.label_list[idx])
print('模型在测试集上的准确率：\n', accuracy_score(label_list, msg))
```

运行代码清单6-9，得到模型的准确率如下。

模型在测试集上的准确率：
0.91

可以看出，Fine-tune后的PANNs_CNN14模型，能够对不同环境音进行识别分类，准确率达到了93%，模型整体性能良好。

通过混淆矩阵进一步观察PANNs_CNN14模型对环境音的分类性能，如代码清单6-10所示。

代码清单6-10　模型的混淆矩阵

```
from sklearn.metrics import confusion_matrix
import seaborn as sns
```

```
# 将模型设置为评估模式
model.eval()
# 初始化真实标签列表和预测标签列表
true_labels = []
pred_labels = []
# 遍历测试集,获取真实标签和预测标签
for batch in dev_loader:
    waveforms, labels = batch
    feats = feature_extractor(waveforms)
    feats = paddle.transpose(feats, [0, 2, 1])
    logits = model(feats)
    preds = paddle.argmax(logits, axis=1)
    true_labels.extend(labels.numpy())
    pred_labels.extend(preds.numpy())

# 计算混淆矩阵
conf_matrix = confusion_matrix(true_labels, pred_labels)
# 绘制混淆矩阵
plt.figure(figsize=(10, 8))
sns.heatmap(conf_matrix, annot=True, fmt='d', cmap='Blues',
            xticklabels=ESC50.label_list, yticklabels=ESC50.label_list)
plt.xlabel('预测标签')
plt.ylabel('真实标签')
plt.title('模型混淆矩阵')
plt.show()
```

运行代码清单 6-10,得到 PANNs_CNN14 模型的混淆矩阵,如图 6-10 所示。

可以看到,在混淆矩阵中模型能够准确预测类别的情况较多,而出现错误的情况则较少。以洗衣机(Washing machine)声音为例,该类型的声音样本数量为 8 条,模型将类别预测正确的有 3 条,预测错误较多的类别为发动机(Engine)声音,从洗衣机声音感官上与发动机声音接近的角度可以得到该现象的解释。

4. 模型测试

使用独立于 ESC-50 数据集的鸟叫声"birds.wav"(存储于项目的 data 文件目录中)进行模型测试,输出环境音模型识别结果,如代码清单 6-11 所示。

代码清单 6-11 模型测试

```
# 设置 top_k 值
top_k = 10

# 加载 WAV 文件,并进行特征提取
wav_file = './data/birds.wav'
waveform, sr = load(wav_file, sr=sr)    # 从文件中读取声音数据和采样率


feats = feature_extractor(
    paddle.to_tensor(paddle.to_tensor(waveform).unsqueeze(0)))   # 提取声音特征
```

```
feats = paddle.transpose(feats,
                         [0, 2, 1])  # 将维度从[B, N, T]转换为[B, T, N], 使得时间步在第二维

# 使用模型进行预测, 得到预测概率
logits = model(feats)                # 输入特征到模型中进行预测, 得到输出
probs = nn.functional.softmax(logits,
                              axis=1).numpy()  # 将输出进行 softmax 计算, 并将结果转换为数组

# 对预测概率进行排序, 并输出 top_k 的类别名称和对应的概率
sorted_indices = probs[0].argsort()  # 对概率进行排序
msg = f'[{wav_file}] \n'
# 逆序遍历排序后的概率, 输出 top_k 的类别名称和对应的概率
for idx in sorted_indices[-1:-top_k - 1:-1]:
    msg += f'{ESC50.label_list[idx]}: {probs[0][idx]:.5f} \n'
print('模型预测:\n', msg)             # 输出结果
```

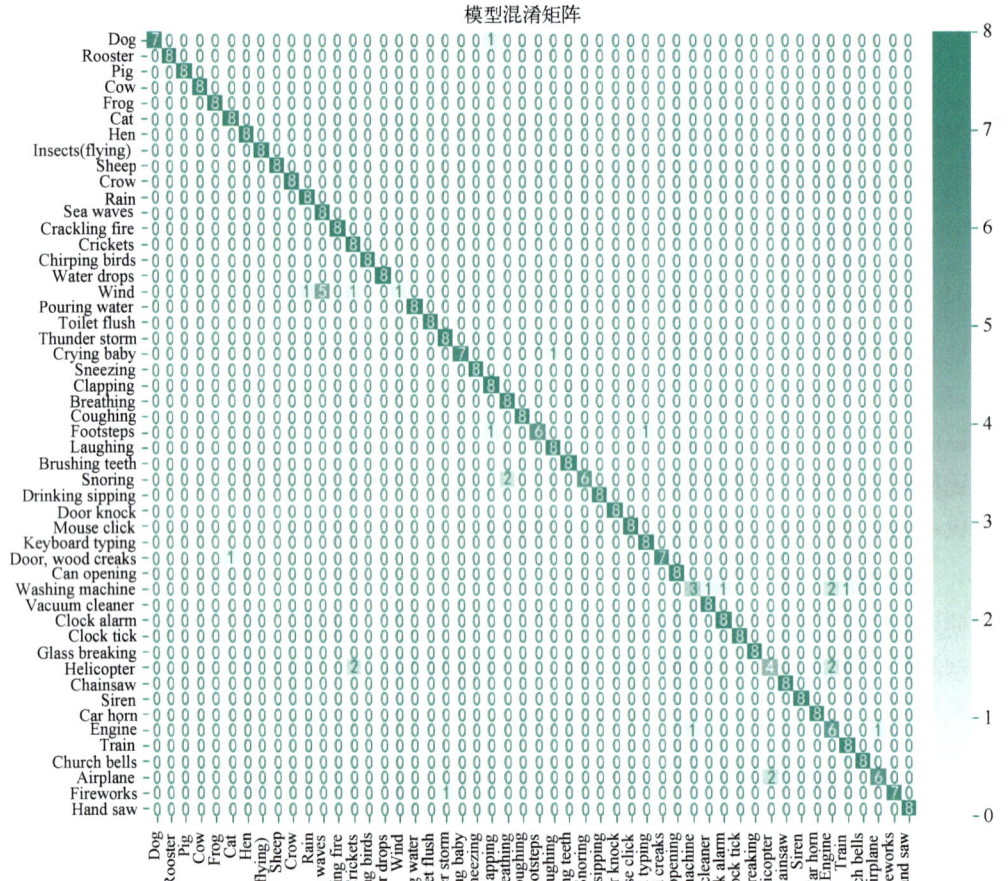

图 6-10 混淆矩阵

运行代码清单6-11，得到模型的预测结果，将预测概率前十的类别名称及对应的预测概率输出，如下所示。

```
模型预测：
[../data/birds.wav]
Chirping birds：0.98132
Crickets：0.01004
Laughing：0.00274
Crow：0.00129
Dog：0.00078
Crying baby：0.00071
Hen：0.00058
Vacuum cleaner：0.00054
Wind：0.00044
Insects（flying）：0.00028
```

可以看出，模型对"birds.wav"音频的分类预测结果中概率最大的为Chirping birds，预测结果准确。

6.4　项目小结

本项目主要介绍了语音识别和环境音识别的基础知识与技术实现，涵盖了语音信号处理、声学建模、语言建模和解码技术等关键环节。通过项目实战，分别实现了基于HMM模型的单句语音识别系统和基于PANNs深度学习模型的复杂环境音识别系统。

在语音识别方面，重点介绍了自动语音识别（ASR）的流程，包括数据采集、信号预处理、特征提取、模型建模、解码与后处理等，深入讨论了高斯混合模型（GMM）和隐马尔可夫模型（HMM）的应用及其结合模型在语音识别中的实现方法。

在环境音识别方面，讨论了识别复杂环境声音的技术，探讨了深度学习模型，尤其是PANNs模型在环境音识别中的优势与应用。PANNs模型通过卷积神经网络（CNN）从语音信号中提取特征，并结合深度神经网络（DNN）进行分类，展示了其在复杂声音环境下的优秀表现。

通过本项目的学习，不仅提升了对语音信号处理与建模的理解，还增强了基于机器学习与深度学习方法解决实际问题的能力。通过完成这些项目，读者将具备设计、实现、优化语音与环境音识别系统的基本技能，并为进一步探索相关领域打下坚实的基础。

6.5　知识拓展

关注语音识别领域的前沿研究和最新技术，如自适应语音识别、多语种语音识别、端到端语音识别等，以及与其他AI技术的融合应用，为未来的学习和工作打下坚实的基础。

探索其他语音识别模型：进一步研究其他先进的语音识别模型，如CRNN、WaveNet等，比较它们与PANNs模型之间的优劣势，了解它们各自的适用场景。

应用迁移学习：探索使用迁移学习技术将预训练的语音处理模型应用于环境音识别任务，提高模型的泛化能力和效果。

优化模型性能：深入研究模型训练和调优的技巧，如超参数调整、数据增强、模型融合等，进一步提升环境音识别系统的性能。

应用到实际场景：将学习到的环境音识别技术应用到实际场景中，如智能家居等领域，验证模型的实际效果和应用价值。

6.6 习题

一、选择题

1. 语音识别技术的主要功能是（　　）。
   A. 将文本转换为语音　　　　　B. 将语音信号转换为文本或控制指令
   C. 识别环境中的噪音　　　　　D. 对语音信号进行加密处理

2. 在语音识别系统中，HMM 的主要作用是（　　）。
   A. 对语言模型进行训练
   B. 提取语音信号的特征
   C. 将语音信号映射到最可能的文本序列上
   D. 生成语音信号

3. 环境音识别技术的主要应用领域不包括以下哪项？（　　）
   A. 智能家居　　　　　　　　　B. 安全监控
   C. 人脸识别　　　　　　　　　D. 智能交通

4. 哪种特征提取方法常用于语音识别的预处理步骤？（　　）
   A. 卷积神经网络（CNN）　　　B. 梅尔频率倒谱系数（MFCC）
   C. 支持向量机（SVM）　　　　D. 高斯混合模型（GMM）

5. HMM-GMM 经典组合在语音识别中用于（　　）。
   A. 数据集的扩充　　　　　　　B. 语音特征建模和时序关系建模
   C. 语音信号的增强　　　　　　D. 生成环境音效

6. 在 PANNs 模型的架构中，主要用于提取音频特征的组件是（　　）。
   A. 全连接层　　　　　　　　　B. 卷积层
   C. 池化层　　　　　　　　　　D. 批量归一化

7. 【多选】深度学习在语音识别和环境音识别中具有哪些优势？（　　）
   A. 自动学习特征表示　　　　　B. 更高的模型性能
   C. 无须手动设计特征　　　　　D. 能处理大规模数据

8. 下列关于单句语音识别的说法中正确的是（　　）。
   A. 单句语音识别只能在安静环境下使用
   B. 单句语音识别只能在有网络连接时使用
   C. 单句语音识别只能在有传声器（麦克风）时使用
   D. 单句语音识别是指将输入的语音信号转换成相应的文本内容

二、操作题

由于公共厕所中水管分布广，使用频率高，因此易导致漏水发生。通常，公共卫生管理人员负责巡查漏水情况并进行报告。但在实际业务中，管理人员经验有限且人手不足，不能及时处理漏水情况,导致水资源浪费情况时有发生。

请根据所学知识,设计一个基于环境音识别的公共厕所漏水智能监控系统。该系统能够准确地识别漏水声音,并及时发出警报或通知相关人员进行维修,减少水资源的浪费。

需要完成的内容如下。

1)音频数据采集与标注。在公共厕所内收集多种环境音(如漏水声、冲水声等),涵盖各种漏水场景。对采集的音频进行手动标注,用于监督学习模型训练。

2)数据预处理。处理音频数据,去除背景噪音并进行音频分段。使用 MFCC 等方法提取音频特征。

3)模型训练与评估。使用 PaddlePaddle 框架构建 PANNs-CNN14 模型,利用标注数据集训练模型,通过验证集评估模型性能,调整超参数(如学习率、损失函数)以提高识别精度。

4)系统部署与测试。将模型部署到边缘设备或服务器上,实现实时监测。测试系统的识别准确率和响应速度,进行进一步优化。

项目 7　实现新闻文本语音播报

7.1　项目导入

语音合成技术在人机交互（智能语音）领域具有重要地位，它可以将文字转换为自然流畅的语音输出。语音合成技术在语音助手、新闻播报、智能客服等领域有着广泛的应用。

本项目重点介绍语音合成技术的基本原理、常见算法以及开发流程，为进一步深入研究语音合成和应用开发打下基础。在项目实战中，实现基于 FastSpeech 2 和 Parallel Wave GAN 预训练模型的新闻播报系统，可以将输入的新闻文本转换为语音进行播报，实现语音合成的功能。

知识目标

- 了解语音合成的基本流程。
- 熟悉常见的语音合成算法。
- 熟悉新闻自动播报的基本流程。
- 掌握文本前端处理方法。
- 掌握声学模型的构建方法。

能力目标

- 能够对语音数据进行数据获取、数据预处理和数据增强等操作。
- 能够利用 SAPI 进行语音合成。
- 能够对文本前端进行处理。
- 能够实现新闻自动播报。

素质目标

- 树立对语音合成技术的创新意识，探索如何利用最新技术实现更高质量的语音合成应用。
- 在项目实践中，培养团队合作意识和能力，共同完成语音合成系统的开发与优化。

7.2　知识链接

本节主要针对实现新闻文本语音播报项目实战所需的基本知识进行介绍。

7.2.1 语音合成简介

语音合成（Speech Sysnthesis）也称为文本转语音（Text to Speech，TTS），它是指将一段文本按照一定需求转化成对应的音频。这项技术的目标是让计算机能够像人类一样产生语音，并且能够传达出自然的语调和语速等。语音合成技术在人机交互、智能语音助手、无障碍辅助技术等领域有着广泛的应用，可为用户提供更好的使用体验和服务。

7.2.2 语音合成算法

实现语音合成的常见算法主要有基于规则的语音合成算法、基于统计的语音合成算法、基于深度学习的语音合成算法和混合语音合成算法。

1. 基于规则的语音合成算法

基于规则的语音合成算法基于语音学和语言学的规则，将文本转换为语音。该算法通常涉及将文本分解为音素（语音中的基本单位）序列，然后使用合成规则来生成相应的语音信号。

这种算法实现语音合成的一般流程如下。

1）文本预处理。输入的文本会经过预处理步骤，包括分词、词性标注等。这些步骤有助于准确地理解文本的含义和结构。

2）文本到音素的转换。将输入的文本分解为音素序列，音素是语音中的基本单位，每个音素代表一个发音。为了实现这一步骤，通常需要使用文本到音素的转换规则，这些规则可以是基于语言学知识和语音学知识的。

3）音素到语音信号的映射。根据音素序列生成对应的语音信号。这一步骤通常涉及将音素序列映射到声学参数，如基频、声道特征等。声学参数描述了语音信号在时间和频率上的变化。

4）语音合成。利用生成的声学参数来合成语音信号。这可以通过将声学参数输入到声音合成器中来实现，声音合成器会根据输入的参数生成对应的语音信号。合成得到的语音信号可以是基于串联的合成方法产生的，也可以是基于并联的合成方法产生的。

这种基于规则的语音合成算法的优点是可控性强，可以精确地控制合成语音的质量和风格。其缺点是需要人工设计和维护大量的合成规则，而且对于复杂的语音和语言结构，规则的设计可能会变得非常复杂和困难。此外，基于规则的语音合成算法往往无法捕捉到语音数据中的细微变化和复杂关系，导致合成语音的自然度和流畅度不如基于数据驱动的方法。因此，在实际应用中，基于规则的语音合成算法逐渐被基于统计和基于深度学习的语音合成算法所取代。

2. 基于统计的语音合成算法

基于统计的语音合成算法使用统计模型来建模文本和语音之间的关系，通常使用 HMM 或 CRF 等。模型训练过程包括文本与语音的对齐和参数估计，然后可以使用模型来预测文本对应的语音序列。

这种算法实现语音合成的一般流程如下。

1）语音库的建立。需要建立一个语音库，包括大量的文本和对应的语音样本。语音库中的文本可以是单词、短语或句子，而语音样本则是文本对应的语音信号。通常需要使用专业的语音采集设备和技术来录制与标注语音样本。

2）文本与语音的对齐。将语音库中的文本与语音样本进行对齐，确定每个文本对应的语音信号的边界和对应关系。这一步骤可以使用音素识别技术或者其他对齐算法来实现。

3）参数估计。利用对齐好的文本-语音对，使用统计模型来估计文本和语音之间的映射关系。常用的统计模型包括 HMM、CRF 等。模型的参数可以通过最大似然估计或其他参数估计方法得到。

4）语音合成。利用估计好的统计模型，根据输入的文本生成对应的语音信号。这通常涉及使用模型来预测语音参数序列，然后根据参数序列合成语音信号。语音参数包括基频、声道特征等，它们描述了语音信号在时间和频率上的变化。

基于统计的语音合成算法的优点是可以充分利用大量的文本-语音对来建模文本和语音之间的映射关系，因此在一定程度上可以提高语音合成的质量和自然度。但是，这种算法通常需要大量的训练数据和复杂的统计模型，并且模型的性能和泛化能力受到训练数据的质量与数量的限制。因此，相比基于深度学习的语音合成算法，基于统计的语音合成算法在一些复杂场景下可能表现不佳。

3. 基于深度学习的语音合成算法

基于深度学习的语音合成算法利用 DNN、RNN、Transformer 等深度学习模型来直接建模文本到语音的映射关系。深度学习方法通常能够更好地捕捉文本和语音之间的复杂非线性关系，因此在语音合成任务中取得了显著的成效。其中，WaveNet、Tacotron、Deep Voice 等模型都是基于深度学习的语音合成算法的代表。

这种算法实现语音合成的一般流程如下。

1）文本编码。将输入的文本经过编码器（Encoder）进行编码，将文本转换为一个高维的语义向量表示。编码器通常是一个 RNN 或 Transformer 模型，它能够将文本中的单词或字符序列映射到一个固定维度的向量空间中。

2）声学特征预测。利用解码器（Decoder）从语义向量生成声学特征序列。声学特征通常包括基频、声道特征等声学参数，它们描述了语音信号在时间和频率上的变化。解码器通常也是一个 RNN 或 Transformer 模型，它接受编码器输出的语义向量作为输入，并生成声学特征的序列。

3）声学特征转换。生成的声学特征序列可能不直接对应于自然的语音信号，因此需要经过声学特征转换的步骤来将声学特征转换为自然语音信号。这一步骤通常涉及使用声码器（Vocoder）来合成语音信号，声码器可以是基于样本的声码器，如 WaveNet，或者是基于神经网络的声码器，如 WaveGlow。

4）语音合成。将声学特征转换得到的语音信号进行合成，得到最终的合成语音输出。

基于深度学习的语音合成算法的优点是可以自动学习文本到语音的映射关系，无须人工设计特征或规则，并且能够更好地捕捉文本和语音之间的复杂非线性关系。这种算法通常能够生成高质量、自然流畅的语音输出。常见的基于深度学习的语音合成模型包括 Tacotron、

WaveNet、Deep Voice 等。

近年来，深度学习技术的发展已经为语音合成带来了一些重大的突破，如 WaveNet 和 FastSpeech 2 等，使得语音合成的质量和自然度大大提高。

（1）WaveNet

WaveNet 是一种基于深度神经网络的语音合成算法，主要是由 Google 旗下的 DeepMind 团队开发的。它采用了一种新颖的生成模型，可以生成非常逼真的语音，被认为是当前语音合成领域的顶尖技术之一。WaveNet 算法的结构如图 7-1 所示。

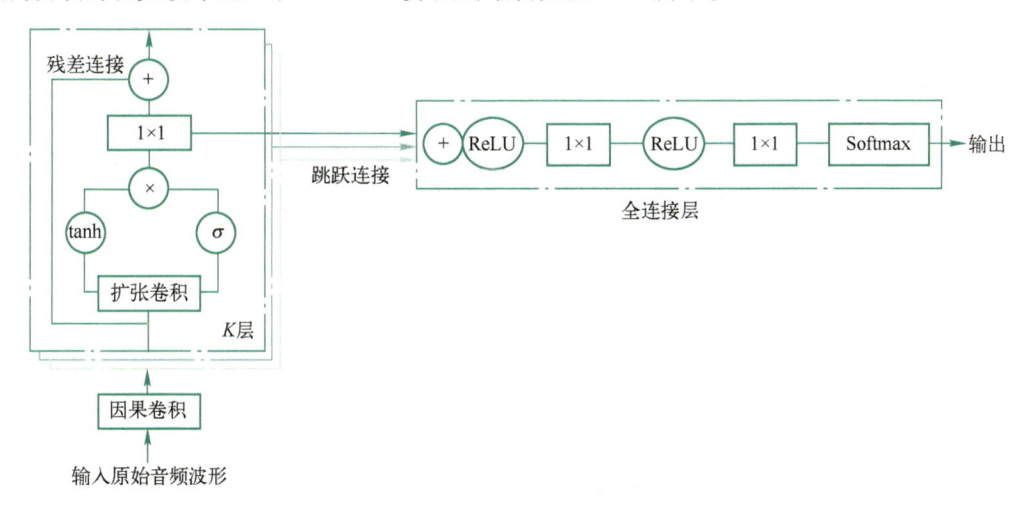

图 7-1　WaveNet 算法结构

WaveNet 的输入为原始音频波形，核心结构包括因果卷积（Causal Convolution）和扩张卷积（Dilated Convolution），利用扩张卷积捕捉长距离上下文信息。为增强非线性表达能力，WaveNet 采用门控激活单元，由两个卷积层组成，分别计算输入变换和门控信号。在图 7-1 中，每个堆叠层中的扩张卷积部分和激活函数部分共同构成了门控激活单元。通过这种设计，模型能够在捕捉长距离依赖关系的同时，实现更强大的非线性表达能力。为提高训练效果和收敛速度，模型使用残差连接加速梯度传播，使用跳跃连接提高信息传递效率。最后，跳跃连接输出的特征图会传递到全连接层，将卷积层提取的特征转换为一个具体的音频采样值的概率分布，实现预测值的输出。

WaveNet 的优势主要表现在生成的语音信号质量上，相较于传统方法，其生成的语音信号更自然，具有更高质量。这得益于 WaveNet 使用的一维卷积、残差连接和跳跃连接等结构，能够捕捉长距离依赖和模拟大感受野。同时，WaveNet 还支持条件生成，可以通过条件特征来控制生成的语音信号的特性，如说话者身份、语音风格等。然而，WaveNet 也面临着一些挑战，其中最主要的挑战是生成过程的计算成本较高，可能导致实时生成困难。这是因为 WaveNet 需要逐个时间步生成新的样本，每个时间步都需要计算大量的卷积操作和 Sigmoid 函数，计算量较大。此外，WaveNet 的训练也需要较长的时间和大量的计算资源，只有高性能的计算设备才能支持。

（2）FastSpeech 2 模型

FastSpeech 2 模型也是基于深度学习的语音合成算法的一个典型的代表，它是一种端到端的基于 Transformer 的语音合成模型，旨在快速生成自然、流畅的语音。FastSpeech 2 是

FastSpeech 的改进版本。基于 PaddlePaddle 框架的 FastSpeech 2 模型由百度语音实验室发布，其主要优点是速度快，可通过并行计算高效地训练和生成语音。与传统语音合成模型相比，FastSpeech 2 还具有更高的生成质量和更低的合成延迟。FastSpeech 2 具有广泛的应用前景，包括语音助手、电子书、语音翻译等领域。

FastSpeech 2 模型一般是由一组 Transformer 编码器和解码器组成的。其中，编码器将输入的文本转换为一系列上下文向量，而解码器则将生成的上下文向量转换为相应的语音信号。FastSpeech 2 的训练过程是基于预先对齐的文本和语音数据进行的。在训练期间，模型通过最小化语音和文本之间的差异来学习生成语音。FastSpeech 2 模型的基本结构如图 7-2 所示。

通过 FastSpeech 2 模型进行语音合成的具体步骤如下。

1）将输入的文本序列转换为音素序列，经过音素嵌入获得音素表示，再与位置编码结合以获得时序信息。

2）将时序信息送入编码器以进行上下文信息编码。

3）使用方差适配器对编码器的输出进行调整以适应音素的持续时间。

4）将调整后的时序信息与另一个位置编码结合，生成梅尔语谱图和音频波形。

FastSpeech 2 模型的核心是 Transformer 模型和无监督预训练，这两种技术的结合使得 FastSpeech 2 在语音合成领域具有领先的性能。

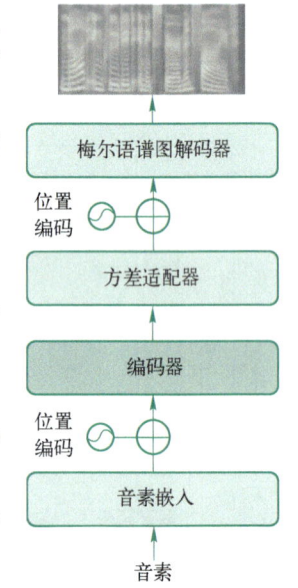

图 7-2 FastSpeech 2 模型的基本结构

4. 混合语音合成算法

混合语音合成算法结合了基于规则、基于统计和基于深度学习的语音合成算法，以利用各种算法的优势，并解决了它们各自的局限性问题。例如，可以将基于深度学习的语音合成算法与基于规则或基于统计的语音合成算法相结合，以提高语音合成的性能和质量，从而实现更加自然、流畅的语音输出。

这种算法实现语音合成的一般流程如下。

1）特征提取。对输入的文本进行特征提取。这可能包括文本分词、词性标注等预处理步骤。

2）基于规则的语音合成。利用基于规则的语音合成算法生成初始的语音输出。这种算法可以提供可控性强、精确率高的语音合成结果。

3）基于统计的语音合成。使用基于统计的语音合成算法对初始语音输出进行优化。统计模型可以根据大量的训练数据来调整语音输出，以提高语音合成的自然度和流畅度。

4）基于深度学习的语音合成。进一步利用基于深度学习的语音合成算法对优化后的语音输出进行改进。深度学习模型可以更好地捕捉文本和语音之间的复杂非线性关系，从而提高语音合成的性能和质量。

5）声学特征转换。对生成的声学特征序列进行转换，以得到最终的合成语音输出。声学特征转换可以是一种后处理步骤，用于调整声学特征以提高语音的自然度和流畅度。

6）语音合成。将转换后的声学特征合成为最终的语音输出。这可以通过使用声码器来实现。声码器可以是基于样本的声码器，如 WaveNet，或者是基于神经网络的声码器，如 WaveGlow。

5. 实例：语音合成

SAPI（Speech Application Programming Interface）是微软公司开发的一组用于语音识别和语音合成的应用程序编程接口（API）。它允许开发人员在 Windows 平台上创建具有语音交互功能的应用程序，包括语音识别、语音合成和语音控制等功能。

SAPI 支持多种语音合成引擎，兼容多种语音格式以及文本格式。SAPI 的语音合成工作流程如下。

1）文本预处理。SAPI 对输入的文本进行预处理，包括断句、分词、词性标注等操作，这些操作有助于识别和解析文本中的语法结构、特殊字符、缩略词等。

2）文本规范化。在此阶段，SAPI 会将文本中的数字、日期、时间、缩略词等非标准文本转换成标准文本。例如，将"3月23日"转换为"三月二十三日"。

3）语音合成。SAPI 将标准化的文本转换为音素序列。音素是语言中最小的发音单位，可以看作音位的具体发音。

在 Python 中可以通过 pyttsx4 库快速调用 SAPI 来实现语音合成。

（1）构建 TTS 引擎对象

基于 pyttsx4 构建 TTS 引擎对象并设置语音配置、语速、音量等参数，如代码清单 7-1 所示。

代码清单 7-1 构建 TTS 引擎对象

```
import pyttsx4

# 使用 pyttsx4 库中的 init() 方法创建一个 TTS 引擎对象
engine = pyttsx4.init()

# 设置语音配置
voices = engine.getProperty('voices')    # 获取语音配置列表, 每个语音配置都包括语音类型、
# 性别、语言等
for voice in voices:
    print(voice)
i = 0    # 设置语音配置的索引号
engine.setProperty('voice', voices[i].id)

# 设置语速
engine.setProperty('rate', 150)           # 在 100~300 之间设置语速
# 设置音量
engine.setProperty('volume', 0.9)         # 在 0~1 之间设置音量
```

运行代码清单 7-1，得到的语音配置列表如下。

```
<Voice id=HKEY_LOCAL_MACHINE\SOFTWARE\Microsoft\Speech\Voices\Tokens\TTS_MS_ZH-CN_
HUIHUI_11.0
          name=Microsoft Huihui Desktop - Chinese (Simplified)
```

```
          languages = [ ]
          gender = None
          age = None>
<Voice id = HKEY_LOCAL_MACHINE\SOFTWARE\Microsoft\Speech\Voices\Tokens\TTS_MS_EN-US_
ZIRA_11.0
          name = Microsoft Zira Desktop - English (United States)
          languages = [ ]
          gender = None
          age = None>
```

代码清单7-1中选择了索引号为0的语音配置,其名称(name)为"Microsoft Huihui Desktop-Chinese(Simplified)",该配置对应的是中文的女性发音。同时,代码中也对语音合成的语速、音量进行了设置。

(2)语音合成及可视化

设置语音合成的文本内容为"有了小橘猫的陪伴,奶奶很快乐。小猫也很快乐,因为它有个温暖的家。",通过TTS引擎对象调用say方法进行语音合成,如代码清单7-2所示。

代码清单7-2　语音合成及可视化

```python
import matplotlib.pyplot as plt
import librosa

# 语音合成
text = '有了小橘猫的陪伴,奶奶很快乐。小猫也很快乐,因为它有个温暖的家。'    # 设置语音
# 合成的文本内容
engine.say(text)
engine.runAndWait()
engine.stop()

# 显示语音合成的参数
print('语音配置: ', voices[i].id)                   # 输出语音配置
rate = engine.getProperty('rate')                  # 获取当前语速
print('语速: ', rate)                              # 输出语速
volume = engine.getProperty('volume')              # 获取当前音量
print('音量: ', volume)                            # 输出音量

# 将音频保存为文件
engine.save_to_file(text, 'TTS.wav')
engine.runAndWait()
engine.stop()

# 加载语音文件
audio_file = 'TTS.wav'
audio_data, sampling_rate = librosa.load(audio_file, sr=None)

# 创建一个新的Matplotlib图形
plt.figure(figsize=(12, 4))
```

项目7　实现新闻文本语音播报

```
# 绘制频域波形图
librosa.display.waveshow(audio_data, sr=sampling_rate)

# 设置图形的标题、x轴标签和y轴标签
plt.title('时域波形图', fontsize='18')
plt.xlabel('时间/s', fontsize='18')
plt.ylabel('幅度', fontsize='18')
# 显示图形
plt.show()
```

运行代码清单7-2，计算机的扬声器会自动播放语音合成的音频，同时输出的语音配置信息、语速及音量参数如下。

语音配置：HKEY_LOCAL_MACHINE\SOFTWARE\Microsoft\Speech\Voices\Tokens\TTS_MS_ZH-CN_HUIHUI_11.0
语速：150
音量：0.9

生成的语音保存在当前目录的"TTS.wav"文件中，其时域波形图如图7-3所示。

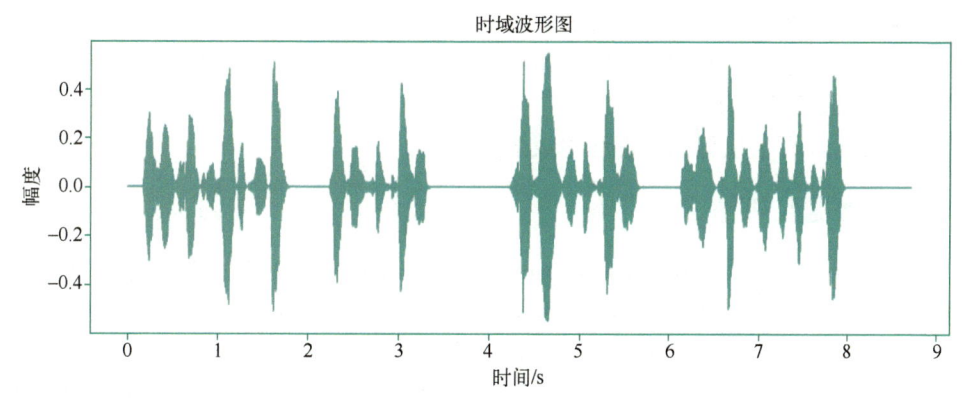

图7-3　语音合成音频的时域波形图

7.3　项目实战

新闻自动播报是一种利用人工智能（AI）技术，特别是自然语言处理（NLP）和语音合成（TTS）技术，将新闻文本自动转换为语音并进行播报的技术。这种系统通常从新闻网站或数据库获取最新的新闻内容，通过算法分析新闻文本的内容，将其分段、整理，并将每一段文本转换为自然流畅的语音。最后，这些语音内容可以通过广播、网络平台或智能设备进行播放。这种技术的优点在于它能够节省用户时间，让人们在无法阅读的场合（如开车、做家务时）仍能保持对新闻动态的关注。同时，它还支持无障碍服务，方便视力障碍者获取新闻信息。

新闻文本语音播报实战

本节针对**实现新闻文本语音播报**开展项目实战。本项目通过预训练模型实现从新闻文本到语音的转换。这种方法适用于文本到语音的研究和应用场景，且因使用了预训练模型，大大简化了模型训练的复杂性。

实现新闻文本语音播报的基本流程包括数据预处理、构建声学模型、声码器合成语音、结果评价，如图7-4所示。

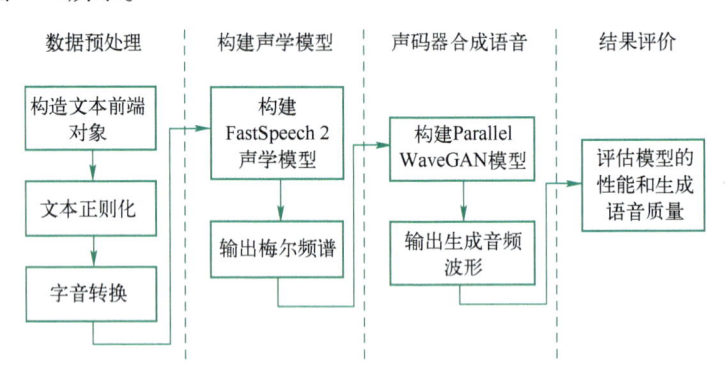

图 7-4 实现新闻文本语音播报的基本流程

1）数据预处理。构造文本前端对象，将原始文本转换为字符/音素。
2）构建声学模型。使用预训练模型参数初始化FastSpeech 2模型，通过声学模型将字符/音素转换为声学特征，输出梅尔语谱图。
3）声码器合成语音。使用预训练模型参数初始化Parallel WaveGAN模型声码器，通过声码器将声学特征转换为波形。
4）结果评价。评估模型的性能和生成语音质量。

7.3.1 数据及模型准备

本项目将PaddleSpeech库中的FastSpeech 2、Parallel WaveGAN模型分别作为声学模型和声码器，它们经过CSMSC（Chinese Standard Mandarin Speech Corpus）数据集预训练。CSMSC数据集是一个用于语音合成和语音识别任务的标准汉语语音数据集，包含大量由专业播音员录制的标准普通话语音。这些语音样本通常是高质量的录音，具有较低的噪音和清晰的发音，且每个语音样本都附有对应的文本转录，非常适合用于训练语音合成模型。

（1）获取预训练模型

FastSpeech 2和Parallel WaveGAN的预训练模型分别存储于项目的data文件目录的"fastspeech2_nosil_baker_ckpt_0.4"与"pwg_baker_ckpt_0.4"文件夹中。

文件目录如下。

data/fastspeech2_nosil_baker_ckpt_0.4
├── default.yaml
├── energy_stats.npy
├── phone_id_map.txt
├── pitch_stats.npy
├── snapshot_iter_76000.pdz
└── speech_stats.npy

data/pwg_baker_ckpt_0.4

```
├── pwg_default.yaml
├── pwg_snapshot_iter_400000.pdz
└── pwg_stats.npy
```

两个模型的文件结构是相似的。.yaml 文件是模型的配置文件，包含模型的超参数、结构和其他重要信息；.npy 文件是语音特征的统计数据 NumPy 文件；.pdz 文件是模型的预训练权重文件。phone_id_map.txt 文件包含音素（音节或音标）与对应 ID 的映射，用于将文本中的音素转换为模型可以处理的 ID。

读者也可以在 Anaconda Prompt 中在线下载并解压缩上述预训练模型，命令如下。

```
wget -P download https://paddlespeech.bj.bcebos.com/Parakeet/released_models/fastspeech2/fastspeech2_nosil_baker_ckpt_0.4.zip
unzip -o -d download download/fastspeech2_nosil_baker_ckpt_0.4.zip
wget -P download https://paddlespeech.bj.bcebos.com/Parakeet/released_models/pwgan/pwg_baker_ckpt_0.4.zip
unzip -o -d download download/pwg_baker_ckpt_0.4.zip
```

（2）获取 NLTK 包

本项目的依赖需要用到 NLTK 包，但是有时会因为网络原因而导致难以下载，可以手动将 NLTK 包放置在 Jupyter Notebook 的根目录下。本项目提供的 NLTK 包存储于项目的 data 文件目录的"nltk_data"文件夹中。

读者也可以在 Anaconda Prompt 中在线下载并解压缩 NLTK 包，命令如下。

```
wget https://paddlespeech.bj.bcebos.com/Parakeet/tools/nltk_data.tar.gz
tar zxvf nltk_data.tar.gz
```

7.3.2 数据预处理

数据预处理模块包括文本正则化、分词、字-音转换、韵律预测等步骤。在实现中，使用 PaddleSpeech 中文前端处理类将文本正则化为音素 ID 序列，为后续的声学模型处理打好基础。

（1）加载预训练模型配置文件

使用 yacs 库加载 FastSpeech 2 和 Parallel WaveGAN 模型配置文件内容为配置节点对象（CfgNode），使之可以通过对象属性的方式访问，便于管理和使用，如代码清单 7-3 所示。

代码清单 7-3　加载预训练模型配置文件

```
from yacs.config import CfgNode  # 导入 yacs 库的 CfgNode 类，用于处理配置文件
import yaml  # 导入 yaml 库，用于处理 YAML 格式的配置文件

# 定义 FastSpeech 2 模型的配置文件路径、检查点路径和统计量路径
fastspeech2_config = '../data/fastspeech2_nosil_baker_ckpt_0.4/default.yaml'
fastspeech2_checkpoint = '../data/fastspeech2_nosil_baker_ckpt_0.4/snapshot_iter_76000.pdz'
fastspeech2_stat = '../data/fastspeech2_nosil_baker_ckpt_0.4/speech_stats.npy'

# 定义 Parallel WaveGAN 模型的配置文件路径、检查点路径和统计量路径
```

```
pwg_config = '../data/pwg_baker_ckpt_0.4/pwg_default.yaml'
pwg_checkpoint = '../data/pwg_baker_ckpt_0.4/pwg_snapshot_iter_400000.pdz'
pwg_stat = '../data/pwg_baker_ckpt_0.4/pwg_stats.npy'

# 定义 phoneme 到 id 的映射文件路径
phones_dict = '../data/fastspeech2_nosil_baker_ckpt_0.4/phone_id_map.txt'

# 读取模型的配置文件并以 CfgNode 形式保存
with open(fastspeech2_config) as f:
    fastspeech2_config = CfgNode(yaml.safe_load(f))
with open(pwg_config) as f:
    pwg_config = CfgNode(yaml.safe_load(f))

# 输出两个预训练模型的配置文件
print('========Config=======')
print(fastspeech2_config)
print('--------------------')
print(pwg_config)
```

运行代码清单 7-3，得到的预训练模型配置文件内容（部分）如下。

```
========Config=======
batch_size: 64
f0max: 400
f0min: 80
…
win_length: 1200
window: hann
--------------------
allow_cache: True
batch_max_steps: 25500
batch_size: 6
…
win_length: 1200
window: hann
```

可以看出，输出的内容是两个配置文件的详细内容，包括模型的结构、参数设置等信息。

（2）将文本转换为音素 ID 序列

以新闻文本"连日来，广西各地举办形式多样的文化活动，欢庆'三月三'传统佳节，多姿多彩的民族文化吸引游客前来观看。"为例，将它转换为对应的音素 ID 序列，输出音素 ID 的列表，它展示了输入文本在音素层面的表示形式。这些音素 ID 将作为输入传递给声学模型，进一步生成对应的语音，如代码清单 7-4 所示。

代码清单 7-4　文本前端处理数据

```
from paddlespeech.t2s.frontend.zh_frontend import Frontend   # 导入 PaddleSpeech 中文前端处理类
```

```
# 初始化 Frontend 类的对象
frontend = Frontend(phone_vocab_path=phones_dict)
# 待转换为音素 ID 的中文文本
input = '连日来,广西各地举办形式多样的文化活动,欢庆"三月三"传统佳节,多姿多彩的民族文化吸引游客前来观看。'
# 调用前端方法,将输入的文本转换为音素 ID 序列
input_ids = frontend.get_input_ids(input, merge_sentences=True, print_info=True)
# 获取音素 ID 列表
phone_ids = input_ids['phone_ids'][0]
# 输出音素 ID 列表
print('phone_ids:%s' % phone_ids)
```

在代码清单 7-4 中,Frontend 类的 frontend.get_input_ids 方法可以将文本转换为音素 ID 序列,其参数说明见表 7-1。

表 7-1 get_input_ids 方法的参数及其说明

参 数 名 称	参 数 说 明
text	传入的待转换文本,它可以是单句或多句中文文本
merge_sentences	若设置为 True,则会将输入文本中多个句子合并为一个连续的音素 ID 序列以进行处理;若设置为 False,则每个句子会被单独处理,并生成各自的音素 ID 序列
print_info	若设置为 True,则在转换过程中会输出详细的调试信息,包括文本的分词结果、音素的映射过程以及最终生成的音素 ID 序列;若设置为 False,则不会输出上述这些信息

运行代码清单 7-4,得到的新闻文本转换为对应的音素 ID 序列的结果如下。

```
--------------------------
text norm results:
['连日来,', '广西各地举办形式多样的文化活动,', '欢庆三月三传统佳节,', '多姿多彩的民族文化吸引游客前来观看。']
--------------------------
g2p results:
[['l', 'ian2', 'r', 'iii4', 'l', 'ai2', 'sp', 'g', 'uang3', 'x', 'i1', 'g', 'e4', 'd', 'i5', 'j', 'v3', 'b', 'an4', 'x', 'ing2', 'sh', 'iii4', 'd', 'uo1', 'iang4', 'd', 'e5', 'uen2', 'h', 'ua4', 'h', 'uo2', 'd', 'ong4', 'sp', 'h', 'uan1', 'q', 'ing4', 's', 'an1', 've4', 's', 'an1', 'ch', 'uan2', 't', 'ong3', 'j', 'ia1', 'j', 'ie2', 'sp', 'd', 'uo1', 'z', 'ii1', 'd', 'uo1', 'c', 'ai3', 'd', 'e5', 'm', 'in2', 'z', 'u2', 'uen2', 'h', 'ua4', 'x', 'i1', 'in3', 'iou2', 'k', 'e4', 'q', 'ian2', 'l', 'ai2', 'g', 'uan1', 'k', 'an4']]
--------------------------
phone_ids:Tensor(shape=[85], dtype=int64, place=Place(cpu), stop_gradient=True,
       [153, 83 , 175, 116, 153, 8  , 179, 70 , 206, 260, 72 , 70 , 44 , 40 ,
        76 , 151, 241, 37 , 17 , 260, 126, 177, 116, 40 , 230, 90 , 40 , 45 ,
        220, 71 , 191, 71 , 231, 40 , 164, 179, 71 , 199, 174, 128, 176, 14 ,
        253, 176, 14 , 39 , 200, 182, 163, 151, 77 , 151, 104, 179, 40 , 230,
        261, 108, 40 , 230, 38 , 9  , 40 , 45 , 154, 121, 261, 184, 220, 71 ,
        191, 260, 72 , 122, 141, 152, 44 , 174, 83 , 153, 8  , 70 , 199, 152,
        17 ])
```

7.3.3 构建声学模型

声学模型负责将字符或音素转换为声学特征,如线性频谱图、梅尔语谱图、LPC 特征等。声学特征以"帧"为单位,通常一帧约为 10 ms,一个音素大致对应 5~20 帧。声学模型需要解决的核心问题是"不等长序列间的映射问题"。"不等长"意味着同一个人在发出不同音素时,持续时间可能不同;在不同场景下说同一句话时,语速可能不同,从而导致各个音素的持续时间不同。此外,不同人之间的发音特点也不同,会进一步影响各个音素的持续时间。这是一个具有挑战性的"一对多"问题。

声学模型主要分为两类:自回归模型和非自回归模型。在自回归模型中,t 时刻的预测输出依赖于 $t-1$ 时刻的输出作为输入,这使得预测过程相对较慢,但音质表现较好。相反,非自回归模型在预测过程中不存在此依赖关系,从而实现更快的预测速度,但音质可能逊色一些。

(1) 加载 FastSpeech 2 模型

在本项目中,将使用自回归模型中的 FastSpeech 2 作为声学模型,将音素 ID 序列转换为梅尔语谱图,该语谱图是后续生成音频的中间表示。

通过调用 PaddleSpeech 中的 FastSpeech2 方法构建声学模型,如代码清单 7-5 所示。

代码清单 7-5 加载 FastSpeech 2 模型

```
from paddlespeech.t2s.models.fastspeech2 import FastSpeech2    # 导入 PaddleSpeech 中的 FastSpeech 2
# 声学模型类

# 读取音素到 ID 的映射文件
with open(phones_dict, 'r') as f:
    phn_id = [line.strip().split() for line in f.readlines()]
# 计算词汇表的大小,即音素 ID 的数量,也是模型的输入维度(idim)
vocab_size = len(phn_id)
print('词汇表的大小:\n', vocab_size)
# 从配置文件中获取模型的输出维度 odim,代表梅尔语谱图的维度(梅尔滤波器的数量)
odim = fastspeech2_config.n_mels
# 加载 FastSpeech 2 模型
model = FastSpeech2(idim=vocab_size, odim=odim, **fastspeech2_config['model'])
```

在代码清单 7-5 中,使用了 PaddleSpeech 中的 FastSpeech2 方法构建声学模型,其参数说明见表 7-2。

表 7-2 FastSpeech2 方法的参数及其说明

参数名称	参数说明
idim	指定输入维度为音素 ID 的数量,即词汇表大小
odim	指定输出维度为梅尔语谱图的维度
**fastspeech2_config['model']	传入配置文件中的其他模型参数,用于详细配置模型结构

运行代码清单 7-5,加载 FastSpeech 2 模型,查看模型输入维度,即词汇表大小,如下所示。

词汇表的大小：
268

（2）加载 FastSpeech 2 模型参数

在加载模型之后，加载预训练的 FastSpeech 2 模型参数，设置模型为推理模式，如代码清单 7-6 所示。

代码清单 7-6　加载 FastSpeech 2 模型参数

```python
import paddle              # 导入 paddle 库，用于构建和训练深度学习模型
import numpy as np         # 导入 NumPy 库，用于进行数值计算
from paddlespeech.t2s.modules.normalizer import ZScore   # 导入 ZScore 类，用于数据标准化
from paddlespeech.t2s.models.fastspeech2 import FastSpeech2Inference   # 导入 FastSpeech 2 模型类

# 加载预训练模型参数
model.set_state_dict(paddle.load(fastspeech2_checkpoint)["main_params"])
# 设置模型为推理模式，推理阶段不启用 Batch Normalization 和 Dropout 层
model.eval()
# 加载标准化所需的均值和标准差
stat = np.load(fastspeech2_stat)
mu, std = stat
mu, std = paddle.to_tensor(mu), paddle.to_tensor(std)
# 构造归一化器和推理模型
fastspeech2_normalizer = ZScore(mu, std)
fastspeech2_inference = FastSpeech2Inference(fastspeech2_normalizer, model)
fastspeech2_inference.eval()
```

（3）调用模型并生成梅尔语谱图

通过构建好的 FastSpeech 2 模型将音素 ID 序列生成梅尔语谱图，并使用 Matplotlib 库将其可视化，如代码清单 7-7 所示。

代码清单 7-7　调用模型并生成梅尔语谱图

```python
import matplotlib.pyplot as plt

# 禁用梯度计算并生成梅尔语谱图
with paddle.no_grad():
    mel = fastspeech2_inference(phone_ids)
print('梅尔语谱图的形状（语音帧数 x 梅尔滤波器数）:\n', mel.shape)

# 绘制声学模型输出的梅尔语谱图
fig, ax = plt.subplots(figsize=(12, 4))
im = ax.imshow(mel.T, aspect='auto', origin='lower')
plt.title('梅尔语谱图', fontsize='18')
plt.xlabel('语音帧', fontsize='18')
plt.ylabel('梅尔滤波器索引', fontsize='18')
plt.tight_layout()
```

运行代码清单 7-7，得到梅尔语谱图的形状信息如下。

梅尔语谱图的形状（语音帧数 x 梅尔滤波器数）：
[727, 80]

声学模型输出的梅尔语谱图，如图 7-5 所示。

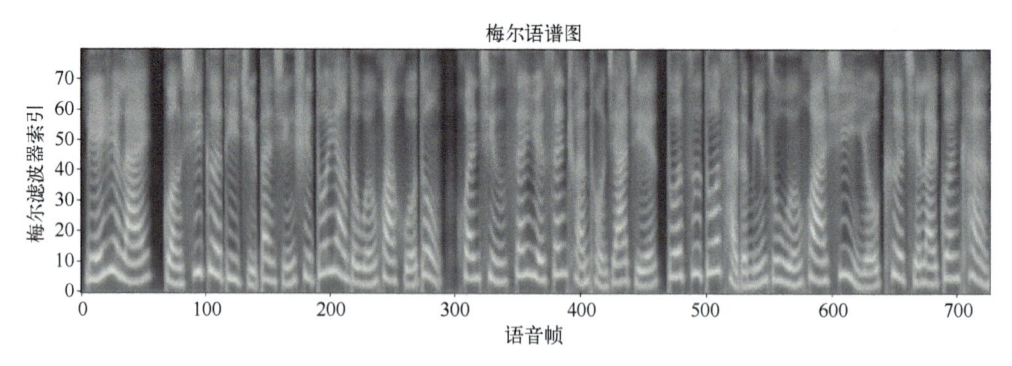

图 7-5　声学模型输出的梅尔语谱图

7.3.4　声码器合成语音

声码器负责将声学特征转换成波形。声码器需要解决的关键问题是"信息缺失的补全"。信息缺失包括音频波形转换为频谱图时的相位信息缺失，以及频谱图转换为梅尔语谱图时因频域压缩导致的信息缺失。假设语音的采样率为 16 kHz，一帧语音时长为 10 ms，这意味着 1 s 的语音包含 16000 个采样点，而 1 s 内有 100 帧，每一帧包含 160 个采样点。声码器的任务是将一个频谱帧转换成音频波形的 160 个采样点，因此声码器通常会包含上采样模块。与声学模型相似，声码器也可分为自回归模型和非自回归模型。

在本项目中，使用预训练的 Parallel WaveGAN 模型将梅尔语谱图转换为音频波形数据，并绘制相应的时域波形图，相关代码如代码清单 7-8 所示。

代码清单 7-8　Parallel WaveGAN 声码器合成语音

```python
# 导入 Parallel WaveGAN 声码器类，用于生成音频波形数据
from paddlespeech.t2s.models.parallel_wavegan import PWGGenerator
# 导入 Parallel WaveGAN 推理类，用于生成时域波形图
from paddlespeech.t2s.models.parallel_wavegan import PWGInference

# 创建声码器对象并加载预训练模型参数
vocoder = PWGGenerator(**pwg_config['generator_params'])
vocoder.set_state_dict(paddle.load(pwg_checkpoint)['generator_params'])
# 去除权重归一化
vocoder.remove_weight_norm()
# 设置模型为推理模式，推理阶段不启用 Batch Normalization 和 Dropout 层
vocoder.eval()
# 加载标准化所需的均值和标准差
stat = np.load(pwg_stat)
mu, std = stat
```

```
mu, std = paddle.to_tensor(mu), paddle.to_tensor(std)
# 构造归一化器和推理模型
pwg_normalizer = ZScore(mu, std)
pwg_inference = PWGInference(pwg_normalizer, vocoder)
pwg_inference.eval()

# 生成音频波形数据
with paddle.no_grad():
    wav = pwg_inference(mel)
# 输出音频波形数据形状
print('音频波形数据形状(采样点数,通道数):\n %s' % wav.shape)
# 绘制音频波形图
wave_data = wav.numpy().T
time = np.arange(0, wave_data.shape[1]) * (1.0 / fastspeech2_config.fs)
fig, ax = plt.subplots(figsize=(12, 4))
plt.plot(time, wave_data[0])
plt.title('时域波形图', fontsize='18')
plt.xlabel('时间/s', fontsize='18')
plt.ylabel('幅度', fontsize='18')
plt.tight_layout()
```

在代码清单7-8中，使用了PaddleSpeech中的PWGGenerator方法构建声码器，该方法的参数说明见表7-3。

表7-3 PWGGenerator方法的参数及其说明

参 数 名 称	参 数 说 明
**pwg_config['generator_params']	从配置文件pwg_config中提取的字典包含了构建PWGGenerator模型所需的参数。这些参数通常包括声码器的结构、卷积层的参数、激活函数类型等内容

运行代码清单7-8，得到的音频波形数据形状信息如下。

```
音频波形数据形状(采样点数,通道数):
[218100, 1]
```

声码器输出的时域波形图，如图7-6所示。

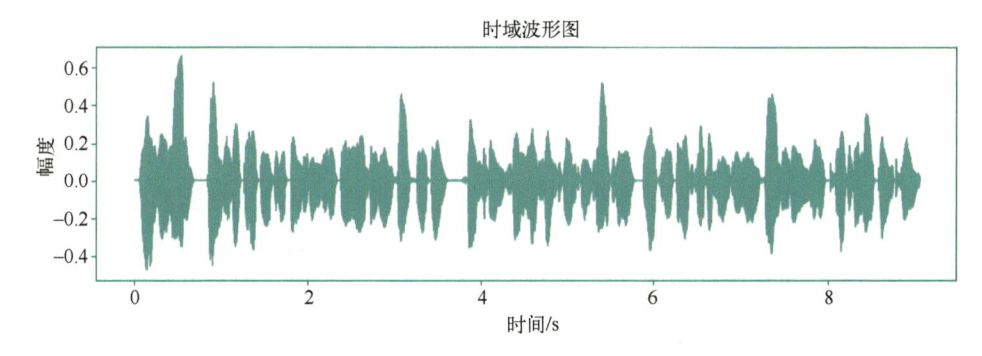

图7-6 声码器输出的时域波形图

7.3.5 结果评价

语音合成的功能与语音识别正好相反，它将文字转换为语音，通常是语音交互的最后一步。在评估语音合成效果时，可以从多个维度进行，如音质、音准、音调、语速和情感等。此外，对于汉语，多音字也是影响语音合成质量的重要因素。目前，语音合成系统的评估方法主要偏向主观评价，常用的指标是平均意见分（Mean Opinion Score，MOS）。具体做法是让一组评审人员对合成语音的效果打分，分数范围为 1~5，然后计算这些评分的平均值，并将它作为最终的 MOS。MOS 越高，表示语音合成的效果越好。

对最终的语音合成音频进行播放并保存，如代码清单 7-9 所示。

代码清单 7-9　播放并保存语音合成音频

```python
from IPython.display import Audio    # 用于在 Jupyter Notebook 中播放音频
import soundfile as sf                # 导入 soundfile 库，用于读取和写入音频文件

# 播放音频
audio = Audio(data=wav.numpy().T, rate=fastspeech2_config.fs)
display(audio)

# 保存音频
sf.write(
    'output.wav',
    wav.numpy(),
    samplerate=fastspeech2_config.fs)
```

运行代码清单 7-9，在 Jupyter Notebook 中会生成一个播放器界面，单击播放按钮即可加载语音合成音频并播放，同时该音频保存在当前目录下的 "output.wav" 文件中。

7.4 项目小结

在本项目中，首先简单介绍了语音合成技术的作用、应用领域等；然后探讨了常见的语音合成算法，包括基于规则的语音合成算法、基于统计的语音合成算法、基于深度学习的语音合成算法和混合语音合成算法。在项目实战中，实现了基于 FastSpeech 2 和 Parallel WaveGAN 模型的新闻文本语音播报系统。应用语音合成技术将新闻文本转换为自然流畅的语音。

7.5 知识拓展

性能优化：进一步优化声学模型和声码器，提高语音合成系统的性能和效率。

多语种支持：探索多语种语音合成的实现方法，使系统得到更广泛的应用。

应用场景拓展：将语音合成技术应用到更多的领域，如智能客服、教育培训等，扩展语音合成的应用场景。

声音合成质量改进：进行声音合成质量的评估和改进，提升语音合成的自然度和流畅度。

7.6 习题

一、选择题

1. FastSpeech 2 模型的核心技术是（　　）。
   A. 基于规则的合成　　　　　　　B. 基于统计的合成
   C. Transformer 模型　　　　　　D. HMM 模型
2. 在基于深度学习的方法中，（　　）负责将文本转换为高维的语义向量表示。
   A. 声学特征预测　　　　　　　　B. 文本编码
   C. 声学特征转换　　　　　　　　D. 语音合成
3. 以下哪种方法不属于语音合成的常见算法？（　　）
   A. 基于规则的方法　　　　　　　B. 基于统计的方法
   C. 基于混合的方法　　　　　　　D. 基于随机森林的方法
4. 在本项目中，数据预处理阶段的主要任务是（　　）。
   A. 构建声学模型　　　　　　　　B. 获取预训练模型
   C. 将原始文本转换为字符/音素　　D. 合成最终语音输出
5. SAPI 是微软公司开发的用于（　　）功能的 API。
   A. 语音识别和语音合成　　　　　B. 图像识别
   C. 数据分析　　　　　　　　　　D. 计算机视觉
6. 下列哪种方法可以通过条件特征来控制生成的语音信号的特性？（　　）
   A. 基于规则的方法　　　　　　　B. 基于统计的方法
   C. 基于深度学习的方法　　　　　D. 基于混合的方法
7.【多选】在 FastSpeech 2 模型中，（　　）分别用于生成梅尔语谱图和音频波形图。
   A. 文本编码　　　　　　　　　　B. 声学特征预测
   C. 声学特征转换　　　　　　　　D. 声码器合成语音
8.【多选】在本项目中，实现新闻文本自动播报的基本流程包括哪些步骤？（　　）
   A. 数据预处理　　　　　　　　　B. 构建声学模型
   C. 声码器合成语音　　　　　　　D. 结果评价
9.【多选】语音合成技术的应用领域包括哪些？（　　）
   A. 智能语音助手　　　　　　　　B. 图像分类
   C. 新闻播报　　　　　　　　　　D. 无障碍辅助技术

二、操作题

使用自己的声音进行语音合成。根据从本项目中学到的知识，实现能够模仿指定音频（如自己的录音样本）音色的语音合成系统。（参考资料：基于 PaddleSpeech 的相关公开项目 https://aistudio.baidu.com/projectdetail/6700749。）

附录

附录 A PKU 词性标注集

PKU（北大）词性标注集是中文词性标注的一种标准，主要用于汉语句子的词性标注。它源自北京大学的《人民日报》语料库，是目前中文词性标注的主要标注集之一。PKU 词性标注集的使用使得研究者可以在进行中文文本处理任务时统一词性标注，从而更方便地进行句法分析、语义分析等任务。PKU 词性标注集见表 A-1。

表 A-1 PKU 词性标注集

序号	代码	名　称	说　明
1	Ag	形语素	形容词性语素。形容词代码为 a，语素代码 g 前置以 A
2	a	形容词	取"形容词"的英文 adjective 的第 1 个字母
3	ad	副形词	直接作状语的形容词。形容词代码 a 和副词代码 d 并在一起
4	an	名形词	具有名词功能的形容词。形容词代码 a 和名词代码 n 并在一起
5	Bg	区别语素	区别词性语素。区别词代码为 b，语素代码 g 前置以 B
6	b	区别词	取汉字"别"的声母
7	c	连词	取"连词"的英文 conjunction 的第 1 个字母
8	Dg	副语素	副词性语素。副词代码为 d，语素代码 g 前置以 D
9	d	副词	取 adverb 的第 2 个字母，因其第 1 个字母已用于形容词
10	e	叹词	取"叹词"的英文 exclamation 的第 1 个字母
11	f	方位词	取汉字"方"的声母
12	h	前接成分	取英语 head 的第 1 个字母
13	i	成语	取"成语"的英文 idiom 的第 1 个字母
14	j	简称略语	取汉字"简"的声母
15	k	后接成分	后接成分
16	l	习用语	习用语尚未成为成语，有点"临时性"，取"临"的声母
17	Mg	数语素	数词性语素。数词代码为 m，语素代码 g 前置以 M
18	m	数词	取英语 numeral 的第 3 个字母，n、u 已作他用
19	Ng	名语素	名词性语素。名词代码为 n，语素代码 g 前置以 N
20	n	名词	取"名词"的英文 noun 的第 1 个字母
21	nr	人名	名词代码 n 和"人（ren）"的声母并在一起
22	ns	地名	名词代码 n 和处所词代码 s 并在一起

(续)

序号	代码	名称	说明
23	nt	机构团体	"团"的声母为t,名词代码n和t并在一起
24	nx	外文字符	外文字符
25	nz	其他专名	"专"的声母的第1个字母为z,名词代码n和z并在一起
26	o	拟声词	取"拟声词"的英文onomatopoeia的第1个字母
27	p	介词	取"介词"的英文preposition的第1个字母
28	q	量词	取英语quantifier的第1个字母
29	Rg	代语素	代词性语素。代词代码为r,在语素的代码g前面置以R
30	r	代词	取"代词"的英文pronoun的第2个字母,因p已用于介词
31	s	处所词	取英语space的第1个字母
32	Tg	时语素	时间词性语素。时间代码为t,在语素的代码g前面置以T
33	t	时间词	取英语time的第1个字母
34	u	助词	取"助词"的英文auxiliary的第2个字母
35	Vg	动语素	动词性语素。动词代码为v,在语素的代码g前面置以V
36	v	动词	取"动词"的英文verb的第一个字母
37	vd	副动词	直接作状语的动词。动词和副词的代码并在一起
38	vn	名动词	指具有名词功能的动词。动词和名词的代码并在一起
39	w	标点符号	
40	x	非语素字	非语素字只是一个符号,字母x通常用于代表未知数、符号
41	Yg	语气语素	语气词性语素。语气词代码为y,在语素的代码g前面置以Y
42	y	语气词	取汉字"语"的声母
43	z	状态词	取汉字"状"的声母的前一个字母

附录 B　CTB 词性标注集

CTB（ChineseTreebank，中文树库）词性标注集是中文树库的一种标准,由宾夕法尼亚大学 Linguistic Data Consortium（LDC）维护。它描述了中文树库的组织结构和标注规范。CTB 词性标注集的制定旨在为中文句法分析、词性标注、命名实体识别等任务提供统一的数据标准,使得不同研究者和系统可以在相同的基础上进行实验与评估。CTB 词性标注集见表 B-1。

表 B-1　CTB 词性标注集

序号	代码	名称	说明
1	AD	副词	副词
2	AS	动态助词	助词
3	BA	把字句	当"把""将"出现在结构"NP0+BA+NP1+VP"时的词性
4	CC	并列连接词	并列连词

（续）

序号	代码	名称	说明
5	CD	概数词	数词或表达数量的词
6	CS	从属连词	从属连词
7	DEC	补语成分"的"	当"的"或"之"作补语标记或名词化标记时的词性，其结构为 S/VP DEC {NP}，如"喜欢旅游的大学生"
8	DEG	属格"的"	当"的"或"之"作所有格时的词性，其结构为 NP/PP/JJ/DT DEG {NP}，如"他的车、经济的发展"
9	DER	表示结果的"得"	当"得"出现在结构"V-得-R"时的词性，如"他跑得很快"
10	DEV	表示方式的"地"	当"地"出现在结构"X-地-VP"时的词性，如"高兴地说"
11	DT	限定词	代冠词，通常用来修饰名词
12	ETC	表示省略	"等""等等"的词性
13	EM	表情符	表情符，或称颜文字
14	FW	外来语	外来词
15	IC	不完整成分	不完整成分，尤其指 ASR 导致的错误
16	IJ	句首感叹词	感叹词，通常出现在句子首部
17	JJ	其他名词修饰语	形容词
18	LB	长句式表示被动	当"被""叫""给"出现在结构"NP0+LB +NP1+VP"时的词性，如"他被我训了一顿"
19	LC	方位词	方位词以及表示范围的限定词
20	M	量词	量词
21	MSP	其他小品词	其他虚词，包括"所""以""来"和"而"等出现在 VP 前的词
22	NN	其他名词	除专有名词和时间名词以外的所有名词
23	NOI	噪声	汉字顺序颠倒产生的噪声
24	NR	专有名词	专有名词，通常表示地名、人名、机构名等
25	NT	时间名词	表示时间概念的名词
26	OD	序数词	序列词
27	ON	象声词	象声词
28	P	介词	介词
29	PN	代词	代词，通常用来指代名词
30	PU	标点符号	标点符号
31	SB	短句式表示被动	当"被""给"出现在结构"NP0+SB+VP"时的词性，如"他被训了一顿"
32	SP	句末助词	经常出现在句尾的词
33	URL	网址	网址
34	VA	表语形容词	可以接在"很"后面的形容词谓语
35	VC	系动词	系动词，表示"是"或"非"概念的动词
36	VE	动词有、无	表示"有"或"无"概念的动词
37	VV	其他动词	其他普通词，包括情态词、控制动词、动作动词、心理动词等

附录 C SDC 依存关系标注集

SDC（Stanford Dependencies Chinese）依存关系标注集是一种句法结构标注体系，由斯坦福大学自然语言处理组开发。它基于依存语法理论，将句子中的词语之间的语法关系表示为一种依存关系。SDC 依存关系标注集具有简单、灵活、通用等特点，因此被广泛应用于句法分析任务中，包括依存句法分析、语义分析等。SDC 依存关系标注集见表 C-1。

表 C-1 SDC 依存关系标注集

序　号	代　码	说　明
1	nn	复合名词修饰
2	punct	标点符号
3	nsubj	名词性主语
4	conj	连接性状语
5	dobj	直接宾语
6	advmod	副词性状语
7	prep	介词性修饰语
8	nummod	数词修饰语
9	amod	形容词修饰语
10	pobj	介词性宾语
11	rcmod	关系从句修饰语
12	cpm	补语
13	assm	关联标记
14	assmod	关联修饰
15	cc	并列关系
16	clf	类别修饰
17	ccomp	从句补充
18	det	限定语
19	lobj	范围宾语
20	range	数量词间接宾语
21	asp	时态标记
22	tmod	时间修饰语
23	plmod	介词性地点修饰
24	attr	属性
25	mmod	情态动词
26	loc	位置补语
27	top	主题
28	pccomp	介词补语
29	etc	省略关系

（续）

序 号	代 码	说 明
30	lccomp	位置补语
31	ordmod	量词修饰
32	xsubj	控制主语
33	neg	否定修饰
34	rcomp	结果补语
35	comod	并列联合动词
36	vmod	动词修饰
37	prtmod	小品词
38	ba	"把"字关系
39	dvpm	"地"字修饰
40	dvpmod	"地"字动词短语
41	prnmod	插入词修饰
42	cop	系动词
43	pass	被动标记
44	nsubjpass	被动名词主语
45	dep	其他依赖关系

参考文献

[1] 关志广. 成果导向的"自然语言处理技术"课程教学改革［J］. 无线互联科技，2024，21（07）：104-108.
[2] 关志广. 基于PANNs-CNN的环境声音分类算法研究及应用［J］. 无线互联科技，2024，21（16）：12-15.
[3] 关志广，程乔. 基于NLP的文本挖掘技术在提升电信客户满意度中的应用［J］. 无线互联科技，2023，20（05）：117-119.
[4] 宗成庆. 统计自然语言处理［M］. 2版. 北京：清华大学出版社，2013.
[5] 韩纪庆，张磊，郑铁然. 语音信号处理［M］. 3版. 北京：清华大学出版社，2019.
[6] 李航. 统计学习方法［M］. 2版. 北京：清华大学出版社，2019.
[7] 人力资源社会保障部专业技术人员管理司. 人工智能工程技术人员（初级）：自然语言及语音处理产品实现［M］. 北京：中国人事出版社，2023.
[8] hankcs. 自然语言处理工具包HanLP功能接口［EB/OL］.（2023-08-14）［2024-05-01］. https://www.hanlp.com/semantics/functionapi/participle.